Elektromagnetische Wellen auf Leitungen

von
Hans-Georg Unger
Professor an der Technischen Universität, Braunschweig

unter Mitarbeit von

Johann Heyen Hinken
Professor und Leiter des Fuba - Forschungszentrums

4. Auflage

D1667338

Hüthig Buch Verlag Heidelberg

Hans Georg Unger, 1946-1951 Studium der Elektrotechnik an der Technischen Hochschule Braunschweig. 1951-1955 Entwicklungsingenieur und Leiter der Mikrowellenfirschung bei Siemens A.G. München. 1954 Promotion. 1956-1960 Mitglied des technischen Stabes und Abteilungsleiter in den Bell Laboratories USA. Seit 1960 Professor und Leiter des Institutes für Hochfrequenztechnik an der Technischen Hochschule Braunschweig, jetzt Technische Universität. 1985 Ehrendoktor der TU München. 1988 Heinrich-Hertz-Medaille des IEEE. Arbeitsgebiet: Elektromagnetische Theorie, Mikrowellentechnik, Optische Nachrichtentechnik.

96 164 18919

UNIVERSITÄTS... ...EN INGENIEURWISSENSCHAFTEN

Die Deutsche Bibliothek – CIP-Einheitsaufnahme

Unger, Hans-Georg:

Elektromagnetische Wellen auf Leitungen / von Hans-Georg Unger.
Unter Mitarb. von Johann Heyen Hinken. — 4. Aufl. –
Heidelberg: Hüthig, 1996
   (ELTEX)
   ISBN 3-7785-2390-2

Das Werk ist urheberrechtlich geschützt. Die dadurch begründeten Rechte, insbesondere die der Übersetzung, des Nachdruckes, der Entnahme von Abbildungen, der Funksendung, der Wiedergabe auf photomechanischem oder ähnlichem Wege und der Speicherung in Datenverarbeitungsanlagen bleiben, auch bei nur auszugsweiser Verwertung, vorbehalten.

Bei Vervielfältigung für gewerbliche Zwecke ist gemäß § 54 UrhG eine Vergütung an den Verlag zu zahlen, deren Höhe mit dem Verlag zu vereinbaren ist.

© 1996 Hüthig Buch Verlag GmbH, Heidelberg
Printed in Germany
Druck:
Druckerei W. Pleuger, 58507 Lüdenscheid

Vorwort

Fließt in einem Draht ein elektrischer Strom, so bilden sich um den Draht herum magnetische Feldlinien aus. Wenn sich dieser Strom z. B. als Wechselstrom mit der Zeit ändert, dann ändert sich in gleicher Weise auch das magnetische Feld zeitlich. Bei dieser zeitlichen Änderung des magnetischen Feldes entsteht nun ein elektrisches Feld, das sich im Draht als induzierte Gegenspannung bemerkbar macht, aber sich auch über den Raum um den Draht erstreckt und durch das *Faradaysche Induktionsgesetz* mit der zeitlichen Änderung der magnetischen Induktion verknüpft ist.

Wenn andererseits zwischen zwei Leitern eine elektrische Spannung besteht, so bildet sich zwischen ihnen ein elektrisches Feld. Bei zeitlicher Änderung der Spannung und des damit verbundenen elektrischen Feldes entstehen um die elektrischen Feldlinien herum magnetische Feldlinien. Die Richtung und Stärke dieses magnetischen Feldes ergibt sich nach einem *verallgemeinerten Durchflutungssatz* aus dem dielektrischen Verschiebungsstrom.

Die *Maxwellschen Gleichungen* stellen beide Gesetze, das Faradaysche Induktionsgesetz und den verallgemeinerten Durchflutungssatz, z. B. in differentieller Form dar. Nach diesen Gesetzen ist mit einem zeitlich veränderlichen magnetischen Feld immer ein elektrisches Feld und mit einem zeitlich veränderlichen elektrischen Feld immer ein magnetisches Feld verbunden. Zeitlich schwankende Felder haben also immer elektrische und magnetische Komponenten, sie bilden ein *elektromagnetisches Feld.*

Die Verknüpfung der Felder durch die Maxwellschen Gleichungen bedingt aber auch, daß sie nicht in örtlich begrenztem Bereich verharren, sondern sich bewegen; sie breiten sich im Raum aus. Solche Felder, die sich mit zeitlicher Änderung im Raum ausbreiten, heißen elektromagnetische *Wellen.* Sie entstehen nach dem hier Gesagten immer dann, wenn sich elektrische Ströme zeitlich ändern, d. h., wenn sich elektrische Ladungen mit ungleichförmiger Geschwindigkeit bewegen.

Je nach Bewegung der Ladungsträger hängen die Felder und Wellen, die dadurch entstehen, von der Zeit ab. Nach FOURIER läßt sich jede Zeitfunktion aus sinusförmigen Schwingungen aufbauen; man kann darum auch umgekehrt den allgemeinen Fall beliebiger Bewegung in harmonische Schwingungen verschiedener Frequenzen zerlegen. Aus jeder solcher Schwingung entsteht dann eine elektromagnetische Welle mit *harmonischer Orts- und Zeitabhängigkeit,* die Zeitabhängigkeit insbesondere hat die Frequenz der harmonischen Schwingung, aus der sie hervorgeht.

Die elektromagnetischen Wellen, welche in der Natur vorkommen oder für technische Aufgaben erzeugt werden, rangieren in der Frequenz von null, dem Grenzfall des Gleichstromes, bis zu über 10^{20} Hz, den Röntgenstrahlen. Im untenstehenden Bild sind die spektralen Bereiche elektromagnetischer Wellen und ihre Wellenlängen bei der Ausbreitung im freien Raum an Hand von zwei Skalen dargestellt.

Je nach ihrer Frequenz breiten sich die Wellen nicht nur im freien Raum aus, sondern können auch Materie durchdringen oder von Leitungen geführt werden. Je nach ihrer

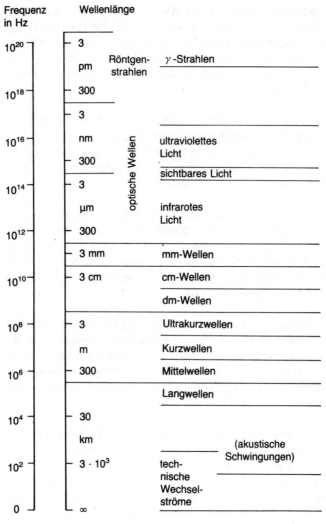

Spektrum der elektromagnetischen Wellen

Frequenz dienen sie auch verschiedenen Aufgaben. 50 Hz und 60 Hz sind die Frequenzen des *technischen Wechselstromes* zur Energieübertragung. Aber auch mit Gleichstrom und mit Wechselströmen bis zu 400 Hz wird Energie übertragen. *Ton- und Sprachfrequenzen* erstrecken sich über den Frequenzbereich akustischer Schwingungen von etwa 20 Hz bis 20 kHz. Bis 20 GHz dienen elektromagnetische Wellen zur *Signalübertragung* und für Fernmeß- und Fernwirkaufgaben.

Die Wellen können bei allen diesen Frequenzen von *Leitungen* geführt werden. Sie lassen sich etwa oberhalb 30 kHz aber auch als *Funkwellen* durch den Raum übertragen.

In dem optischen Bereich von Frequenzen oberhalb 300 GHz nimmt man infrarote Wellen gewöhnlich als *Wärmestrahlung* wahr, während die sichtbaren Wellen *Leucht- und Signalzwecken* dienen. Optische Wellen im nahen Infrarot verwendet man aber auch als Signalträger ähnlich wie die Wellen im Hochfrequenzbereich bis 20 GHz. Sie werden dazu von Glasfasern übertragen und bei der Signalverarbeitung von transparenten Filmen und Streifen geführt.

Für die leitungsgebundene Übertragung elektromagnetischer Wellen müssen geeignete Leitungen gefunden und richtig gestaltet werden. Dafür soll dieser Kurs das theoretische Rüstzeug liefern.

Solange es sich dabei nur um normale elektrische Leitungen also um metallische Leiter handelt, die parallel zueinander verlaufen, und solange die Querschnittsabmessungen dieser Leiter und ihre Abstände klein gegen die Wellenlänge der elektromagnetischen Schwingung sind, kann man von der allgemeinen Lösung der Maxwellschen Gleichungen zunächst absehen. Es reicht aus, unter diesen Umständen statt mit den Feldern um die Leiter mit Spannungen zwischen den Leitern und Strömen in den Leitern sowie mit einem einfachen Ersatzschaltbild für die Leitung zu rechnen. Mit diesem einfachen Modell der Leitung erfaßt man dann schon jede Art eindimensionaler Wellenausbreitung, also auch das Wesentliche der Ausbreitung längs anderer Wellenleiter und in nur einer Raumrichtung.

Für das Verständnis dieses Buches werden vom Leser an Eingangskenntnissen die Grundlagen der Elektrotechnik vorausgesetzt sowie Kenntnisse über elektrische und magnetische Felder; insbesondere sollte er wissen, wie die Felder durch Induktions- und Durchflutungssatz bzw. die Maxwellschen Gleichungen miteinander verkoppelt sind. Aus der Mathematik wird die Differential- und Integralrechnung als bekannt vorausgesetzt sowie Grundkenntnisse über gewöhnliche Differentialgleichungen, Funktionentheorie und lineare Algebra.

In dieser dritten Auflage wurde das letzte Kapitel durch die Behandlung von optischen Wellenleitern in Form von planaren Streifen- und Rippenwellenleitern sowie der Glasfaser als Lichtwellenleiter erweitert.

Inhaltsverzeichnis

Weiterführende Literatur

COLLIN, R. E., Grundlagen der Mikrowellentechnik, VEB Verlag Technik, Berlin, 1973

RAMO, S., WHINNERY, J. R., Felder und Wellen in der modernen Funktechnik, VEB Verlag Technik, Berlin, 1960

SIMONYI, K., Theoretische Elektrotechnik, VEB Deutscher Verlag der Wissenschaften, Berlin, 1956

UNGER, H.-G., Elektromagnetische Theorie für die Hochfrequenztechnik, Hüthig, 1988
Optische Nachrichtentechnik Hüthig, 1990

WOLFF, I., Einführung in die Microstrip-Leitungstechnik, 2. Auflage, Duisburg, 1977

1 Differentialgleichungen der Leitung und Lösung im eingeschwungenen Zustand

Lernzyklus 1.1

Lernziele

Nach dem Durcharbeiten des Lernzyklus 1.1 sollen Sie in der Lage sein,

– ein Ersatzbild mit konzentrierten Elementen für eine Leitung zu skizzieren;

– an diesem Ersatzbild qualitativ einen Ausbreitungsvorgang zu erläutern;

– die Differentialgleichungen der Leitung und verschiedene Formen ihrer Lösung anzugeben;

– die Begriffe Welle, Ausbreitungs-, Phasen- und Dämpfungskonstante sowie Wellenwiderstand zu erläutern.

1   Differentialgleichungen der Leitung und Lösung im eingeschwungenen Zustand

1.1   Elektrische Leitungen, elektromagnetische Wellenleiter und Ausbreitungsvorgänge in anderen Medien

Aufgaben elektrischer Leitungen

Elektrische Leitungen dienen in der Energietechnik in erster Linie direkt zur Energie-übertragung. In der Nachrichtentechnik dienen sie vorwiegend zur Übertragung von Signalen. In der Hochfrequenztechnik werden Leitungen aber auch als Schalt-elemente in Netzwerken verwandt.

Leitungsarten

Um die verschiedenartigen Aufgaben jeweils am besten zu lösen, wurde eine große Anzahl von Leitungsformen entwickelt. In Bild 1.1 sind die wichtigsten Beispiele zusammengestellt.

Dieses Bild gibt in tabellarischer Form für die jeweiligen Leitungsarten ihre Bezeich-nung, die prinzipielle Querschnittsform und die Anwendung. Es erklärt auch, aller-dings nur ganz knapp aber anschaulich den physikalischen Ausbreitungsvorgang der verschiedenen Leitungsarten. Schließlich werden auch noch die theoretischen und praktischen Grenzen für die Frequenz der elektromagnetischen Schwingungen angedeutet, die sich mit der jeweiligen Leitungsart grundsätzlich übertragen lassen. Bei den **Doppelleitungen** und Leitungssystemen mit mehr als zwei Leitern kann man sich die einfachste und praktisch wichtigste Art von Wellenausbreitung mit Strömen erklären, die in den Leitern fließen, wenn Spannungen angelegt werden. Doppel- oder **Mehrfachleitungen** können auf diese Weise Gleichstrom übertragen oder auch Wechselstrom beliebiger Frequenz. Praktisch steigen allerdings die

Verluste

Verluste, welche die Wechselströme in den Leitern erfahren, mit der Frequenz an, ebenso wie auch die dielektrischen Verluste zwischen den Leitern zu höheren Fre-quenzen im allgemeinen wachsen. Schließlich kann sich bei sehr hohen Frequenzen elektromagnetische Energie auch noch in anderen Wellenformen ausbreiten als der einfachen Form, die dem Strom-Spannungsbild entspricht. Diese sogenannten **Störwellen** beeinträchtigen die Übertragung praktisch so stark, daß sie für die Anwendung von Doppel- und Mehrfachleitungen dort eine Grenze setzen, wo die freie Wellenlänge $\lambda = 1/(f\sqrt{\mu\varepsilon})$ der Schwingung im unendlich ausgedehnten Stoff mit den Konstanten μ und ε des Leitungsdielektrikums in die Größenordnung der Querschnittsabmessungen kommt.

Art	Typ	Querschnittsform	Anwendung	physikalischer Ausbreitungs-vorgang	Frequenzgebiet
Doppelleitungen und Mehrleitersysteme	koaxial	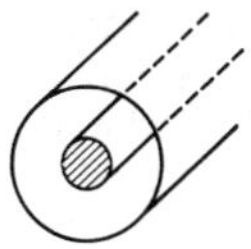	Energie-übertragung Signal-übertragung Schaltelement		*theoretisch:* $0 < f < \infty$
	Parallel-draht	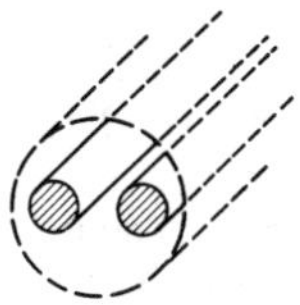	Energie-übertragung Signal-übertragung	*elektrisch:* Angelegte Spannung verursacht Ströme in den Leitern.	*praktisch:* keine untere Frequenzgrenze; obere Frequenzgrenze durch Dämpfung und Störwellen
	Streifen	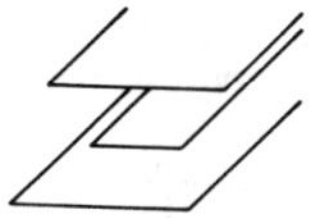	Energie-übertragung Signal-übertragung Schaltelement		
	Drehstrom		Energie-übertragung Signal-übertragung		

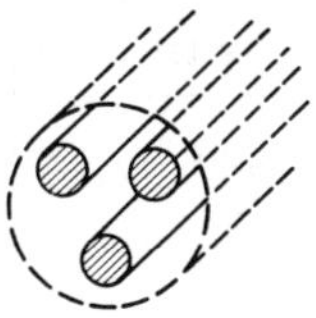

Bild 1.1 a: Leitungs- und Wellenleiterformen mit ihren Anwendungen

Art	Typ	Querschnittsform	Anwendung	physikalischer Ausbreitungsvorgang	Frequenzgebiet
Hohlleiter	Rechteck	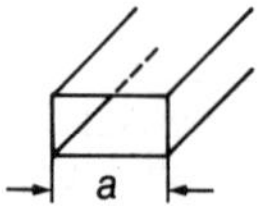	Signalübertragung Schaltelement	quasioptisch: Elektromagnetische Wellen breiten sich im Inneren unter fortwährender Reflexion an den Wänden nach den Gesetzen der Optik aus. 	theoretisch: $f_g < f < \infty$ mit $f_g = \dfrac{1}{a\sqrt{\mu\varepsilon}}$ praktisch: obere Frequenzgrenze durch Störwellen, bzw. Streuung und Dämpfung
	Rund	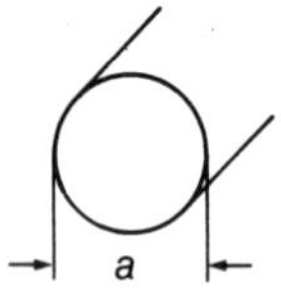			
optische Wellenleiter	Filme und Streifen auf Substraten	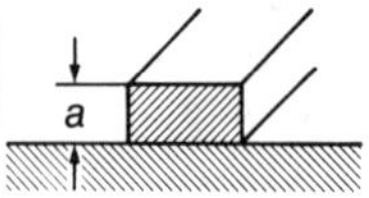	Schalt- und Verbindungselement der planaren und integrierten Optik	quasioptisch: Elektromagnetische Wellen im Streifen bzw. Faserkern erfahren unter genügend kleinen Winkeln zur Achse Totalreflexion an den Grenzschichten. Ausbreitung ähnlich wie im Hohlleiter	theoretisch: $0 < f < \infty$ praktisch: untere und obere Frequenzgrenzen durch Dämpfung, Strahlung, Störwellen
	Glasfasern	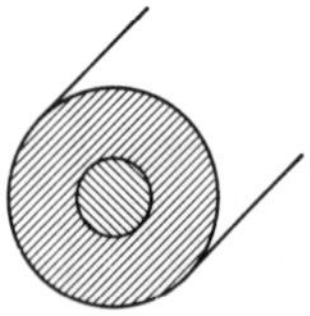	optische Signalübertragung		

Bild 1.1b: Leitungs- und Wellenleiterformen mit ihren Anwendungen

Die **Hohlleiter** und **optischen Wellenleiter** in Bild 1.1b kommen praktisch nur zur Übertragung sehr hochfrequenter Schwingungen, den sogenannten **Mikrowellen** mit Wellenlängen im Bereich von Zentimetern und Millimetern in Frage, die optischen Wellenleiter in planarer Film- und Streifenform bzw. als runde Glasfaser sogar erst für **optische Wellen** im Bereich des infraroten und sichtbaren Lichtes. Bei den Hohlleitern und optischen Wellenleitern läßt sich die Ausbreitung nicht mehr mit Spannungen und Strömen erklären sondern optisch mit Wellenstrahlen, die auf Zick-Zackwegen wandern und immer wieder an den metallischen Seitenwänden der Hohlleiter reflektiert bzw. an den Grenzschichten der dielektrischen Wellenleiter total reflektiert werden.

Totalreflexion

Die Wellenformen, in denen sich die elektromagnetische Energie längs dieser Leitungen ausbreitet, entsprechen ihrer Natur nach den unerwünschten Störwellen der Doppel- und Mehrfachleitungen. Sie breiten sich darum auch erst bei Frequenzen aus, zu denen freie Wellenlängen gehören, die in der Größenordnung der Querschnittsabmessungen dieser Wellenleiter liegen oder noch kürzer sind.

Mit steigender Frequenz sind bei einem bestimmten Hohl- oder optischen Wellenleiter nur eine oder wenige Wellen ausbreitungsfähig. Es werden dann aber immer mehr. Darum und auch wegen zunehmender Verluste gibt es auch obere Frequenzgrenzen für Hohlleiter und optische Wellenleiter.

In dem ersten Teil dieses Kurses befassen wir uns fast ausschließlich mit Doppel- und Mehrfachleitungen. Wir werden die Wellenausbreitung auf diesen Leitungen an Hand der Leiterspannungen und -ströme beschreiben und berechnen. Die allgemeinen Gesetze, die wir dafür ableiten, werden wir in späteren Abschnitten auch für die Wellen in Hohlleitern und optischen Wellenleitern wiederfinden.

Vorausverweis

Allen Leitungen und Wellenleitern in Bild 1.1 gemeinsam ist ihre zylindrische Struktur. Ihre Querschnittsabmessungen und elektrischen Eigenschaften ändern sich nicht entlang der Leitung. Es sollen hier zunächst nur Leitungen behandelt werden, die in diesem Sinne **zylindrisch** sind.

Für die elektromagnetischen Erscheinungen auf Leitungen ist ihre *verteilte Natur* und räumliche Ausdehnung maßgebend. Sonst können die Bauelemente der Elektrotechnik durch konzentrierte Schaltelemente wie Widerstände, Induktivitäten und Kapazitäten dargestellt werden, und beim Einschalten einer Spannung beginnen sofort überall in der Schaltung Ströme zu fließen. Wir wissen aber, daß sich elektromagnetische Vorgänge höchstens mit Lichtgeschwindigkeit ausbreiten können. Das gilt natürlich auch für Leitungen. Strom- und Spannungsänderungen pflanzen sich also auf Leitungen mit endlicher Geschwindigkeit fort und werden erst nach bestimmten Zeiten entlang der Leitung wirksam. Die Untersuchung dieser Ausbreitungsvorgänge erfordert Betrachtungsweisen, die grundsätzlich anders sind als für Kreise aus konzentrierten Schaltelementen.

Diese Betrachtungsweisen und Berechnungsmethoden gelten dann aber nicht nur für elektrische Leitungen, sondern für alle physikalischen Vorgänge, die sich in entsprechenden Medien mit endlicher Geschwindigkeit ausbreiten. Das sind beispielsweise:

Allgemeiner Ausbreitungsvorgang

1. Elektromagnetische Felder im freien Raum oder in Leitern, Halbleitern, Dielektrika, Magnetika und Plasmen;

2. Schallwellen in Gasen, Flüssigkeiten oder festen Körpern;
3. Mechanische Schwingungen von Membranen und Saiten;
4. Wärmeausgleichsvorgänge;
5. Physikalische und chemische Diffusionsvorgänge.

Alle diese Ausbreitungsvorgänge sind für den Ingenieur von Interesse, und die meisten von ihnen haben auch, obwohl nicht direkt elektromagnetisch, in der Elektrotechnik Bedeutung.

Modellcharakter In diesem Sinne ist die Theorie der elektrischen Leitungen neben ihrem Selbstzweck für den Elektrotechniker auch noch das beste Beispiel für physikalische Ausbreitungsvorgänge aller Art. Die Gesetze aller dieser Ausbreitungsvorgänge lassen sich aus der Analogie zur elektrischen Leitung immer sofort erkennen. Die elektrische Leitung kann als Modell für Ausbreitungsvorgänge in anderen Medien dienen.

1.2 Die Differentialgleichungen der elektrischen Leitung

Um elektromagnetische Ausbreitungsvorgänge in aller Vollständigkeit zu erfassen, müßten wir die **Maxwellschen Gleichungen** für die Randbedingungen der Leitung allgemein lösen. Diese Aufgabe ist recht schwierig. Wir werden in späteren Abschnitten solche Lösungen für einige der Leitungen und Wellenleiter in Bild 1.1 herleiten. Hier sind wir aber erst einmal nur an Lösungen und den ihnen entsprechenden Ausbreitungsvorgängen interessiert, die sich zunächst qualitativ, dann aber auch quantitativ mit einfachen Ersatzbildern für die Leitung untersuchen lassen. Ähnlich wie Spulen durch Induktivitäten dargestellt werden oder Kondensatoren durch Kapazitäten, können wir auch für Leitungen einfache Ersatzbilder angeben (Bild 1.2).

Physikalische Erläuterungen Wir wählen dazu als Beispiel eine der Doppelleitungen aus Bild 1.1. Ein Strom i in den Leitern verursacht ein magnetisches Feld innerhalb und außerhalb der Leiter. Darum hat ein bestimmtes, kurzes Stück s der Leitung eine Induktivität L_s, und es gilt für den Induktionsfluß Φ_s, der im Abschnitt s mit dem Strom verkettet ist:

$$\Phi_s = L_s \cdot i.$$

Ebenso ist mit einer Spannung u zwischen den Leitern ein elektrisches Feld verbunden, und die Feldkräfte influenzieren Ladungen auf den Oberflächen der Leiter. Das Leitungsstück s hat darum eine Kapazität C_s, und es gilt für die Ladung Q_s auf den Leiteroberflächen im Abschnitt s:

$$Q_s = C_s \cdot u$$

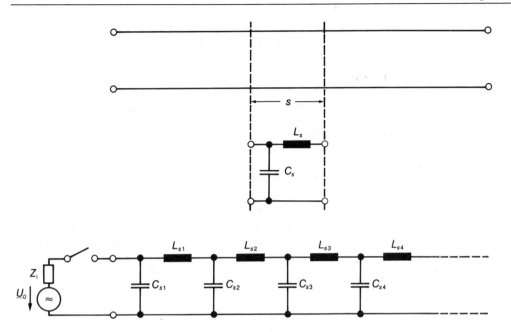

Bild 1.2 Einfaches Leitungsersatzbild zur Erklärung der Strom- und Spannungsausbreitung

Wie diese magnetischen und elektrischen Felder und damit die Induktivität L_s und die Kapazität C_s für bestimmte Leiterformen berechnet werden, wissen wir aus den Grundlagen der Elektrotechnik. Man kann diese Größen aber auch messen, wenn ein kurzes Stück der Leitung zur Verfügung steht. Wie in Bild 1.3 werden zur Bestimmung der Induktivität Strom und Spannung am Eingang des kurzgeschlossenen Leitungsstückes gemessen. Zur Bestimmung der Kapazität müssen sie am offenen Leitungsstück gemessen werden.

Meßverfahren

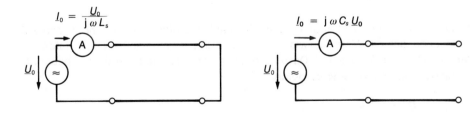

Bild 1.3 Messung von Längsinduktivität und Querkapazität

Stromänderungen und damit Änderungen des magnetischen Flusses führen nach dem Induktionsgesetz zu Induktionsspannungen. Für sie ist die Längsinduktivität L_s maßgebend. Spannungsänderungen bedingen eine Änderung der Ladung in C_s und damit einen Ladungsstrom.

Der Leitungsabschnitt s läßt sich also durch eine **Längsinduktivität** L_s und eine **Querkapazität** C_s darstellen (Bild 1.2). Die gesamte Leitung setzt sich aus vielen solchen Abschnitten zusammen.

Ausbreitung

Eine qualitative Vorstellung vom Ausbreitungsvorgang gewinnen wir schon an diesem noch groben Ersatzbild: Eine Spannung, die am Eingang über einen Widerstand angeschaltet wird, muß zunächst die erste Kapazität C_{s1} aufladen, erst dann bildet sich eine Spannung an der ersten Längsinduktivität L_{s1}. Nun wird ein Strom durch L_{s1} von dieser Spannung aufgebaut, und allmählich beginnt sich damit C_{s2} aufzuladen. Stetige Aufladung einer Querkapazität nach der anderen und entsprechender Stromanstieg in den Längsinduktivitäten bedingen eine Ausbreitung des **Einschaltvorganges** mit endlicher Geschwindigkeit. Der Ablauf wird offenbar durch die Größe der Längsinduktivitäten und Querkapazitäten, also durch die Leitungseigenschaften bestimmt.

Leitungsbeläge

Zur quantitativen Untersuchung muß das Ersatzbild noch verfeinert werden. Wir definieren dazu den **Induktivitätsbelag**

$$L' = \frac{L_s}{s}$$

als Längsinduktivität pro Längeneinheit und den **Kapazitätsbelag**

$$C' = \frac{C_s}{s}$$

als Querkapazität pro Längeneinheit.

Außerdem berücksichtigen wir den endlichen Widerstand der Leitungsdrähte durch einen **Längswiderstand** R_s im Abschnitt s und definieren den **Widerstandsbelag**

$$R' = \frac{R_s}{s}$$

als Längswiderstand pro Längeneinheit. Schließlich wollen wir auch noch den Fall einschließen, daß das Material zwischen den Leitungsdrähten selbst etwas leitend ist oder dielektrische Verluste hat. Dazu führen wir einen **Querleitwert** G_s im Abschnitt s ein und definieren den **Leitwertsbelag**

$$G' = \frac{G_s}{s}$$

als Querleitwert pro Längeneinheit.

Wir wählen nun z als Koordinate entlang der Leitung. Für einen infinitesimalen Abschnitt dz gilt dann das Ersatzschaltbild von Bild 1.4.

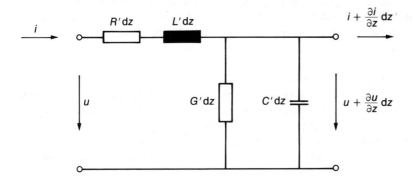

Bild 1.4 Ersatzschaltbild eines Leitungselementes mit Verlusten

Ströme und Spannungen auf der Leitung sind Funktionen der Zeit t und des Ortes z. Am Ausgang des Ersatzschaltbildes sind

der Strom i um $\dfrac{\partial i}{\partial z} dz$ und die Spannung um $\dfrac{\partial u}{\partial z} dz$

verschieden vom Eingang. An Längswiderstand und -induktivität verursacht i den   Spannungsumlauf

Spannungsabfall $R' \cdot dz \cdot i + L' \cdot dz \cdot \dfrac{\partial i}{\partial t}$

und es gilt die Maschengleichung (Kirchhoffsche Maschenregel):

$$u = R' \, dz \, i + L' \, dz \, \frac{\partial i}{\partial t} + u + \frac{\partial u}{\partial z} dz$$

Durch Querleitwert und Querkapazität schickt u

den Strom $G' \cdot dz \cdot u + C' \cdot dz \cdot \dfrac{\partial u}{\partial t}$,

und es gilt die Knotengleichung (Kirchhoffsche Knotenregel):   Stromsumme

$$i = G' \, dz \, u + C' \, dz \, \frac{\partial u}{\partial t} + i + \frac{\partial i}{\partial z} dz$$

Wenn beide Gleichungen durch dz geteilt werden, ergibt sich:

$$\frac{\partial u}{\partial z} = -\left(R' + L' \frac{\partial}{\partial t}\right) i$$

$$\frac{\partial i}{\partial z} = -\left(G' + C' \frac{\partial}{\partial t}\right) u$$

(1.1)

9

Dieses sind die *Differentialgleichungen der elektrischen Leitung*. Sie bilden ein *System partieller Differentialgleichung erster Ordnung*. Die erste Gleichung folgt aus dem Spannungsabfall längs der Leitung. Sie verknüpft die Spannungsänderung entlang der Leitung mit dem Strom und seiner zeitlichen Änderung. Die zweite Gleichung folgt aus dem Stromfluß zwischen den Leitern, d.h. quer zur Leitung mit der Spannung und ihrer zeitlichen Änderung.

Für alle anderen physikalischen Ausbreitungsvorgänge gelten dieselben Gleichungen, solange es sich um ebene Probleme handelt, also Abhängigkeit von nur einer Ortskoordinate besteht. u und i haben dann dem jeweiligen Vorgang entsprechend andere physikalische Bedeutung, ebenso die Konstanten R', L', G' und C'. In den meisten anderen physikalischen Ausbreitungsvorgängen sind sogar eine oder zwei dieser Konstanten null. Die elektrische Leitung ist in diesem Sinne das allgemeinste Modell eines physikalischen Ausbreitungsvorganges.

1.3 Die Lösung der Differentialgleichungen der elektrischen Leitung im eingeschwungenen Zustand: Die Leitungsgleichungen

Die allgemeine Lösung des Systems partieller Differentialgleichungen (1.1) für beliebige Orts- bzw. Zeitabhängigkeit der Spannung und des Stromes zu finden, wollen wir erst später versuchen. Hier interessieren wir uns zunächst nur für die Partikularlösung, die dem **eingeschwungenen Zustand** entspricht.

Sinusförmige Zeitabhängigkeit
In der Elektrotechnik haben wir es vornehmlich mit Wechselspannungen und -strömen zu tun, die zeitlich sinusförmigen Verlauf haben. Das gilt insbesondere für die Energietechnik, aber auch in der Nachrichtentechnik zerlegt man Signale allgemeinen zeitlichen Verlaufes meistens in ihre Frequenzkomponenten und untersucht das Verhalten der einzelnen Schwingungen.

Wir nehmen an, daß auf der Leitung nur eine Schwingung der Kreisfrequenz ω besteht. Dann lassen sich Strom und Spannung in ihrem zeitlichen Verlauf durch komplexe Zeiger, die sogenannten Phasoren $\underline{I}$ bzw. $\underline{U}$ ausdrücken:

$$i = \sqrt{2}\,\text{Re}(\underline{I}\,e^{j\omega t}); \qquad u = \sqrt{2}\,\text{Re}(\underline{U}\,e^{j\omega t})$$

Wenn wir diese sinusförmigen Zeitfunktionen in die Gleichungen (1.1) einsetzen, erhalten wir:

$$\sqrt{2}\,\text{Re}\,\frac{d\underline{U}}{dz}\,e^{j\omega t} = -\sqrt{2}\,\text{Re}\big[(R' + j\omega L')\,\underline{I}\,\,e^{j\omega t}\big]$$

$$\sqrt{2}\,\text{Re}\,\frac{d\underline{I}}{dz}\,e^{j\omega t} = -\sqrt{2}\,\text{Re}\big[(G' + j\omega C')\,\underline{U}\,\,e^{j\omega t}\big]$$

Diese Beziehungen sind sicher zu allen Zeiten erfüllt, wenn

$$\frac{\mathrm{d}\underline{U}}{\mathrm{d}z} = -(R' + \mathrm{j}\omega L')\,\underline{I}; \qquad \frac{\mathrm{d}\underline{I}}{\mathrm{d}z} = -(G' + \mathrm{j}\omega C')\,\underline{U} \qquad (1.2)$$

ist. Das sind die *Differentialgleichungen der Leitung für den eingeschwungenen Zustand*. Sie bilden ein *lineares System gewöhnlicher Differentialgleichungen erster Ordnung mit konstanten Koeffizienten* für die Phasoren $\underline{U}$ und $\underline{I}$ von Spannung bzw. Strom.

Zur Lösung dieses Gleichungssystemes differenziert man die erste Gleichung nach z und setzt $(\mathrm{d}\underline{I}/\mathrm{d}z)$ aus der zweiten Gleichung ein. Es folgt:

$$\frac{\mathrm{d}^2\underline{U}}{\mathrm{d}z^2} = (R' + \mathrm{j}\omega L')\,(G' + \mathrm{j}\omega C')\,\underline{U} \qquad (1.3)$$

Jetzt hat man zwar eine Differentialgleichung zweiter Ordnung, aber nur noch in der einen Unbekannten $\underline{U}$. Zur Abkürzung schreiben wir

$$\gamma^2 = (R' + \mathrm{j}\omega L')\,(G' + \mathrm{j}\omega C') \qquad (1.4)$$

und erhalten:

$$\frac{\mathrm{d}^2\underline{U}}{\mathrm{d}z^2} = \gamma^2\underline{U} \qquad (1.5)$$

Man nennt diese Differentialgleichung zweiter Ordnung die **Wellengleichung der Leitung**, denn ebenso wie die Leitungsgleichungen findet man sie immer wieder als die Grundgleichung von Wellenausbreitung aller Art.

Lösungen dieser Gleichung sind, wie sich durch Einsetzen sofort beweisen läßt:

Lösung der Wellengleichung

$$\underline{U}_1\,\mathrm{e}^{-\gamma z} \qquad \text{und} \qquad \underline{U}_2\,\mathrm{e}^{\gamma z}$$

Dabei sind $\underline{U}_1$ und $\underline{U}_2$ beliebige Konstanten, d.h. von z unabhängige Phasoren. Die allgemeine Lösung der Differentialgleichung zweiter Ordnung für $\underline{U}$ ist also:

$$\underline{U} = \underline{U}_1 \cdot \mathrm{e}^{-\gamma z} + \underline{U}_2 \cdot \mathrm{e}^{\gamma z} \qquad (1.6)$$

$\underline{U}_1$ und $\underline{U}_2$ haben die Bedeutung zweier Integrationskonstanten. Die Lösung einer Differentialgleichung zweiter Ordnung wird ja durch zweimalige Integration erhalten und erfordert darum diese beiden Integrationskonstanten.

Aus der ersten Differentialgleichung der Leitung in Gl. (1.2) erhalten wir durch Einsetzen der in Gl. (1.6) angegebenen allgemeinen Lösung für die Spannung die allgemeine Lösung für den Strom:

$$\underline{I} = -\frac{1}{R' + j\omega L'} \cdot \frac{d\underline{U}}{dz} = \frac{\gamma}{R' + j\omega L'} (\underline{U}_1 \cdot e^{-\gamma z} - \underline{U}_2 \cdot e^{\gamma z})$$

Mit

$$\frac{\gamma}{R' + j\omega L'} = \sqrt{\frac{G' + j\omega C'}{R' + j\omega L'}}$$

und der Abkürzung

$$Z = \sqrt{\frac{R' + j\omega L'}{G' + j\omega C'}} \tag{1.7}$$

ist der Strom:

$$\underline{I} = \frac{1}{Z} (\underline{U}_1 \cdot e^{-\gamma z} - \underline{U}_2 \cdot e^{\gamma z}) \tag{1.8}$$

Die Abkürzung γ mit der Dimension (Länge)$^{-1}$ wird **Ausbreitungskonstante** genannt, und Z mit der Dimension eines Widerstandes heißt **Wellenwiderstand**. Über ihre physikalische Bedeutung wird später noch ausführlich gesprochen.

Randbedingungen

Die Integrationskonstanten $\underline{U}_1$ und $\underline{U}_2$ werden durch die Bedingungen am Anfang oder am Ende der Leitung festgelegt. Werden z.B. Strom und Spannung am Anfang vorgegeben

$$\underline{U}(0) = \underline{U}_a = \underline{U}_1 + \underline{U}_2$$

$$\underline{I}(0) = \underline{I}_a = \frac{1}{Z} (\underline{U}_1 - \underline{U}_2),$$

dann sind

$$\underline{U}_1 = \frac{\underline{U}_a + Z \cdot \underline{I}_a}{2} ; \quad \underline{U}_2 = \frac{\underline{U}_a - Z \cdot \underline{I}_a}{2},$$

und für Spannung und Strom an einer beliebigen Stelle entlang der Leitung gelten:

$$\underline{U}(z) = \frac{1}{2} \cdot (\underline{U}_a + Z \cdot \underline{I}_a) \cdot e^{-\gamma z} + \frac{1}{2} \cdot (\underline{U}_a - Z \cdot \underline{I}_a) \cdot e^{\gamma z}$$

$$\underline{I}(z) = \frac{1}{2} \cdot \left[\frac{\underline{U}_a}{Z} + \underline{I}_a\right] \cdot e^{-\gamma z} - \frac{1}{2} \cdot \left[\frac{\underline{U}_a}{Z} - \underline{I}_a\right] \cdot e^{\gamma z} \qquad (1.9)$$

Dieses ist *eine* Form der sogenannten Leitungsgleichungen. Weil sie die physikalischen Vorgänge am besten darstellt, wird sie als **physikalische Form** bezeichnet.

Für eine andere, mathematisch elegantere Form werden die Glieder mit gleichem Koeffizienten vor den Exponentialfunktionen zusammengefaßt, z.B.:

$$\underline{U}(z) = \underline{U}_a \cdot \frac{e^{\gamma z} + e^{-\gamma z}}{2} - Z \cdot \underline{I}_a \cdot \frac{e^{\gamma z} - e^{-\gamma z}}{2} .$$

Es können dann Hyperbelfunktionen eingeführt werden:

$$\underline{U}(z) = \underline{U}_a \cdot \cosh \gamma z - Z \cdot \underline{I}_a \cdot \sinh \gamma z$$

$$\underline{I}(z) = \underline{I}_a \cdot \cosh \gamma z - \frac{\underline{U}_a}{Z} \cdot \sinh \gamma z \qquad (1.10)$$

Diese zweite Form der Leitungsgleichungen wird auch als **mathematische Form** bezeichnet.

Werden an Stelle von Strom und Spannung am Anfang Endspannung und Endstrom der Leitung bei $z = l$ vorgegeben

$$\underline{U}(l) = \underline{U}_e = \underline{U}_1 \cdot e^{-\gamma l} + \underline{U}_2 \cdot e^{\gamma l}$$

$$\underline{I}(l) = \underline{I}_e = \frac{1}{Z} \cdot (\underline{U}_1 \cdot e^{-\gamma l} - \underline{U}_2 \cdot e^{\gamma l}),$$

dann bestimmen sich die Integrationskonstanten zu:

$$\underline{U}_1 = \frac{1}{2}(\underline{U}_e + Z \cdot \underline{I}_e) \cdot e^{\gamma l}; \qquad \underline{U}_2 = \frac{1}{2}(\underline{U}_e - Z \cdot \underline{I}_e) \cdot e^{-\gamma l}$$

Diese Werte, in die allgemeine Gleichung (1.6) eingesetzt, ergeben zunächst die **physikalische Form** der Leitungsgleichungen mit den Endbedingungen.

$$\underline{U}(z) = \frac{1}{2}(\underline{U}_e + Z \cdot \underline{I}_e) \cdot e^{\gamma(l-z)} + \frac{1}{2}(\underline{U}_e - Z \cdot \underline{I}_e) \cdot e^{-\gamma(l-z)}$$

$$\underline{I}(z) = \frac{1}{2}\left[\frac{\underline{U}_e}{Z} + \underline{I}_e\right] \cdot e^{\gamma(l-z)} - \frac{1}{2}\left[\frac{\underline{U}_e}{Z} - \underline{I}_e\right] \cdot e^{-\gamma(l-z)}$$

(1.11)

Werden hier die Exponentialfunktionen mit gleichem Koeffizienten wieder zusammengefaßt und Hyperbelfunktionen eingeführt, so erhält man die **mathematische Form** der Leitungsgleichungen mit Strom und Spannung am Ende der Leitung.

$$\underline{U}(z) = \underline{U}_e \cdot \cosh\left[\gamma(l - z)\right] + \underline{I}_e Z \cdot \sinh\left[\gamma(l - z)\right]$$

$$\underline{I}(z) = \underline{I}_e \cdot \cosh\left[\gamma(l - z)\right] + \frac{\underline{U}_e}{Z} \cdot \sinh\left[\gamma(l - z)\right]$$

(1.12)

1.4 Die Wellenausbreitung

Wir wollen uns im folgenden die physikalischen Vorgänge auf der Leitung veranschaulichen und dabei die physikalische Bedeutung des Ausbreitungskoeffizienten γ und des Wellenwiderstandes Z erklären. Der Ausbreitungskoeffizient wird dazu in Real- und Imaginärteil aufgespalten.

$$\gamma = \sqrt{(R' + j\omega L')(G' + j\omega C')} = \alpha + j\beta$$

(1.13)

α wird **Dämpfungskonstante** und β **Phasenkonstante** genannt[1].

Es dient nun der Anschauung, von der komplexen Form der Leitungsgleichungen (1.9) auf eine Form für die *Momentanwerte* überzugehen, denn nur an den Zeitfunktionen läßt sich erkennen, wie Strom und Spannung im einzelnen verlaufen.

Zu dem Spannungsphasor

$$\underline{U}(z) = \frac{1}{2}(\underline{U}_a + Z \cdot \underline{I}_a)e^{-\alpha z}e^{-j\beta z} + \frac{1}{2}(\underline{U}_a - Z \cdot \underline{I}_a)e^{\alpha z}e^{j\beta z}$$

gehört folgender Momentanwert der Spannung:

$$u(z,t) = \sqrt{2}\,\mathrm{Re}\left[\frac{1}{2}(\underline{U}_a + Z \cdot \underline{I}_a)e^{-\alpha z}e^{-j\beta z}e^{j\omega t} + \right.$$

$$\left. + \frac{1}{2}(\underline{U}_a - Z \cdot \underline{I}_a)e^{\alpha z}e^{j\beta z}e^{j\omega t}\right]$$

---

[1] Nach DIN 1344 heißen α und β Dämpfungs- bzw. Phasenkoeffizient sowie γ Ausbreitungskoeffizient

Wenn wir zur Abkürzung schreiben

$$\frac{1}{\sqrt{2}}(\underline{U}_a + Z \cdot \underline{I}_a) = \sqrt{2}\,\underline{U}_1 = \hat{U}_1 \cdot e^{j\psi_1}$$

$$\frac{1}{\sqrt{2}}(\underline{U}_a - Z \cdot \underline{I}_a) = \sqrt{2}\,\underline{U}_2 = \hat{U}_2\, e^{j\psi_2},$$

(1.14)

dann ist der Momentanwert der Spannung als Funktion von Zeit und Ort auf der Leitung:

$$u(z,t) = \hat{U}_1 \cdot e^{-\alpha z} \cos(\omega t - \beta z + \psi_1) + \hat{U}_2 \cdot e^{\alpha z} \cos(\omega t + \beta z + \psi_2)$$

(1.15)

Die Gesamtspannung auf der Leitung ist also die Summe von zwei Einzelspannungen. Die Einzelspannung mit dem Faktor $e^{-\alpha z}$ nimmt entlang der Leitung in ihrer Amplitude mit wachsendem z ab (Bild 1.5), während die Einzelspannung mit $e^{\alpha z}$ in umgekehrter Richtung, mit abnehmendem z schwächer wird.

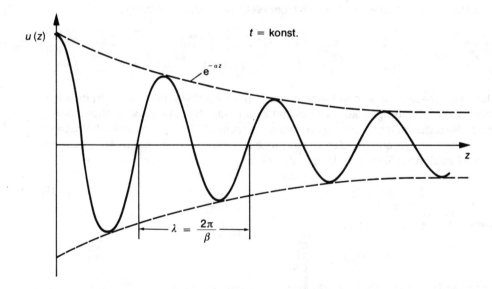

Bild 1.5 Eine Teilspannung bildet für einen festen Zeitpunkt entlang der Leitung eine gedämpfte Schwingung

Der Grad, mit dem die Amplituden der Einzelspannungen entlang der Leitung abnehmen oder gedämpft werden, wird durch die Konstante α bestimmt; entsprechend wurde α schon vorher als **Dämpfungskonstante** bezeichnet.

Zusätzlich zu der Amplitudenänderung oszilliert jede Einzelspannung zu bestimmten Zeiten t = konst. entlang der Leitung gemäß einer Kosinusfunktion, deren Argument ja auch die Leitungskoordinate z enthält. Je nach Vorzeichen, mit denen βz in den Argumenten der Kosinusfunktion erscheint, oszilliert die zweite Einzelspannung in entgegengesetztem Sinne wie die erste Einzelspannung. Die Phasenänderung dieser Oszillationen entlang der Leitung ist für beide Spannungen durch den konstanten Faktor β bestimmt. Dementsprechend wurde β schon vorher als **Phasenkonstante** bezeichnet.

Die Periodenlänge dieser Oszillation ergibt sich aus

$$\beta z = 2\pi$$

zu

$$z = \frac{2\pi}{\beta}.$$

Die Periodenlänge der Schwingung auf der Leitung oder überhaupt einer Welle heißt **Wellenlänge** und wird mit λ bezeichnet. Ganz allgemein besteht also zwischen Wellenlänge λ und Phasenkonstante β einer Welle der Zusammenhang:

$$\lambda = \frac{2\pi}{\beta} \tag{1.16}$$

Tatsächlich stellen die beiden Einzelspannungen zwei Wellen dar, die sich in entgegengesetzten Richtungen auf der Leitung ausbreiten. Um uns diese Wellenausbreitung zu veranschaulichen und zu erkennen, wie schnell die Wellen laufen, betrachten wir z.B. den Nulldurchgang der ersten Einzelspannung, bei dem das Argument der Kosinusfunktion zur Zeit t = 0 gerade $\pi/2$ wird.

Ausbreitungsgeschwindigkeit

$$-\beta z + \psi_1 = \frac{\pi}{2} \tag{1.16}$$

Dieser Nulldurchgang liegt bei

$$z_0 = \frac{\psi_1}{\beta} - \frac{\pi}{2\beta}.$$

Nach einer Zeit t_1 hat sich dieser Nulldurchgang entsprechend

$$\omega t_1 - \beta z_1 + \psi_1 = \frac{\pi}{2}$$

verschoben nach

$$z_1 = \frac{\psi_1}{\beta} + \frac{\omega}{\beta} t_1 - \frac{\pi}{2\beta}.$$

Die Welle, welche von der ersten Einzelspannung gebildet wird, ist also um

$$\frac{\omega}{\beta} t_1$$

in positiver z-Richtung gewandert, und zwar breitet sie sich mit der Geschwindigkeit

$$v = \frac{\omega}{\beta} \qquad (1.17)$$

aus.

Entsprechend dem umgekehrten Vorzeichen von βz in der zweiten Einzelspannung stellt diese eine Welle dar, die sich mit gleicher Geschwindigkeit in umgekehrter Richtung, also in negativer z-Richtung ausbreitet.

Bis hierher haben wir nur den Spannungsverlauf auf der Leitung untersucht. Aus der physikalischen Form der Leitungsgleichungen (1.9) oder (1.11) erkennen wir aber, daß für den Strom Entsprechendes gilt. Auch der Gesamtstrom setzt sich aus zwei Teilströmen zusammen. Diese Teilströme stellen auch Wellen dar, die sich in entgegengesetzten Richtungen auf der Leitung ausbreiten. Es kann jeder dieser Teilströme einer der oben besprochenen Teilspannungen zugeordnet werden. Ein so zugeordneter Teilstrom unterscheidet sich von der entsprechenden Teilspannung nur durch einen konstanten Faktor; er hat im übrigen dieselbe Abhängigkeit von Ort und Zeit.

In der physikalischen Form der Leitungsgleichungen bilden also je zwei durch gleiche Exponentialfunktion zusammengehörende Glieder von Strom und Spannung Wellen, die sich mit der durch die Ausbreitungskonstante $\gamma = \alpha + \mathrm{j}\beta$ gegebenen Dämpfung und Phase in entgegengesetzen Richtungen ausbreiten.

Wellennatur

$$\underline{U}(z) = \underline{U}_1 \cdot \mathrm{e}^{-\gamma z} + \underline{U}_2 \cdot \mathrm{e}^{\gamma z} = \underline{U}_\mathrm{h} + \underline{U}_\mathrm{r}$$

$$\underline{I}(z) = \underline{I}_1 \cdot \mathrm{e}^{-\gamma z} + \underline{I}_2 \cdot \mathrm{e}^{\gamma z} = \underline{I}_\mathrm{h} + \underline{I}_\mathrm{r} \qquad (1.18)$$

Setzt man die zu einer bestimmten Welle gehörende Teilspannung ins Verhältnis zu ihrem Teilstrom, so ergibt sich z.B. bei der Welle, die sich in positiver z-Richtung ausbreitet, aus den Leitungsgleichungen (1.9)

Wellenwiderstand

$$\frac{\underline{U}_1}{\underline{I}_1} = \frac{\underline{U}_\mathrm{a} + Z \cdot \underline{I}_\mathrm{a}}{\dfrac{\underline{U}_\mathrm{a}}{Z} + \underline{I}_\mathrm{a}},$$

also der Wellenwiderstand Z.

Dasselbe folgt aus dem Verhältnis von Teilspannung zu Teilstrom der in entgegengesetzter Richtung laufenden Welle, wenn nur der Teilstrom mit negativem Vorzeichen eingesetzt wird:

$$\frac{U_2}{-I_2} = \frac{U_a - Z \cdot I_a}{\dfrac{U_a}{Z} - I_a} = Z$$

Es muß hier berücksichtigt werden, daß in Gl. (1.9) und überhaupt in dieser Niederschrift als positive Stromrichtung auf der Leitung die $+z$-Richtung festgelegt wurde.

Nur wenn der Strom einer Welle in der Richtung positiv angenommen worden wäre, in der sich die Welle ausbreitet, hätte sich als Verhältnis von Teilspannung zu Teilstrom einer Welle der Wellenwiderstand ergeben ohne Vorzeichenumkehr beim Teilstrom der rücklaufenden Welle. Das Verhältnis von Spannung zu Strom bei einer hinlaufenden Welle bzw. von Spannung zu negativem Strom bei einer rücklaufenden Welle ist also gleich dem Wellenwiderstand

$$Z = \sqrt{\frac{R' + j\omega L'}{G' + j\omega C'}} \tag{1.19}$$

Veranschaulichung der Leitung. Eine Welle, die sich auf der Leitung ausbreitet, sieht sozusagen den Wellenwiderstand.

Übersichtliche Darstellung der Studieninhalte

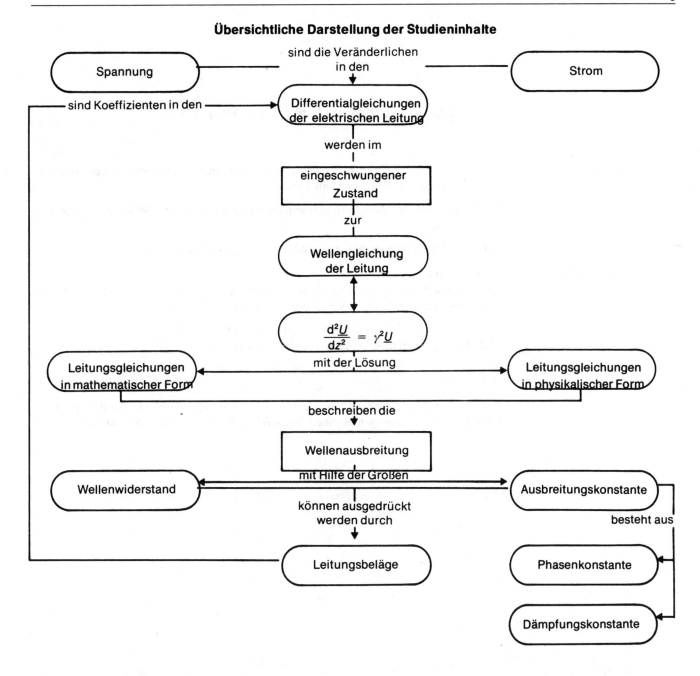

Übungsaufgaben zum Lernzyklus 1.1

Ohne Unterlagen

1 Zeichnen Sie das Ersatzbild eines Leitungselements, in dem Verluste berücksichtigt sind! Benennen Sie die Schaltelemente!

2 Erläutern Sie den Ausbreitungsvorgang anhand des Ersatzbildes für eine verlustlose Leitung!

3 Geben Sie wenigstens *eine* Form der Leitungsgleichungen an!

Unterlagen gestattet

4 Leitungsbeläge
An einer elektrisch kurzen Leitung mit der Länge $l = 75$ m wurden bei $f = 80$ kHz der Eingangswiderstand bei Kurzschluß am Ende der Leitung,

$$Z_K = 50 \cdot e^{j(90° - \varepsilon_K)} \, \Omega \quad \text{mit} \quad \tan \varepsilon_K = 1,8 \cdot 10^{-3},$$

und der Eingangsleitwert bei Leerlauf am Ende der Leitung,

$$Y_L = 9 \cdot 10^{-4} \cdot e^{j(90° - \varepsilon_L)} \, S \quad \text{mit} \quad \tan \varepsilon_L = 1,2 \cdot 10^{-3},$$

gemessen.

Nehmen Sie diese elektrisch kurze Leitung als Leitungselement nach Bild 1.4 an, und berechnen Sie mit den gemessenen Daten R', L', G' und C' näherungsweise!

Lernzyklus 1.2

Lernziele

Nach dem Durcharbeiten des Lernzyklus 1.2 sollen Sie in der Lage sein,

– das Verhältnis von vor- zu rücklaufender Welle bei beliebiger Impedanz des Leitungsabschlusses zu berechnen;

– mit Hilfe von Zeigerdiagrammen Strom- und Spannungsverteilung entlang einer Leitung zu erläutern;

– Strom- und Spannungsverteilung entlang einer Leitung zu berechnen.

1.5 Reflexion und Reflexionsfaktor

Die physikalische Form der Leitungsgleichungen, ausgedrückt entweder mit der Anfangsspannung $\underline{U}_a$ und dem Anfangsstrom $\underline{I}_a$, Gl. (1.9), oder aber auch mit der Endspannung $\underline{U}_e$ und dem Endstrom $\underline{I}_e$, Gl. (1.11), beschreibt die Ausbreitung auf der Leitung als die Überlagerung zweier Teilwellen. Eine Welle läuft vom Anfang zum Ende, die andere in entgegengesetzter Richtung vom Ende zum Anfang. Innerhalb jeder Welle sind das Verhältnis von Spannung zu Strom durch den Wellenwiderstand Z und die relative Änderung von Spannung und Strom längs der Leitung durch die Ausbreitungskonstante γ vollständig bestimmt. Festzustellen ist damit nur noch, wie sich unter bestimmten Bedingungen die hinlaufende Welle und die rücklaufende Welle zueinander verhalten.

1.5.1 Lange Leitung

Am einfachsten werden die Verhältnisse, wenn die Leitung unendlich lang ist, dann verschwindet nämlich eine der beiden Wellen. Und zwar stellt man an Hand der Leitungsgleichungen (1.11) fest, daß nur noch eine vorwärtslaufende Welle übrigbleibt. Der Betrag der Funktion $\exp[-\gamma(l-z)]$ wird mit wachsendem l immer kleiner, während der Betrag von $\exp[\gamma(l-z)]$ immer größer wird. Schließlich kann man bei genügend langer Leitung in den Leitungsgleichungen das zweite gegen das erste Glied vernachlässigen (Bild 1.6).

Physikalische Erläuterung   Es ist auch physikalisch sinnvoll, daß bei einer sehr langen Leitung nur eine Welle vom Anfang zum Ende hinläuft. Eine rücklaufende Welle käme ja von dem sehr weit entfernten Leitungsende, hätte also entsprechend $\exp(-\alpha l)$ eine sehr große Dämpfung erfahren und wäre, was immer auch ihr Anfangswert am weit entfernten Ende ist, sehr klein.

Zur eigentlichen Berechnung von Strom und Spannung auf der sehr langen Leitung geht man zweckmäßigerweise von Anfangsstrom $\underline{I}_a$ und Anfangsspannung $\underline{U}_a$ aus. Da nur eine Welle auf der Leitung läuft, ist das Verhältnis von Strom und Spannung überall gleich dem Verhältnis von Teilspannung und Teilstrom der einen vorlaufen-

den Welle, also gleich dem Wellenwiderstand. Es gilt demnach auch für Anfangsspannung und Anfangsstrom:

$$\underline{U}_a = Z \cdot \underline{I}_a$$

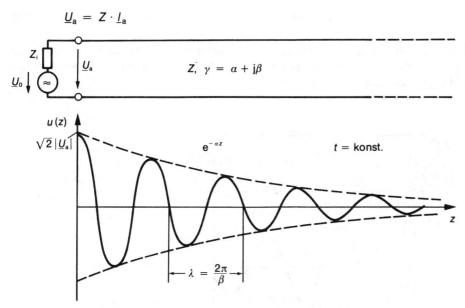

Bild 1.6   Ausbreitung einer Wechselspannung auf einer sehr langen Leitung:
die rücklaufende Welle ist zu vernachlässigen.

Damit sind nach Gl. (1.9) Spannung und Strom entlang der Leitung:

$$\underline{U}(z) = \underline{U}_a \, e^{-\gamma z} ; \qquad\qquad \underline{I}(z) = \frac{\underline{U}_a}{Z} \, e^{-\gamma z} \qquad (1.20)$$

1.5.2   Anpassung

Ein zweiter Fall ist ebenso einfach. Schließt man die Leitung am Ende mit einem
Widerstand ab, der gleich dem Wellenwiderstand ist, $Z_e = Z$, so ist das Verhältnis
von Spannung und Strom am Ende   Mathematische Beschreibung

$$\frac{\underline{U}_e}{\underline{I}_e} = Z_e = Z,$$

und in der physikalischen Form der Leitungsgleichungen (1.11) verschwindet wieder
die rücklaufende Welle:

$$\underline{U}(z) = \underline{U}_e \cdot e^{\gamma(l-z)} ; \qquad\qquad \underline{I}(z) = \frac{\underline{U}_e}{Z} \cdot e^{\gamma(l-z)} \qquad (1.21)$$

Da für $z = 0$, also am Leitungsanfang, $\underline{U}_a = \underline{U}_e \cdot e^{\gamma l}$ ist, ergibt sich aus den obigen Gleichungen:

$$\underline{U}(z) = \underline{U}_a \cdot e^{-\gamma z}; \qquad\qquad \underline{I}(z) = \frac{\underline{U}_a}{Z} \cdot e^{-\gamma z} \qquad (1.22)$$

Spannung und Strom sind also in gleicher Weise wie im Falle der unendlich langen Leitung durch die Spannung am Anfang gegeben und haben dieselbe Verteilung entlang der Leitung (Bild 1.7).

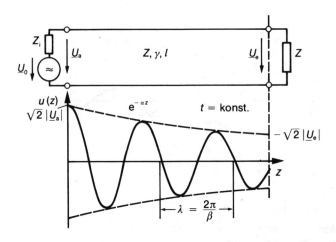

Bild 1.7 Ausbreitung einer Wechselspannung auf einer Leitung, die mit dem Wellenwiderstand abgeschlossen ist: Reflexionsfaktor $r = 0$

Veranschaulichung

Es existiert nur eine vorwärts laufende Welle. Der Abschlußwiderstand absorbiert diese Welle vollkommen. Wir hatten ja früher festgestellt, daß die Welle auf der Leitung den Wellenwiderstand sieht. Wenn nun die Leitung mit dem Wellenwiderstand abgeschlossen wird, so werden der einfallenden Welle die gleichen Verhältnisse wie auf der Leitung angeboten. Sie meint, in dem Abschlußwiderstand eine Fortführung der Leitung zu sehen und wandert in den Abschlußwiderstand hinein, so als ob sich statt dieses Widerstandes die Leitung fortsetzen würde.

Dieser sehr wichtige Sonderfall eines Leitungsabschlusses wird **Anpassung** genannt. Wichtig ist er in erster Linie, weil in Schaltungen mit Leitungen im Falle der Anpassung Reflexionen unterdrückt werden und keine unerwünschten Wellen zurücklaufen, die durch Interferenz mit den vorlaufenden Nutzwellen stören würden. Außerdem haben praktische Leitungen meist einen Wellenwiderstand, der nahezu reell ist; in diesem Falle ist die **Widerstandsanpassung** der beschriebenen Art auch eine optimale **Leistungsanpassung**. Es wird dann tatsächlich die ganze verfügbare Leistung an den Verbraucher abgegeben. Die Leistung wird vollkommen absorbiert. Schließlich gehorchen Schaltungen mit Leitungen im Falle der Anpassung besonders einfachen und übersichtlichen Gesetzen. Sie lassen sich unter diesen Umständen besonders einfach entwerfen und berechnen.

Eine Analogie hat dieser Fall der Anpassung unter anderem in der Optik. Um Interferenz mit reflektiertem Licht und Reflexionsverluste zu vermeiden, ist man auch dort oft bestrebt, optische Systeme so zu gestalten, daß einfallendes Licht nicht reflektiert wird. *Optische Linsen* werden darum mit Auflageschichten *vergütet*, die dazu dienen, verschiedene Medien in ihren Wellenwiderständen aneinander anzupassen.

In der Akustik finden wir den analogen Fall bei der Schallabsorption in *akustischen Platten*, mit denen durch Unterdrückung der Reflexion das Nachhallen von Räumen vermindert und ihre akustischen Eigenschaften verbessert werden.

1.5.3 Allgemeiner Abschluß

Im allgemeinen Fall eines beliebigen Abschlußwiderstandes setzen Spannung und Strom auf der Leitung sich aus einer hin- und einer rücklaufenden Welle zusammen (Bild 1.8).

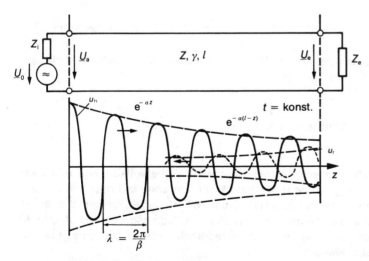

Bild 1.8 Ausbreitung einer Wechselspannung auf einer Leitung mit beliebigem Abschlußwiderstand: hin- und rücklaufende Welle bestimmen die Spannung auf der Leitung

Am Ende der Leitung wird das Verhältnis zwischen beiden durch den **Abschluß-widerstand** bestimmt. Durch ihn wird $\underline{U}_e = Z_e \cdot \underline{I}_e$, und die Spannungsverteilung auf der Leitung läßt sich mit Hilfe von Gl. (1.11) folgendermaßen angeben:

$$\underline{U}(z) = \frac{1}{2}(Z_e + Z) \cdot \underline{I}_e \cdot e^{\gamma(l-z)} + \frac{1}{2}(Z_e - Z) \cdot \underline{I}_e \cdot e^{-\gamma(l-z)} \tag{1.23}$$

Spannungsverhältnis Das Verhältnis der Teilspannung der rücklaufenden Welle zur Teilspannung der vorlaufenden Welle ist dabei:

$$\frac{\underline{U}_r}{\underline{U}_h} = \frac{Z_e - Z}{Z_e + Z} e^{-2\gamma(l-z)} \tag{1.24}$$

Den Wert dieses Verhältnisses am Ende der Leitung nennt man **Reflexionsfaktor**:

$$r = \frac{Z_e - Z}{Z_e + Z}. \tag{1.25}$$

Stromverhältnis Für das aus den Teilströmen der beiden Wellen gewonnene Verhältnis $-\underline{I}_r/\underline{I}_h$ ergibt sich derselbe Ausdruck. Der in Laufrichtung der rücklaufenden Welle positiv gezählte Teilstrom $-\underline{I}_r$ dieser Welle steht also zum Teilstrom $\underline{I}_h$ der vorlaufenden Welle im gleichen Verhältnis wie die entsprechenden Teilspannungen $\underline{U}_r$ und $\underline{U}_h$. Der Reflexionsfaktor beschreibt demnach, in bezug auf Spannungen wie auf Ströme oder ganz allgemein in bezug auf Wellen, das Verhältnis von reflektiertem zu einfallendem Anteil.

Anpassung Im Sonderfall der Anpassung, $Z_e = Z$, ist $r = 0$. Es wird nichts reflektiert.

Leerlauf Wird die Leitung mit einem sehr hohen Widerstand abgeschlossen oder läuft sie ganz leer, dann ist

$$r = 1.$$

Kurzschluß Für eine am Ende kurzgeschlossene Leitung ist

$$r = -1.$$

In diesen beiden letzten Fällen wird die einfallende Welle vollkommen reflektiert. Beim Leerlauf der Leitung ist die reflektierte Welle am Ende in Phase mit der einfallenden Welle, während sie bei Kurzschluß um 180° in der Phase verschoben ist. Bei Leerlauf heben sich die Ströme beider Wellen am Ende gegenseitig auf, und die Spannungen addieren sich. Bei Kurzschluß addieren sich die Ströme, und die Spannungen heben einander auf.

1.6 Strom- und Spannungsverteilung auf der Leitung

Bis jetzt haben wir nur den Verlauf von Teilspannung und Teilstrom einer einzelnen Welle entweder hinlaufend oder rücklaufend auf der Leitung untersucht. Wir haben dazu im vorhergehenden Abschnitt besprochen, wie sich mit dem Abschluß der Leitung durch einen bestimmten Widerstand und dem daraus folgenden Reflexionsfaktor aus der hinlaufenden Welle eine reflektierte, rücklaufende Welle ergibt. Die Grundlagen sind damit vorhanden, um den resultierenden Verlauf von Spannung und Strom zu betrachten, der sich aus der Überlagerung beider Teilwellen ergibt.

Es ist hier zweckmäßig, eine *graphische Darstellung* der komplexen Zeiger von Spannungs- und Stromphasoren zu wählen. Gesamtspannung und Gesamtstrom werden dann durch vektorielle Addition dieser komplexen Zeiger gefunden, und die tatsächlichen Augenblickswerte ergeben sich durch Projektion der rotierenden, komplexen Zeiger auf die reelle Zeitachse.

Die Verhältnisse können am besten an zwei Sonderfällen veranschaulicht werden, in denen sich die reflektierte Welle in einfacher Weise aus der hinlaufenden Welle ergibt. Es sind dies die am Ende kurzgeschlossene Leitung und die am Ende offene oder leerlaufende Leitung.

1.6.1 Kurzschluß am Ende der Leitung

Der Reflexionsfaktor ist hier

$$r = -1,$$

und die resultierende Spannung am Ende der Leitung ist null. Aus der physikalischen Form der Leitungsgleichungen ergibt sich mit $\gamma = \alpha + j\beta$ für die *Spannungsverteilung* entlang der Leitung:

Spannungsverteilung

$$\underline{U}(z) = \frac{1}{2} Z \cdot \underline{I}_e \cdot e^{\alpha(l-z)} e^{j\beta(l-z)} - \frac{1}{2} Z \cdot \underline{I}_e \cdot e^{-\alpha(l-z)} e^{-j\beta(l-z)} \qquad (1.26)$$

Mit

$$\underline{U}(z) = \underline{U}_h + \underline{U}_r$$

kann man das **Zeigerdiagramm** für $\underline{U}(z)$ aus den Zeigern $\underline{U}_h$ und $\underline{U}_r$ für verschiedene Werte z entlang der Leitung zeichnen. Der Zeiger der hinlaufenden Welle ist am Ende $\underline{U}_h = (1/2) \cdot Z \cdot \underline{I}_e$. Vom Leitungsende zurückgehend, dreht er gemäß der Phasenfunktion $\exp\left[j\beta(l-z)\right]$ in positivem Sinne oder entgegen dem Uhrzeiger. Seine Amplitude nimmt dabei gemäß der Exponentialfunktion $\exp\left[\alpha(l-z)\right]$ zu. Man kann ihn mit einer räumlichen Spirale, also einer Wendel, entlang der Leitung darstellen (Bild 1.9).

Wendel

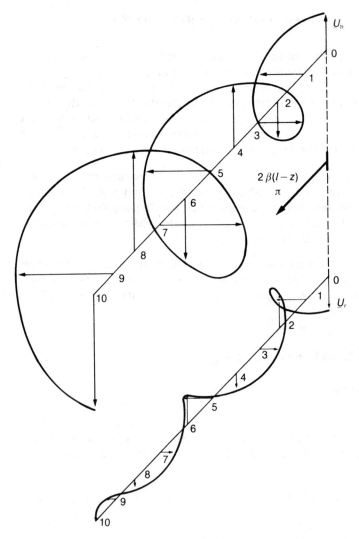

Bild 1.9 Die Zeigerdiagramme der Teilspannungen von hin- und rücklaufender Welle bilden entlang der Leitung Schraubenlinien auf exponentiellen Rotationskörpern

Der Zeiger der rücklaufenden Welle am Ende $\underline{U}_r = -(1/2) \cdot Z \cdot \underline{I}_e$ ist von entgegengesetzter Phase wie $\underline{U}_h$. Vom Leitungsende zurückgehend, dreht er gemäß der Phasenfunktion $\exp\left[-j\beta(l-z)\right]$ im negativen Sinne oder mit dem Uhrzeiger. Seine

Amplitude nimmt dabei gemäß der Exponentialfunktion $\exp\left[-\alpha(l-z)\right]$ ab. Auch der Zeiger $\underline{U}_r$ kann durch eine Wendel dargestellt werden, die aber entgegengesetzten Drehsinn hat wie die Wendel $\underline{U}_h$ und die sich amplitudenmäßig der Achse nähert. Die Wendeln sind Schraubenlinien auf Rotationskörpern mit exponentiell zunehmenden bzw. abnehmenden Mantellinien.

Die Projektion der beschriebenen Wendeln auf eine Ebene senkrecht zur Achse ergibt logarithmische Spiralen in dieser Ebene (Bild 1.10). Diese logarithmischen Spiralen bestimmen die Spannungszeiger der hin- und rücklaufenden Welle in Polarkoordinaten $(\varrho; \varphi)$.

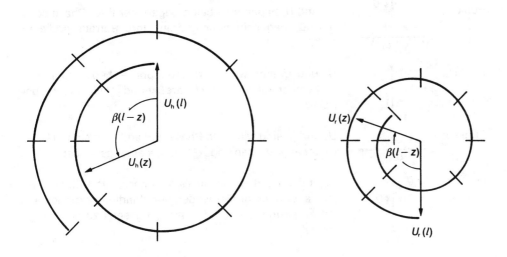

Bild 1.10 Die Projektionen der wendelförmigen Zeigerdiagramme auf eine Querschnittsebene bilden logarithmische Spiralen

Logarithmische Spiralen

Für die hinlaufende Welle ist

der Winkel $\qquad \varphi_h = \beta(l-z) \quad$ und

die Amplitude $\qquad \varrho_h = |\underline{U}_h(l)| \exp\left[\alpha(l-z)\right]$.

Für die rücklaufende Welle ist

der Winkel $\qquad \varphi_r = \pi - \beta(l-z) \quad$ und

die Amplitude $\qquad \varrho_r = |\underline{U}_r(l)| \exp\left[-\alpha(l-z)\right]$.

Man erhält also, indem man nach den Winkelbeziehungen $(l-z)$ durch φ ausgedrückt, die beiden Gleichungen für die logarithmischen Spiralen:

$$\varrho_\mathrm{h} = |\underline{U}_\mathrm{h}(l)|\, \mathrm{e}^{\frac{\alpha}{\beta}\varphi} \qquad\qquad \varrho_\mathrm{r} = |\underline{U}_\mathrm{r}(l)|\, \mathrm{e}^{\frac{\alpha}{\beta}(\varphi-\pi)}$$

Für die resultierende Spannung werden beide Zeiger vektoriell addiert. Für einige Punkte, die auf den Achsen der Schraubenlinien in Bild 1.9 auf Seite 28 numeriert sind, sieht das folgendermaßen aus:

Punkt 0: $\underline{U}_\mathrm{h}$ und $\underline{U}_\mathrm{r}$ sind in Gegenphase und heben sich gegenseitig auf.

Punkt 1: $\underline{U}_\mathrm{h}$ und $\underline{U}_\mathrm{r}$ haben sich beide gegenüber ihrer Phase bei 0 um 90° gegeneinander gedreht. Ihre Beträge addieren sich.

Punkt 2: $\underline{U}_\mathrm{h}$ und $\underline{U}_\mathrm{r}$ sind wieder in Gegenphase, heben sich aber nicht mehr auf, da jetzt $|\underline{U}_\mathrm{h}|$ größer und $|\underline{U}_\mathrm{r}|$ kleiner als bei 0 sind.

Punkt 3: $\underline{U}_\mathrm{h}$ und $\underline{U}_\mathrm{r}$ sind wieder in Phase und addieren sich. $|\underline{U}_\mathrm{h}|$ ist weiter angestiegen und $|\underline{U}_\mathrm{r}|$ noch kleiner geworden.

Punkt 4: $\underline{U}_\mathrm{h}$ und $\underline{U}_\mathrm{r}$ sind wieder in Gegenphase; die Differenz ist jetzt aber noch größer wegen der ständigen exponentiellen Änderung, die für $\underline{U}_\mathrm{h}$ entgegengesetzt zu der von $\underline{U}_\mathrm{r}$ verläuft.

Trägt man nun die Beträge des aus der vektoriellen Addition resultierenden Spannungszeigers als Funktion von z auf, so ergibt sich ein Verlauf, der zwischen zwei Hüllkurven hin- und herpendelt (Bild 1.11).

Hüllkurven

Die Entfernung auf der Leitung zwischen zwei Berührungspunkten mit einer der Hüllkurven gleicher Art, nämlich zwischen entweder zwei benachbarten Punkten auf der oberen oder zwei benachbarten Punkten auf der unteren Hüllkurve, ist gegeben durch:

Abstand der Berührungspunkte

$$\beta \cdot \Delta z = \pi$$

D.h., der Zeiger jeder Teilspannung muß sich um 180° drehen, um eine Gesamtdrehung gegeneinander von einer vollen Periode entsprechend 360° zu erreichen.

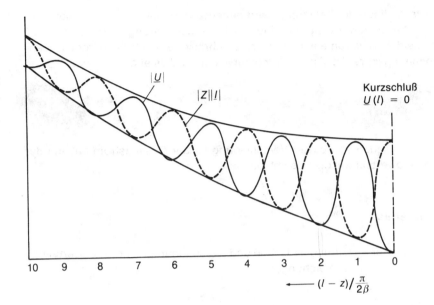

Bild 1.11 Die Beträge des Spannungs- und Stromphasors schwanken entlang der Leitung zwischen zwei Hüllkurven

Die Extremwerte liegen in ihrer Amplitude immer dichter zusammen, je größer der Abstand vom Leitungsende ist. Der durch die Dämpfungskonstante verursachte exponentielle Amplitudenanstieg der einen und -abfall der anderen Teilwelle bringt die beiden Hüllkurven immer näher zusammen und dichter an die Amplitudenkurve der einfallenden Teilwelle.

Die Stromverteilung bei kurzgeschlossenem Leitungsende gewinnt man aus Gl. (1.11) für $\underline{U}_e = 0$:

Stromverteilung

$$\underline{I}(z) = \frac{1}{2} \cdot \underline{I}_e \cdot e^{\gamma(l-z)} + \frac{1}{2} \cdot \underline{I}_e \cdot e^{-\gamma(l-z)}$$

Multipliziert man die Gleichung mit einem Widerstand, so bekommt sie die Dimension einer Spannung und kann in denselben Diagrammen dargestellt werden. Um die Stromverteilung unmittelbar mit der Spannungsverteilung vergleichen zu können, multiplizieren wir sie mit dem Wellenwiderstand und erhalten:

$$Z \cdot \underline{I}(z) = \frac{1}{2} Z \cdot \underline{I}_e \cdot e^{\alpha(l-z)} e^{j\beta(l-z)} + \frac{1}{2} Z \cdot \underline{I}_e \cdot e^{-\alpha(l-z)} e^{-j\beta(l-z)} \qquad (1.27)$$

Die so im Spannungsmaßstab ausgedrückten Teilströme haben dieselbe Größe wie die Teilspannungen und lassen sich direkt miteinander vergleichen.

Die vektorielle Addition der Teilströme wird genauso durchgeführt wie bei den Teilspannungen. Die beiden Teilströme sind am Ende der Leitung in Phase und die Beträge der beiden Teilströme addieren sich algebraisch zum Gesamtstrom. Gegenüber der Spannungskurve ist also die Stromkurve um den Abstand

Verschiebung gegen Spannungsverteilung

$$\Delta z = \frac{\pi}{2\beta}$$

verschoben. Abgesehen von dieser Verschiebung ist der Gesamtstrom entlang der Leitung genau so verteilt wie die Gesamtspannung.

1.6.2 Leerlauf

Für eine am Ende offene Leitung ist $\underline{I}_e = 0$ und die Spannungs- und Stromverteilung ergibt sich aus den Leitungsgleichungen:

$$\underline{U}(z) = \frac{1}{2}\, \underline{U}_e \cdot e^{\gamma(l-z)} + \frac{1}{2} \cdot \underline{U}_e \cdot e^{-\gamma(l-z)}$$

$$\underline{I}(z) = \frac{1}{2}\frac{\underline{U}_e}{Z} \cdot e^{\gamma(l-z)} - \frac{1}{2}\frac{\underline{U}_e}{Z} \cdot e^{-\gamma(l-z)}$$

(1.28)

Man multipliziert die zweite Gleichung wieder mit Z, um den Strom im vergleichbaren Spannungsmaßstab darzustellen.

Leitungsende

Gegenüber dem Kurzschluß haben Strom und Spannung beim Leerlauf ihre Rollen vertauscht. Im übrigen sind aber die Ausdrücke durchaus vergleichbar. Die Teilspannungen sind jetzt in Phase am Leitungsende, und demzufolge berührt die resultierende Spannung dort die obere Hüllkurve. Die Teilströme sind dagegen in Gegenphase; sie heben sich gegenseitig auf bzw. berühren die untere Hüllkurve an allen Punkten, die um ein ganzzahliges Vielfaches von

$$\Delta z = \frac{\pi}{\beta}$$

vom Leitungsende entfernt sind.

1.6.3 Beliebiger Abschluß

Bei beliebigem Abschluß sind die Strom- und Spannungsverteilung entlang der Leitung grundsätzlich ähnlich den Verteilungen bei Leerlauf oder Kurzschluß. Während bei Leerlauf oder Kurzschluß die reflektierte Welle am Ende dem Betrage nach gleich der einfallenden Welle ist und demnach die resultierenden Größen zwischen null und ihrem Maximalwert pendeln, wird unter normalen Umständen der Reflexionsfaktor bei beliebigem Abschluß dem Betrage nach kleiner als eins sein. Die reflektierte Welle ist damit auch am Ende der Leitung kleiner als die einfallende Welle. Die **Welligkeit** selbst, also das Verhältnis von Maximum von Strom oder Spannung zu Minimum von Strom oder Spannung, ist nicht so groß wie bei Leerlauf oder Kurzschluß.

Vollkommen richtig ist diese Aussage aber nur für Leitungen mit rein *reellem Wellenwiderstand*. Nur bei reellem Z ist nämlich der Reflexionsfaktor für alle *Abschlußwiderstände mit positivem Realteil* dem Betrage nach immer kleiner als eins, und nur dann ist die reflektierte Welle immer kleiner als die einfallende Welle. Die Strom- und Spannungsverteilung wird unter diesen Umständen und bei unveränderter Amplitude der hinlaufenden Welle nirgendwo, auch nicht in ihren Extremwerten, über die beiden Hüllkurven hinausgehen, die für Kurzschluß oder Leerlauf am Ende gefunden wurden.

Einschränkung

1.6.4   Verlustlose Leitung

Einfacher werden die Verhältnisse auf der verlustlosen Leitung. Für $\alpha = 0$ verschwindet nämlich die exponentielle Änderung der Amplitude der hin- und rücklaufenden Wellen. Während im allgemeinen Fall der verlustbehafteten Leitung die komplexen Zeiger von $\underline{U}_h$ und $\underline{U}_r$ auf Schraubenlinien verlaufen, die einem Rotationskörper mit exponentieller Mantellinie angehören, so geht für die verlustlose Leitung dieser Rotationskörper in einen Kreiszylinder über (Bild 1.12). Aus der logarithmischen Spirale als Projektion der Schraubenlinie auf eine Ebene senkrecht zur z-Achse wird für die verlustlose Leitung ein Kreis.

Für Gesamtspannung und Gesamtstrom müssen jetzt zwei Zeiger addiert werden, die im entgegengesetzten Sinne entlang der Leitung drehen und im allgemeinen auch verschiedene Beträge haben. Diese Beträge sind nun aber entlang der Leitung konstant. Die Hüllkurven werden damit zu geraden Linien parallel zur z-Achse, und die Berührungspunkte mit diesen Hüllkurven sind zugleich Extremwerte von Spannung oder Strom (Bild 1.13).

Die Welligkeit ist entlang einer verlustlosen Leitung konstant.

Besonders einfach sind jetzt die Verteilungen bei Leerlauf oder Kurzschluß oder auch bei irgendeinem reinen Blindwiderstand als Abschluß. Unter diesen Abschlußbedingungen ist *der Reflexionsfaktor dem Betrage nach gleich eins*. Hinlaufende und rücklaufende Welle haben entlang der Leitung gleiche Amplitude. Sie addieren sich einmal zum doppelten Wert der Einzelwelle und heben sich zum anderen zu null auf (Bild 1.14).

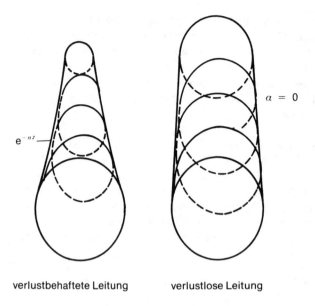

Bild 1.12 Bei der verlustlosen Leitung liegen die Schraubenlinien von Zeigern der Teilspannungen oder Teilströme auf Kreiszylindern

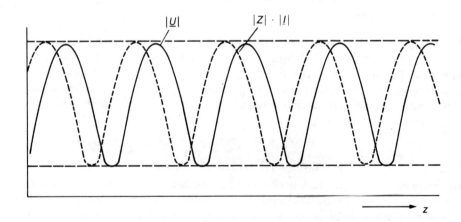

Bild 1.13 Auf der verlustlosen Leitung schwanken die Beträge des Spannungs- und des Stromphasors zwischen konstanten Werten

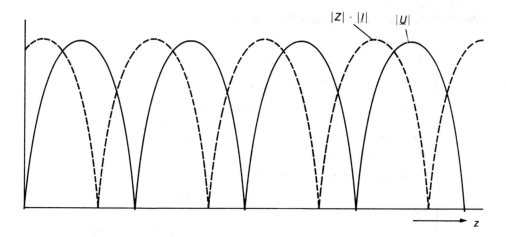

$|Z| \cdot |I|$ $|U|$

Bild 1.14 Bei einem Blindwiderstand am Ende der verlustlosen Leitung bilden sich stehende Wellen. Strom und Spannung sind gegeneinander um $90°$ oder $\Delta z = \pi/(2\beta)$ phasenverschoben

Für den Kurzschluß läßt sich beispielsweise die Spannung sofort mit Hilfe von Gl. (1.26) angeben zu:

$$\underline{U}(z) = \frac{1}{2} Z \cdot \underline{I}_e \cdot \left[e^{j\beta(l-z)} - e^{-j\beta(l-z)} \right]$$

$$= j \; Z \cdot \underline{I}_e \cdot \sin\left[\beta(l-z) \right] \tag{1.29 a}$$

und der Strom mit Hilfe von Gl. (1.27) zu:

$$Z \cdot \underline{I}(z) = \frac{1}{2} Z \cdot \underline{I}_e \cdot \left[e^{j\beta(l-z)} + e^{-j\beta(l-z)} \right]$$

$$= Z \cdot \underline{I}_e \cdot \cos\left[\beta(l-z) \right] \tag{1.29 b}$$

Spannung und Strom haben reine *Sinus-* bzw. *Kosinus-*Verteilung entlang der Leitung. Jede dieser Größen für sich hat unter diesen Bedingungen überall entlang der Leitung zeitlich die gleiche Phase. Gemäß dem Faktor j ist überall entlang der Leitung die Spannung gegenüber dem Strom um $90°$, also zeitlich um eine viertel Periode in der Phase verschoben.

Phasenverschiebung

Übersichtliche Darstellung der Studieninhalte

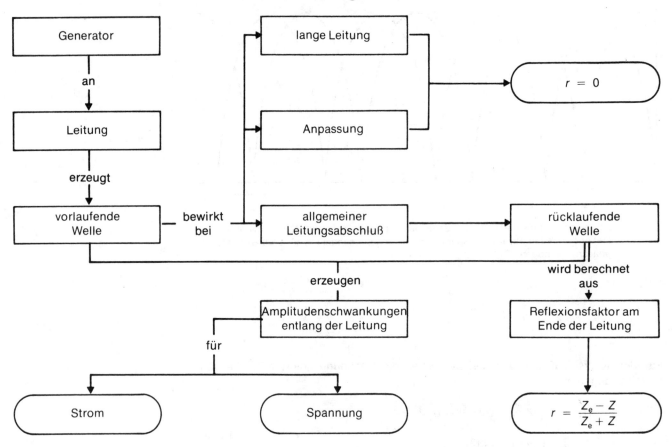

Übungsaufgaben zum Lernzyklus 1.2

1 Wie lautet der Zusammenhang zwischen Reflexionsfaktor, Leitungswellenwiderstand und Abschlußwiderstand?

Ohne Unterlagen

2 Welche Bedingungen gelten für $\underline{U}$ oder $\underline{I}$ am leerlaufenden und welche am kurzgeschlossenen Ende einer Leitung?

3 R/C-Schaltung als Leitungsabschluß
Eine Leitung mit den folgenden Daten sei gegeben:

Unterlagen gestattet

$$R' = 13\,\frac{\Omega}{km}, \quad G' = 0, \quad L' = 1{,}5\,\frac{mH}{km}, \quad C' = 6{,}12\,\frac{nF}{km}.$$

Die Leitung soll durch die Reihenschaltung eines ohmschen Widerstandes R und einer Kapazität C für 800 Hz reflexionsfrei abgeschlossen werden.
Welche Werte sind für R und C zu wählen?
Bestimmen Sie den Reflexionsfaktor am Ende für den Abschluß mit den oben berechneten Werten von R und C, nachdem die Frequenz von 800 Hz auf 1200 Hz erhöht wurde!

Aufgaben zur Vertiefung 1

Analogien in Ausbreitungsvorgängen

Für das Verständnis des Kurses ist die Bearbeitung dieser Aufgabe nicht unbedingt erforderlich.

Zur Verallgemeinerung des Kursinhalts

Im Abschnitt 1.1 wird darauf hingewiesen, daß die Methoden, die zur Berechnung der elektromagnetischen Ausbreitungsvorgänge erarbeitet sind, auch auf viele nicht-elektromagnetische Ausbreitungsvorgänge angewandt werden können. Viele nicht-elektromagnetische Ausbreitungsvorgänge werden nämlich durch Differential-gleichungen beschrieben, die nur weniger allgemein sind als die Differential-gleichungen der elektrischen Leitung, diesen aber sonst gleichen.

Durch Gegenüberstellung der Differentialgleichungen des jeweiligen nichtelektro-magnetischen Ausbreitungsvorganges mit den Differentialgleichungen der elektri-schen Leitung lassen sich Analogien finden zwischen nichtelektrischen Größen und $u(z,t)$; $i(z,t)$; R'; L'; G'; C'. Bei sinusförmiger Erregung lassen sich Analogien finden zwischen nichtelektrischen Größen und $\underline{U}(z)$; $\underline{I}(z)$; R'; L'; G'; C'. Die für $\underline{U}(z)$ und $\underline{I}(z)$ mit Hilfe von R'; L'; G'; C' dargestellten Lösungen lassen sich in analoger Form für nichtelektrische Größen übernehmen.

Auf den folgenden Seiten sind neben den Differentialgleichungen der elektrischen Leitung Differentialgleichungen nichtelektromagnetischer Ausbreitungsvorgänge aufgeführt. Für den Fall sinusförmiger Erregung gebe man für jeden aufgeführten Ausbreitungsvorgang die Dämpfungskonstante, die Phasenkonstante, die Phasen-geschwindigkeit und die Wellenlänge an.

1 *Elektromagnetische Welle auf einer Leitung*

$$\frac{\partial u}{\partial z} = -\left(R' + L'\frac{\partial}{\partial t}\right)i; \quad \frac{\partial i}{\partial z} = -\left(G' + C'\frac{\partial}{\partial t}\right)u$$

2 *Verlustlos angenommene Schwingung einer Saite*

$$\frac{\partial v_y}{\partial z} = \frac{1}{S}\frac{\partial F_y}{\partial t}; \quad \frac{\partial F_y}{\partial z} = m'\frac{\partial v_y}{\partial t}$$

v_y = Geschwindigkeit eines Drahtelementes senkrecht zur z-Richtung; $[v_y]$ = m/s
F_y = Kraft senkrecht zur z-Richtung; $[F_y]$ = N
S = Kraft, mit der die Saite gespannt ist; $[S]$ = N
m' = Masse pro Längeneinheit; $[m']$ = kg/m

3 *Verlustlos angenommene Ausbreitung von Schall im Festkörper*

$$\frac{\partial v_z}{\partial z} = -\frac{1}{E}\frac{\partial p_z}{\partial t}; \quad \frac{\partial p_z}{\partial z} = -\varrho \cdot \frac{\partial v_z}{\partial t}$$

v_z = Geschwindigkeit eines Volumenelementes in z-Richtung; $[v_z]$ = m/s
p_z = Druck in z-Richtung; $[p_z]$ = Pa
E = Elastizitätsmodul; $[E]$ = N/m²
ϱ = Dichte; $[\varrho]$ = kg/m³

$1/E$ ist bei entsprechender Ausbreitung in Flüssigkeit durch die Kompressibilität k, $[k]$ = m²/N, zu ersetzen; bei Ausbreitung in Gas ist E durch das Produkt von Adiabaten-Exponent $\varkappa$, $[\varkappa]$ = 1, und Druck in der Umgebung p_u, $[p_u]$ = Pa, zu ersetzen.

4 *Wärmeleitung*

$$\frac{\partial T}{\partial z} = -\frac{1}{\lambda}q; \quad \frac{\partial q}{\partial z} = -c\varrho\frac{\partial T}{\partial t}$$

T = Übertemperatur; $[T]$ = K
q = Wärmestromdichte; $[q]$ = W/m²
λ = Wärmeleitfähigkeit; $[\lambda]$ = W/(m · K)
c = spezifische Wärmekapazität; $[c]$ = J/(kgK)
ϱ = Dichte; $[\varrho]$ = kg/m³

5 *Diffusion ungeladener Teilchen*

$$\frac{\partial c}{\partial z} = -\frac{1}{D}l; \quad \frac{\partial l}{\partial z} = -\frac{\partial c}{\partial t}$$

c = Konzentration der Masse des diffundierenden Stoffes; $[c]$ = kg/m³
l = Massenstromdichte; $[l]$ = kg/(m²s)
D = Diffusionskoeffizient; $[D]$ = m²/s

6 *Diffusion geladener Teilchen ohne äußeres Feld*

$$\frac{\partial n_\nu}{\partial z} = \frac{-1}{D_\nu q_\nu} S_\nu; \qquad \frac{\partial S_\nu}{\partial z} = q_\nu \frac{n_{\nu 0} - n_\nu}{\tau_\nu} - q_\nu \frac{\partial n_\nu}{\partial t}$$

n_ν = Teilchenzahldichte der Teilchenart ν; $[n_\nu] = \mathrm{m}^{-3}$

n_ν = Teilchenzahldichte der Teilchenart ν im Gleichgewicht; $[n_\nu] = \mathrm{m}^{-3}$

S_ν = Stromdichte infolge Ladungstransportes der Teilchenart ν; $[S_\nu] = \mathrm{A/m^2}$

D_ν = Diffusionskoeffizient für Teilchenart ν; $[D_\nu] = \mathrm{m^2/s}$

q_ν = Ladung pro Teilchen der Art ν; $[q_\nu] = \mathrm{As}$

τ_ν = Lebensdauer eines Teilchens der Art ν; $[\tau_\nu] = \mathrm{s}$

2 Widerstandstransformation, Leitungsdiagramm

Lernzyklus 2.1

Lernziele

Nach dem Durcharbeiten des Lernzyklus 2.1 sollen Sie in der Lage sein,

- den Eingangswiderstand einer beliebig abgeschlossenen Leitung zu berechnen;

- den Begriff Widerstandstransformation zu erläutern;

- die Transformationseigenschaften von Leitungen anzugeben, die eine viertel oder eine halbe Wellenlänge lang sind;

- aus den Eingangsimpedanzen einer beliebig langen Leitung mit kurzgeschlossenem und offenem Ende die Leitungskonstanten zu bestimmen;

- Schwingkreise als Ersatzschaltbilder für kurzgeschlossene oder leerlaufende Leitungen anzugeben.

2 Widerstandstransformation, Leitungsdiagramm

2.1 Eingangswiderstand

Vierpol

Die elektrische Leitung stellt hinsichtlich der Klemmenpaare am Eingang und Ausgang einen Vierpol dar (Bild 2.1). Der Zusammenhang zwischen Strömen und Spannungen an diesen Klemmenpaaren ist durch die Leitungsgleichungen bestimmt. So ergibt sich beispielsweise aus der mathematischen Form für $z = 0$:

$$\underline{U}_a = \underline{U}_e \cosh\gamma l + Z\underline{I}_e \ \sinh\gamma l$$

$$\underline{I}_a = \underline{I}_e \cosh\gamma l + \frac{\underline{U}_e}{Z}\sinh\gamma l \tag{2.1}$$

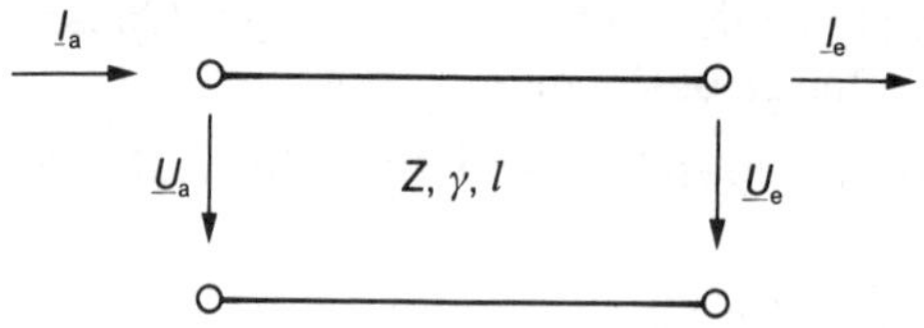

Bild 2.1
Die elektrische Leitung
als Vierpol

Bei zahlreichen Anwendungen von Leitungen ist der Zusammenhang zwischen Eingangs- und Ausgangsgrößen, wie er durch diese Gleichungen bestimmt wird, maßgebend. In vielen Fällen ist aber insbesondere der **Eingangswiderstand** von Bedeutung. Es interessiert seine Abhängigkeit vom Ausgangswiderstand und von den Eigenschaften der Leitung. Aus dem besonderen Verhalten des Eingangswiderstandes ergeben sich Anwendungen der Leitung nicht nur als Übertragungsmedium, sondern auch als vielseitiges Schaltelement.

Die elektrische Leitung ist ein Vierpol mit einem Klemmenpaar am Anfang und am Ende. Zur Berechnung des Eingangswiderstandes gehen wir von den Leitungsgleichungen (2.1) aus. Wir berücksichtigen dabei die Definition:

Definition

> Der Eingangswiderstand ist das Verhältnis
> von Spannung zu Strom am Anfang der Leitung.

Wenn die Leitung mit einem Widerstand Z_e abgeschlossen ist, so liegt damit das Verhältnis $\underline{U}_e/\underline{I}_e = Z_e$ fest, und es ergibt sich der Eingangswiderstand aus den Leitungsgleichungen (2.1) zu

$$Z_a = \frac{\underline{U}_a}{\underline{I}_a} = Z\,\frac{Z_e \cosh \gamma l + Z\,\sinh \gamma l}{Z \cosh \gamma l + Z_e \sinh \gamma l} \qquad (2.2)$$

oder:

$$Z_a = Z\,\frac{Z_e + Z\,\tanh \gamma l}{Z + Z_e \tanh \gamma l}\,. \qquad (2.3)$$

Zur Berechnung des Eingangswiderstandes einer allgemeinen, verlustbehafteten Leitung nach Gl. (2.2) oder Gl. (2.3) müssen Hyperbelfunktionen eines komplexen Argumentes bestimmt werden. Mit $\gamma = \alpha + j\beta$ geschieht das bekanntlich nach den Formeln:

Komplexer Hyperbeltangens

$$\sinh \gamma l = \sinh \alpha l\,\cos \beta l + j \cosh \alpha l \sin \beta l$$

$$\cosh \gamma l = \cosh \alpha l \cos \beta l + j \sinh \alpha l\,\sin \beta l$$

$$\tanh \gamma l = \frac{\tanh \alpha l + j \tan \beta l}{1 + j \tanh \alpha l \tan \beta l}\,. \qquad (2.4)$$

Zur Bestimmung des Eingangswiderstandes nach Gl. (2.3) können Tabellen oder **Reliefkarten** der komplexen tanh-Funktion dienen. Man drückt dazu Z_e/Z entsprechend

$$\frac{Z_e}{Z} = \tanh(x + jy) \qquad (2.5)$$

durch x und y aus und erhält damit den Eingangswiderstand nach Gl. (2.3) zu

$$\frac{Z_a}{Z} = \frac{\tanh(x + jy) + \tanh(\alpha l + j\beta l)}{1 + \tanh(x + jy)\tanh(\alpha l + j\beta l)}\,. \qquad (2.6)$$

Nach einem Additionstheorem für die tanh-Funktion folgt daraus

$$\frac{Z_a}{Z} = \tanh[x + \alpha l + j(y + \beta l)]\,. \qquad (2.7)$$

Zur Auswertung dieser Beziehung liest man aus der Tabelle oder vom Relief der tanh-Funktion den Realteil x und den Imaginärteil y der artanh-Funktion des Widerstandsverhältnisses am Ende der Leitung ab, addiert dazu Dämpfung αl und Phase βl der Leitung und liest das Widerstandsverhältnis am Anfang als tanh dieser Summe ab.

Wesentlich einfacher ist die Berechnung des Eingangswiderstandes bei der verlustlosen Leitung. Für sie ist $\alpha = 0$ und der Wellenwiderstand rein reell. Aus Gl. (2.3) folgt deshalb für die verlustlose Leitung einfach

$$\frac{Z_a}{Z} = \frac{Z_e + jZ \tan \beta l}{Z + jZ_e \tan \beta l} \tag{2.8}$$

mit reellem Z. Ein spezielles Diagramm zur graphischen Bestimmung des Eingangswiderstandes nach den Gln. (2.3) und (2.8) werden wir später noch kennenlernen.

Lange Leitung – hohe Verluste

Von praktischem Interesse sind zwei *Sonderfälle der verlustbehafteten Leitung,* bei denen einfache Näherungsformeln für den Eingangswiderstand gelten. Wenn die Leitung so lang ist oder so hohe Verluste hat, daß

$$\alpha l \gg 1$$

gilt, dann läßt sich der $\tanh \alpha l$ durch

$$\tanh \alpha l \approx 1$$

annähern, wie nach Gl. (2.4) dann auch der $\tanh \gamma l$ durch

$$\tanh \gamma l \approx 1.$$

Der Eingangswiderstand solch einer Leitung ist damit einfach

$$Z_a \approx Z.$$

Er ist also nahezu gleich dem Wellenwiderstand und unabhängig vom Widerstand am Ende der Leitung.

Die Bedingung $\alpha l \gg 1$ entspricht den Verhältnissen auf einer langen, verlustbehafteten Leitung. Für sie wurde schon bei der Untersuchung der Wellenausbreitung festgestellt, daß eine Reflexion vom weit entfernten Ende wegen der Dämpfung den Leitungsanfang nicht mehr erreicht. Am Leitungsanfang besteht nur eine hinlaufende Welle, die den Wellenwiderstand sieht.

Fehlanpassung

Wenn die Leitung mit einem Widerstand abgeschlossen ist, der nur wenig vom Wellenwiderstand abweicht, so spricht man von einer *kleinen Fehlanpassung.* Der Abschlußwiderstand sei

$$Z_e = Z(1 + x) \text{ mit } |x| \ll 1. \tag{2.9}$$

Unter diesen Umständen ergibt sich der Eingangswiderstand aus Gl. (2.3) zu

$$Z_a = Z \frac{1 + \dfrac{x}{1 + \tanh \gamma l}}{1 + \dfrac{x \tanh \gamma l}{1 + \tanh \gamma l}}.$$

Da das komplexe x dem Betrage nach sehr klein sein soll, gilt näherungsweise

$$Z_a \approx Z \left[1 + x \frac{1 - \tanh \gamma l}{1 + \tanh \gamma l} \right].$$

Wird hier die tanh-Funktion durch e-Funktionen ausgedrückt, so folgt:

$$Z_a \approx Z(1 + x\,e^{-2\gamma l}) \tag{2.10}$$

Nach dieser Näherungsformel weicht der Eingangswiderstand umso weniger vom Wellenwiderstand ab, je kleiner die Fehlanpassung x und je größer die Dämpfung gemäß $\exp(-2\alpha l)$ sind. Die Abweichung hängt gemäß $\exp(-\mathrm{j}2\beta l)$ von der Phasenkonstanten β und der Leitungslänge l ab, beträgt aber höchstens $|x|\exp(-2\alpha l)$. Damit läßt sich leicht feststellen, wie eine geringe Fehlanpassung am Leitungsende auf den Anfang der Leitung zurückwirkt.

2.2 Widerstandstransformation

Nach Gl. (2.2) oder Gl. (2.3) ist der Eingangswiderstand Z_a eine gebrochene, lineare Funktion von Z_e. Für eine vorgegebene Leitung bestimmen dabei Z und γl die Koeffizienten dieser linearen Funktion. Lineare Funktionen bilden Kreise in Kreise und im Grenzfall Geraden in Kreise ab. Hat man also Z_e-Werte, die auf geraden Linien oder auf Kreisen in der komplexen Widerstandsebene liegen, so liegen auch die zugehörigen Z_a-Werte auf Kreisen. Diese Transformationsregel gilt natürlich nur für konstante Werte der Koeffizienten in der linearen Funktion, also auch nur jeweils für eine *konstante Frequenz*. Bei Änderung der Frequenz ändern sich auch die Koeffizienten der gebrochenen linearen Funktion und damit das Abbildungsgesetz.

Abbildungseigenschaften

Besonders nützliche Transformationseigenschaften hat die *verlustlose Leitung*. Widerstände werden durch sie ohne Leistungsverluste transformiert. Für die Transformation gilt hier ganz allgemein Gl. (2.8). Zwei wichtige Sonderfälle verlustloser **Leitungstransformatoren** sind der $\lambda/4$- und der $\lambda/2$-Transformator.

Beim **$\lambda/4$-Transformator** ist

$$l = \lambda/4, \quad \text{also} \quad \beta l = \pi/2. \tag{2.11}$$

Damit ist der Eingangswiderstand nach Gl. (2.8):

$$Z_a = \frac{Z^2}{Z_e} \tag{2.12}$$

Ein Wirkwiderstand $Z_e = R_e$ kann also in jeden anderen Wirkwiderstand $Z_a = R_a$ transformiert werden, wenn der Wellenwiderstand des $\lambda/4$-Transformators nur zu

$$Z = \sqrt{R_a R_e} \tag{2.13}$$

gewählt wird.

Da die Phasenkonstante von der Frequenz abhängt, übersetzt der $\lambda/4$-Transformator den Widerstand nur bei der Bestimmungsfrequenz richtig, wenn nämlich Gl. (2.11) erfüllt ist. Zur Widerstandstransformation für *breite Frequenzbänder* werden mehrere $\lambda/4$-Transformatoren mit abgestuften Wellenwiderständen hintereinandergeschaltet.

.Optik Praktische Beispiele für $\lambda/4$-Transformatoren gibt es nicht nur mit elektrischen Leitungen sondern unter anderem auch in der Optik, wo *Linsen* mit $\lambda/4$ dicken Schichten vergütet werden, um die Reflexion zu mindern; nach einer Gl. (2.13) entsprechenden Beziehung muß die Brechzahl dieser Schicht das geometrische Mittel der Brechzahlen in und vor der Linse sein.

Beim $\lambda/$**2-Transformator** ist

$$l = \lambda/2, \quad \text{also} \quad \beta l = \pi.$$

Damit ist der Eingangswiderstand nach Gl. (2.8):

$$Z_a = Z_e.$$

Unabhängig von den Leitungseigenschaften erhält man am Eingang der $\lambda/2$-Leitung wieder den Abschlußwiderstand.

Beispiel Beispielsweise brauchen Verbindungsleitungen nur $\lambda/2$ lang zu sein, um die Widerstandsverhältnisse nicht zu stören. Nach dem Prinzip des $\lambda/2$-Transformators arbeiten oft auch die sogenannten **Radome**, welche als Wetterschutz oder windschnittige Verkleidung Antennen umgeben. Wenn ihre Wand nicht absorbiert und gerade $\lambda/2$ dick ist, sind sie für die Antennenstrahlung vollkommen *transparent*.

2.3 Kurzschluß- und Leerlaufwiderstand

Als **Kurzschlußwiderstand** Z_K wird der Eingangswiderstand einer Leitung bezeichnet, die am Ende kurzgeschlossen ist. Für $Z_e = 0$ folgt aus Gl. (2.3):

$$Z_K = Z \tanh \gamma l \tag{2.14}$$

Leerlaufwiderstand Z_L heißt der Eingangswiderstand einer Leitung bei offenem Leitungsende. Mit $Z_e \rightarrow \infty$ folgt aus Gl. (2.3):

$$Z_L = Z \coth \gamma l \qquad (2.15)$$

Multiplikation und Division beider Widerstände ergibt:

$$Z_K \cdot Z_L = Z^2; \qquad \frac{Z_K}{Z_L} = \tanh^2 \gamma l.$$

Werden diese Gleichungen nach Z und γl aufgelöst, so ergibt sich:

$$Z = \sqrt{Z_K \cdot Z_L}; \qquad e^{2\gamma l} = \frac{1 + \sqrt{Z_K/Z_L}}{1 - \sqrt{Z_K/Z_L}} \qquad (2.16)$$

Damit lassen sich Wellenwiderstand und Ausbreitungskonstante, also die Leitungseigenschaften aus Kurzschluß- und Leerlaufwiderstand berechnen. Z_K und Z_L können ihrerseits an einer beliebigen Leitung einfach gemessen werden.

Als wir die Ersatzschaltung und die Differentialgleichungen ableiteten, haben wir festgestellt, wie sich zur Bestimmung der Leitungseigenschaften die Leitungsbeläge R', L', G' und C' an kurzen Leitungsstücken gemäß Bild 1.3 messen lassen. Jetzt können wir die Leitungskonstanten auch aus gemessenen Werten von Z_K und Z_L bestimmen. Diese letzte Methode ist offenbar allgemeiner anwendbar, denn während R', L', G' und C' an genügend kurzen Leitungsstücken gemessen werden müssen, können in Gl. (2.16) Z_K und Z_L beliebiger Leitungsstücke eingesetzt werden. Es darf nur nicht $\alpha l \gg 1$ sein, damit sich $Z_K/Z_L \neq 1$ ergibt und γl sich aus Gl. (2.16) berechnen läßt.

Bestimmung der Leitungsbeläge

Besondere Eigenschaften haben der Kurzschluß- und der Leerlaufwiderstand einer verlustlosen Leitung. Mit $\alpha = 0$ ist $\gamma = j\beta$, und es ergibt sich aus Gl. (2.14)

Verlustlose Leitung

$$Z_K = jZ \tan \beta l$$

und aus Gl. (2.15)

$$Z_L = -jZ \cot \beta l.$$

Kurzschluß- und Leerlaufwiderstand der verlustlosen Leitung sind reine *Blindwiderstände*. Ihre Beträge sind tan- bzw. cot-Funktionen der Leitungslänge (Bild 2.2).

Bei $\qquad \beta l = n\pi$ mit $n = 0, 1, 2, 3, \ldots.,$

ist $\qquad Z_K = 0$ und $|Z_L| = \infty,$ $\qquad\qquad\qquad (2.17)$

während bei

$$\beta l = \frac{2n - 1}{2}\pi \quad \text{mit } n = 1, 2, 3, \ldots \text{ umgekehrt}$$

$$|Z_K| = \infty \quad \text{und} \quad Z_L = 0 \quad \text{ist.} \tag{2.18}$$

Insbesondere ist für $\quad l = \lambda/2 : Z_K = 0 \quad \text{und} \quad |Z_L| = \infty$
und für $\quad l = \lambda/4 : |Z_K| = \infty \quad \text{und} \quad Z_L = 0.$

> Mit einer Leitung veränderbarer Länge können induktive und kapazitive Blindwiderstände beliebiger Größe eingestellt werden.

induktiv

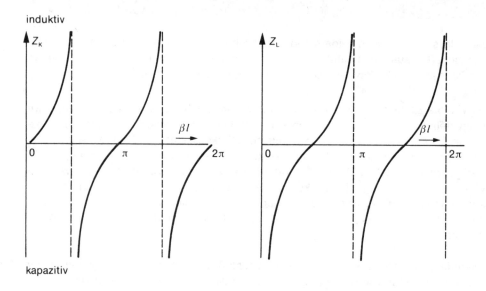

kapazitiv

Bild 2.2 Kurzschluß- und Leerlaufwiderstände der verlustlosen Leitung

Frequenzabhängigkeit

Kurzschluß- und Leerlaufwiderstand der verlustlosen Leitung sind nicht nur Funktionen der Leitungslänge, sondern auch der Frequenz. Da $\alpha = 0$ nur durch $R' = G' = 0$ erreicht wird, ist nach Gl. (1.7) und Gl. (1.4)

$$Z = \sqrt{\frac{L'}{C'}} \quad \text{und} \quad \beta = \omega \cdot \sqrt{L' \cdot C'}. \tag{2.19}$$

Z_K und Z_L hängen also von der Frequenz ähnlich ab wie von der Leitungslänge. In der Umgebung der durch Gl. (2.17) oder Gl. (2.18) bestimmten Werte für βl verhalten sich Z_K und Z_L als Funktion der Frequenz wie die *Resonanzwiderstände von Parallel- oder Serienresonanzkreisen*. Es lassen sich für diese Leitungen Ersatzschaltungen in Form von Schwingkreisen angeben, in denen auch geringe Leitungsverluste noch berücksichtigt werden können.

Analogie

Wir untersuchen als Beispiel den *Kurzschlußwiderstand einer verlustbehafteten Leitung*. Mit Gl. (2.14) und Gl. (2.4) läßt er sich aus

Kurzschluß

$$Z_K = Z\frac{\tanh\alpha l + j\tan\beta l}{1 + j\tanh\alpha l\tan\beta l}$$

berechnen. Die Verluste der Leitung sollen so klein sein, daß $\alpha l \ll 1$ ist und der Wellenwiderstand Z praktisch reell. Ist die Leitung $\lambda/4$ lang, also $\beta l = \pi/2$, so wird Z_K sehr groß. Z_K verhält sich unter diesen Bedingungen wie der Resonanzwiderstand eines Parallelschwingkreises (Bild 2.3).

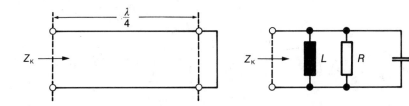

Bild 2.3   Der Kurzschlußwiderstand der $\lambda/4$-Leitung hat die gleiche Frequenzabhängigkeit wie ein Parallelschwingkreis

Die Elemente R, L, C eines Parallelschwingkreises können nun so bestimmt werden, daß sich ein Widerstand in der Umgebung der Resonanzfrequenz genauso verhält wie der Kurzschlußwiderstand der Leitung in der Umgebung der $\lambda/4$-Frequenz.

Bei der *Resonanzfrequenz* ω_0 ist

für die *Leitung*:	für den *Kreis*:
$\beta l = \omega_0 \cdot \sqrt{L'C'}\, l = \dfrac{\pi}{2}$	
$\omega_0 = \dfrac{\pi}{2l\sqrt{L'C'}}$	$\omega_0 = \dfrac{1}{\sqrt{LC}}$

49

Der *Eingangswiderstand* bei der Resonanzfrequenz ist

für die *Leitung*:

$$Z_K = \frac{Z}{\tanh \alpha l}$$

$$Z_K \approx \frac{Z}{\alpha l}$$

für den *Kreis*:

$$Z_K = R$$

Weicht die Frequenz etwas von der Resonanzfrequenz ab, $\omega = \omega_0 + \Delta\omega$, so ist unter Vernachlässigung der Verluste:

$$\beta l = (\omega_0 + \Delta\omega) \ \sqrt{L'C'} \ l = \frac{\pi}{2} + \Delta\omega \sqrt{L'C'} \ l.$$

Für $\Delta\omega \ll \omega_0$ gilt für die *Blindkomponente* des Eingangsleitwertes im Falle

der *Leitung*:

$$B = -\frac{1}{Z}\cot\beta l$$

$$B = -\frac{1}{Z}\cot\left(\frac{\pi}{2} + \Delta\omega \sqrt{L'C'}\, l\right)$$

$$B = \frac{\pi}{2}\sqrt{\frac{C'}{L'}}\ \frac{\Delta\omega}{\omega_0}$$

des *Kreises*:

$$B = \left(\omega C - \frac{1}{\omega L}\right)$$

$$B = \sqrt{\frac{C}{L}}\left(\frac{\omega}{\omega_0} - \frac{\omega_0}{\omega}\right)$$

$$B = 2\sqrt{\frac{C}{L}}\ \frac{\Delta\omega}{\omega_0}$$

Äquivalenz Damit beide Schaltungen bezüglich ihres Eingangswiderstandes äquivalent sind, müssen folgende Bedingungen erfüllt sein:

1. Gleiche Resonanzfrequenzen:

$$\frac{\pi}{2l\sqrt{L'C'}} = \frac{1}{\sqrt{LC}}$$

2. Gleiche Resonanzwiderstände:

$$\frac{Z}{\alpha l} = R$$

3. Gleiche Frequenzabhängigkeit des Eingangsleitwertes:

$$\frac{\pi}{2}\sqrt{\frac{C'}{L'}} = 2\sqrt{\frac{C}{L}}$$

Daraus ergibt sich für die *Elemente des Schwingkreises*:

$$R = \frac{Z}{\alpha l}; \qquad L = \frac{8}{\pi^2} L' l; \qquad C = \frac{1}{2} C' l. \qquad (2.20)$$

Von den Leitungsbelägen ist die Induktivität beinahe voll in der Ersatzschaltung wirksam, während der Kapazitätsbelag nur zur Hälfte erscheint.

Die **Güte** Q eines Resonanzkreises wird aus der $1/\sqrt{2}$ Breite $2\Delta\omega$ seiner Resonanzkurve (Bild 2.4) und der Resonanzfrequenz ω_0 bestimmt:

$$Q = \frac{\omega_0}{2\Delta\omega}$$

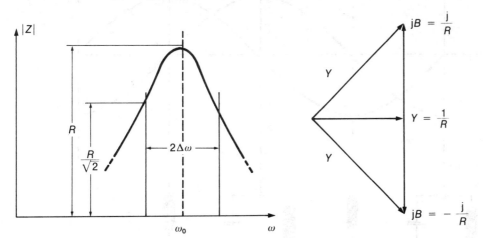
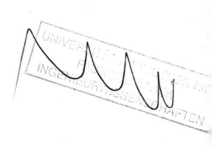

Bild 2.4   Resonanzkurve eines Parallelschwingkreises und Leitwertdiagramm für Halbwertspunkte $|Y| = \sqrt{2}/R$

Bei den Halbwertspunkten der Resonanzkurve ist der Blindleitwert gerade gleich dem Wirkleitwert:

$$B = \frac{\pi}{2Z} \frac{\Delta\omega}{\omega_0} = \frac{1}{R} = \frac{\alpha l}{Z}$$

Damit ist die Güte:

$$Q = \frac{1}{2} \frac{\beta}{\alpha} \qquad (2.21)$$

Diese Güteformel gilt für alle **Leitungsresonatoren** aus Doppelleitungen beliebiger Länge, ob im Kurzschluß oder Leerlauf. Die Resonanzeigenschaften einer offenen, d.h. leerlaufenden Leitung sind in Bild (2.5) mit dem Verlauf von Strom- und Spannungsamplituden zusammenfassend dargestellt.

Leerlauf

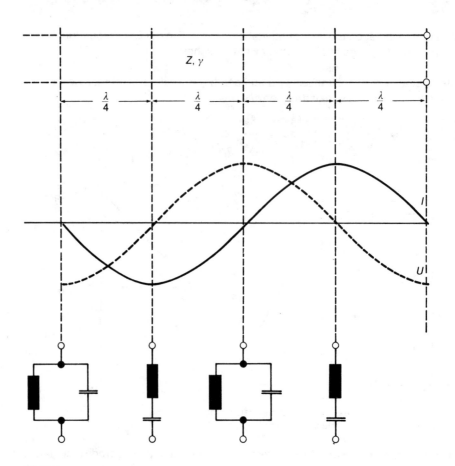

Bild 2.5
Der Leerlaufwiderstand einer Leitung hat bei $\lambda/4$, $3\,\lambda/4$ ... die Eigenschaften von Serienresonanz und bei $\lambda/2$, $2\,\lambda/2$ ... die Eigenschaften von Parallelresonanz

Bei $l = \lambda/4$ ist die Spannung Null, und der Eingangswiderstand entspricht hier dem eines Serienresonanzkreises.
Bei $l = \lambda/2$ ist der Strom Null, und der Eingangswiderstand verhält sich wie bei einem Parallelresonanzkreis.
Bei $(2n - 1)\,\lambda/4$ und $n\,\lambda/2$ wiederholen sich diese Resonanzeigenschaften.

Leitungsresonatoren haben bei hohen Frequenzen bessere Eigenschaften als Schwingkreise aus Spulen und Kondensatoren. Sie lassen sich einfacher bauen und haben eine höhere Güte. Immer wenn die Wellenlänge der Schwingung so klein ist, daß sich vernünftige Abmessungen ergeben, wird man darum Leitungsresonatoren verwenden.

Die Vorgänge in den Resonatoren der Akustik (Stimmgabel, Pfeifen) gehorchen ähnlichen Gesetzen. Sie lassen sich auch mit den Methoden der Leitungstheorie beschreiben.

Eigenschaften von Leitungsresonatoren

Übersichtliche Darstellung der Studieninhalte

Spannung am Anfang der Leitung $\underline{U}_a$ → $Z_a = \dfrac{\underline{U}_a}{\underline{I}_a}$ ← Strom am Anfang der Leitung $\underline{I}_a$

ist definiert als

Eingangswiderstand der Leitung Z_a

den

Widerstands-transformation

bestimmen über die

Abschlußwiderstand der Leitung Z_e

Wellenwiderstand der Leitung Z

Produkt Ausbreitungs-konstante × Länge der Leitung

Übersichtliche Darstellung der Studieninhalte

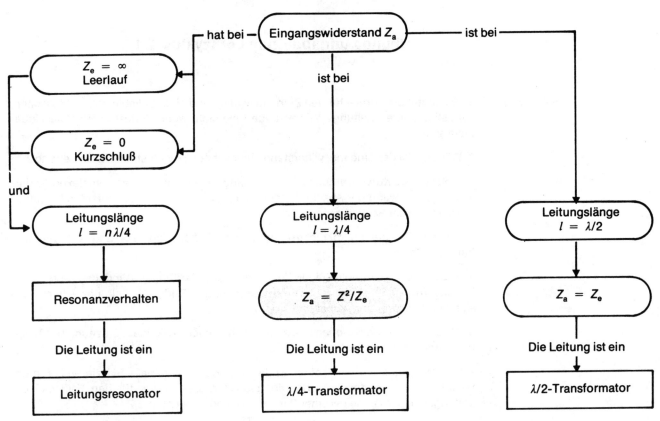

Übungsaufgaben zum Lernzyklus 2.1

Ohne Unterlagen

1 Wie lautet die Formel für den Eingangswiderstand einer beliebig abgeschlossenen, verlustbehafteten Leitung? Wie verändert sie sich, wenn Verluste vernachlässigbar klein sind?

2 Wie groß ist der Eingangswiderstand einer sehr stark verlustbehafteten Leitung?

3 Welcher Art Kurve durchläuft der Eingangswiderstand in der komplexen Widerstandsebene, wenn der Abschlußwiderstand der Leitung einen konstanten Imaginärteil hat und sein Realteil geändert wird?

4 Nennen Sie die charakteristischen Eigenschaften von $\lambda/4$- und $\lambda/2$-Leitungstransformatoren!

5 Geben Sie den formelmäßigen Zusammenhang der Eingangsimpedanzwerte einer Leitung für kurzgeschlossenes und leerlaufendes Ende mit Leitungswellenwiderstand und Ausbreitungskonstante an!

6 Welchem Typ von Resonanzkreis entspricht die leerlaufende $\lambda/2$-Leitung bezüglich des Eingangswiderstandes?

7 Eine verlustlose Leitung sei am Ende schwach fehlangepaßt. Skizzieren Sie in der komplexen Ebene des Eingangswiderstands die Ortskurve für den Fall, daß die Leitungslänge, z.B. wie bei einer Posaune, geändert wird!

Unterlagen gestattet

8 Ersatzstromquelle
Eine Zweipolquelle sei beschrieben durch ihren Kurzschlußstrom I_K und ihren reellen Innenwiderstand R_i. Sie wird über eine Leitung der Länge l sowie mit der Ausbreitungskonstanten γ und dem Wellenwiderstand Z an einen Verbraucher mit dem Widerstand Z_e geschaltet. Bestimmen Sie die Daten der Ersatzstromquelle, die die Zusammenschaltung von Stromquelle und Leitung ersetzt!

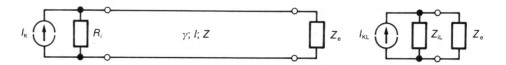

Lernzyklus 2.2

Lernziele

Nach dem Durcharbeiten des Lernzyklus 2.2 sollen Sie in der Lage sein,

– eine konforme Abbildung, die zur Widerstandsbestimmung auf Leitungen häufig verwendet wird, formelmäßig zu beschreiben;

– die charakteristischen Eigenschaften dieser Abbildung anzugeben;

– mit Hilfe dieser Abbildung das Spannungsverhältnis von rück- zu vorlaufender Welle sowie den Eingangswiderstand einer Leitung zu bestimmen;

– ein Verfahren zu beschreiben, mit dem man den Reflexionsfaktor auf einer Leitung messen kann;

– logarithmische Maßeinheiten für die Dämpfung anzuwenden.

2.4   Leitungsdiagramm nach Smith

Leitungsdiagramme sind sehr nützliche Hilfsmittel bei der Bestimmung von Widerständen auf Leitungen und für die Widerstandstransformation durch Leitungen. Sie erleichtern die Auswertung von Messungen an Leitungen und den Entwurf von Schaltungen mit Leitungen. Am meisten wird das nach seinem Erfinder benannte **Smith-Diagramm** benutzt. Zur Konstruktion des Smith-Diagrammes gehen wir von dem Reflexionsfaktor aus, der nach Gl. (1.25) durch Fehlanpassung $Z_e \neq Z$ am Ende einer Leitung entsteht.

Wenn wir mit $w = Z_e/Z$ das im allgemeinen komplexe Verhältnis von Abschlußwiderstand zu Wellenwiderstand der Leitung bezeichnen, dann ist der Reflexionsfaktor entsprechend

$$r = \frac{w - 1}{w + 1}$$

eine *gebrochene, lineare Funktion* dieses Widerstandsverhältnisses.

Komplexe Ebene   Im Smith-Diagramm wird nun die komplexe w-Ebene nach dieser Funktion auf die komplexe r-Ebene abgebildet.

Man trennt dazu das Widerstandsverhältnis in Real- und Imaginärteil $w = x + jy$ und bildet das rechtwinklige Netz der Linien $x = $ konst. und $y = $ konst. auf die r-Ebene ab. Im einzelnen hat die Abbildung folgende Form (Bild 2.6):

1. Die reelle Achse der w-Ebene ($w = x$) wird gemäß

$$r = \frac{x - 1}{x + 1}$$

auf die reelle Achse der r-Ebene abgebildet.

Der Punkt $x = 0$ liegt bei $r = -1$; $x = 1$ liegt bei $r = 0$ und $x = \infty$ bei $r = 1$.

2. Die imaginäre Achse der w-Ebene ($w = jy$) wird gemäß

$$r = \frac{jy - 1}{jy + 1}$$

und mit $|r| = 1$ in den Einheitskreis der r-Ebene abgebildet. Die Punkte $y = \pm 1$ liegen bei $r = \pm j$.

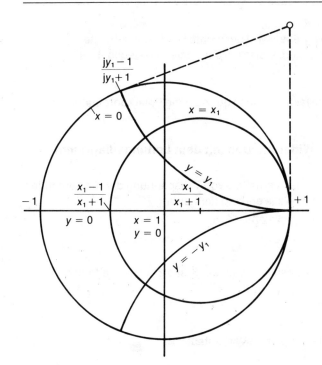

Bild 2.6
Konstruktion des
SMITH-Diagrammes

3. Eine Linie x = konst. bildet einen Kreis in der r-Ebene, der als Folge der *konformen Abbildung* die reelle Achse ($y = 0$) rechtwinklig schneidet. Sein Mittelpunkt liegt darum auch auf der reellen Achse. Für $x = x_1$ liegen die Schnittpunkte dieses Kreises mit der reellen Achse bei

$$r = \frac{x_1 - 1}{x_1 + 1} \quad \text{und} \quad r = 1.$$

4. Eine Linie y = konst. (z.B. $y = y_1$) schneidet den Einheitskreis der r-Ebene ($x = 0$) bei

$$r = \frac{jy_1 - 1}{jy_1 + 1} \quad \text{und} \quad r = 1$$

unter rechten Winkeln. Sie bildet einen Kreis, dessen Mittelpunkt durch den Schnittpunkt der beiden Tangenten an den Einheitskreis bei

$$r = \frac{jy_1 - 1}{jy_1 + 1} \quad \text{und} \quad r = 1$$

bestimmt ist.

59

> Durch das SMITH-Diagramm wird die rechte Hälfte der w-Ebene auf das Innere des Einheitskreises in der r-Ebene abgebildet.

Betrag und Phase des Reflexionsfaktors sind in der r-Ebene Polarkoordinaten.

2.5 Bestimmung von Widerständen mit dem Leitungsdiagramm

Nach den Gln. (1.24) und (1.25) ist das Verhältnis von Teilspannung der rücklaufenden zur Teilspannung der vorlaufenden Welle entlang der Leitung:

$$\frac{\underline{U}_r}{\underline{U}_h} = r\,e^{-2\gamma(l-z)}$$

Reflexionsfaktor auf der Leitung

Dieses Verhältnis stellt den Reflexionsfaktor r_z an der Stelle z auf der Leitung dar:

$$r_z = r\,e^{-2\alpha(l-z)} \cdot e^{-2j\beta(l-z)}$$

Der auf der Leitung an der Stelle z wirksame Widerstand

$$Z_z = \frac{\underline{U}(z)}{\underline{I}(z)}$$

steht entsprechend

$$Z_z = \frac{\underline{U}_h + \underline{U}_r}{\underline{I}_h + \underline{I}_r}$$

zu r_z in folgender Beziehung:

$$Z_z = \frac{1 + r_z}{1 - r_z} \cdot Z$$

Durch Umkehrung folgt daraus

$$r_z = \frac{\dfrac{Z_z}{Z} - 1}{\dfrac{Z_z}{Z} + 1} \cdot$$

Insbesondere gilt am Anfang der Leitung für $z = 0$ einerseits

$$r_a = r \cdot e^{-2\alpha l} \cdot e^{-j2\beta l} \tag{2.22}$$

und andererseits

$$r_a = \frac{\dfrac{Z_a}{Z} - 1}{\dfrac{Z_a}{Z} + 1}.$$

(2.23)

Zur Bestimmung des Eingangswiderstandes Z_a aus diesen Beziehungen berechnet man das Widerstandsverhältnis $w = Z_e/Z$ am Ende der Leitung und sucht den zugehörigen Punkt r im SMITH-Diagramm. Entsprechend Gl. (2.22) dreht man den *Radiusvektor* zu diesem Punkt um den Winkel $-2\beta l$ und verkleinert ihn um $\exp(-2\alpha l)$. Für den so erhaltenen Punkt im SMITH-Diagramm liest man entsprechend Gl. (2.23) das Widerstandsverhältnis am Leitungsanfang ab (Bild 2.7).

Weg im SMITH-Diagramm

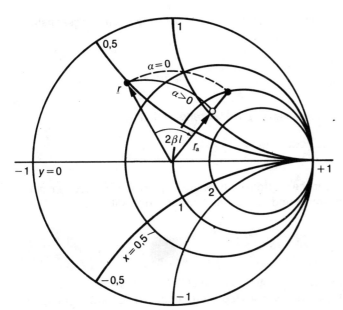

Bild 2.7
Widerstandstransformation
im SMITH-Diagramm

Besonders einfach ist die Widerstandsbestimmung bei der verlustlosen Leitung. Für $\alpha = 0$ braucht der Radiusvektor ausschließlich um den Winkel $-2\beta l$ gedreht zu werden. Für $\alpha = 0$ ist auch der Wellenwiderstand reell. Das Widerstandsverhältnis hat dann dieselbe Phase wie der Widerstand selbst.

Verlustlose Leitung

Um im SMITH-Diagramm den jeweiligen Betrag des Reflexionsfaktors r oder die Welligkeit s eintragen oder abgreifen zu können, wird es meist mit Skalen für $|r|$ und

Verlustbehaftete Leitung

s versehen. Neben diesen Skalen für $|r|$ und s erscheinen dann aber noch Skalen der logarithmischen Größen, und zwar $20 \log s$ und $-20 \log |r|$ ebenso wie $-20 \log \sqrt{1 - |r|^2}$. Diese logarithmischen Skalen sind in Anlehnung an das logarithmische Maß für die Dämpfung gewählt, das auch sonst in der Nachrichtentechnik verwendet wird. Bei verlustbehafteten Leitungen kommt man zu diesem Dämpfungsmaß auf folgendem Wege.

Für eine angepaßte Leitung vereinfacht sich die physikalische Form der Leitungsgleichungen (1.9) zu:

$$\underline{U}_a = \underline{U}_e \, e^{\gamma l}$$

$$\underline{I}_a = \underline{I}_e \, e^{\gamma l} = \frac{\underline{U}_e}{Z} \cdot e^{\gamma l}$$

Für die Effektivwerte von Spannung und Strom ist nur die Dämpfungskonstante maßgebend:

$$|\underline{U}_a| = |\underline{U}_e| \cdot e^{\alpha l}$$

$$|\underline{I}_a| = |\underline{I}_e| \cdot e^{\alpha l}$$

Das Verhältnis von Eingangs- zu Ausgangswirkleistung ist damit:

$$\frac{P_a}{P_e} = \frac{|\underline{U}_a| \, |\underline{I}_a| \cos\varphi_a}{|\underline{U}_e| \, |\underline{I}_e| \cos\varphi_e} = e^{2\alpha l}$$

Die Phasenverschiebung zwischen Strom und Spannung ist bei Anpassung durch den Wellenwiderstand bestimmt und längs der Leitung konstant: $\varphi_a = \varphi_e$. Man bezeichnet

$$a = \alpha l = \ln \sqrt{P_a / P_e}$$

als die Leitungsdämpfung. Dieses Dämpfungsmaß ist dimensionslos. Für seine Einheit hat sich aber trotzdem der Name **Neper** eingebürgert. Eine Dämpfung von $a = 1 \, \text{Np}$ bedeutet also

$$\ln \sqrt{P_a / P_e} = 1$$

oder ein Leistungsverhältnis von

$$P_a / P_e = e^2 = 7{,}389.$$

Noch gebräuchlicher für das Dämpfungsmaß ist die Einheit **Dezibel** gemäß der Definition:

$$a' = 10 \lg (P_a / P_e)$$

Eine Dämpfung von $a' = 1\,dB$ bedeutet:

$$10 \lg (P_a/P_e) = 1$$

oder ein Leistungsverhältnis von

$$P_a/P_e = 1,26.$$

Für $a' = 10\,dB$ ist $P_a/P_e = 10$.

Die Umrechnung der Dämpfung von Neper in Dezibel geschieht nach

$$1\,Np = 8,686\,dB.$$

Die logarithmischen Dämpfungsmaße sind natürlich deshalb sehr nützlich, weil mit ihnen bei der Kettenschaltung von Leitungen und anderen Vierpolen die Produkte von Amplituden- oder Leistungsverhältnissen durch einfache *Summen* der zugehörigen logarithmischen Dämpfungen ersetzt werden.

2.6   Widerstandsmessung mit der Meßleitung

Das SMITH-Diagramm ist ein wichtiges Hilfsmittel zur Auswertung von Messungen mit Meßleitungen. Meßleitungen sind starre Doppelleitungen mit normalerweise koaxialem Querschnitt. Der Außenleiter ist der Länge nach geschlitzt. Durch diesen Längsschlitz taucht eine **Sonde** in den Raum zwischen Außen- und Innenleiter, mit der durch Verschiebung entlang der Leitung die Spannung abgetastet werden kann. Um jede Spannungsverteilung voll erfassen zu können, muß die Schlitzlänge wenigstens die Hälfte der Leitungswellenlänge λ sein. Normalerweise arbeitet man darum mit Meßleitungen erst bei Frequenzen höher als 500 MHz und braucht dafür 30 cm Schlitzlänge.

Für so hohe Frequenzen ist die Bedingung $\alpha \ll \beta$ immer gut erfüllt. Der Wellenwiderstand ist dann praktisch reell und läßt sich aus den Querschnittsabmessungen genau berechnen.   *Verlustlose Leitung*

Nach Bild 2.8a wird die Meßleitung mit dem Widerstand abgeschlossen, der gemessen werden soll. Die Spannungsverteilung entlang der Leitung wird mit der Sonde abgetastet.   *Reflexionsfaktor*

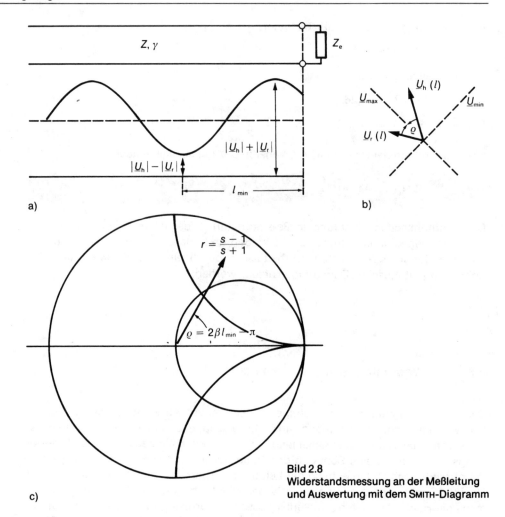

Bild 2.8
Widerstandsmessung an der Meßleitung
und Auswertung mit dem SMITH-Diagramm

Es werden das Spannungsmaximum

$$U_{max} = |\underline{U}_h| + |\underline{U}_r|$$

und das Spannungsminimum

$$U_{min} = |\underline{U}_h| - |\underline{U}_r|$$

sowie der Ort des Minimums gemessen.

Der Betrag des Reflexionsfaktors $r = \dfrac{\underline{U}_r}{\underline{U}_h}$ wird dann aus der **Welligkeit** s entsprechend

$$s = \frac{U_{max}}{U_{min}} = \frac{|\underline{U}_h| + |\underline{U}_r|}{|\underline{U}_h| - |\underline{U}_r|} = \frac{1 + |r|}{1 - |r|} \qquad (2.24)$$

berechnet, und zwar ergibt sich, indem man Gl. (2.24) nach r auflöst:

$$|r| = \frac{s - 1}{s + 1}. \qquad (2.25) \qquad \text{Betrag}$$

Die Phase ϱ des Reflexionsfaktors erhält man aus dem Abstand l_{min} des Spannungsminimums vom Leitungsende. Am Ende der Leitung ist ϱ der Winkel zwischen $\underline{U}_h$ und $\underline{U}_r$ (Bild 2.8b). Vom Ende zurückgehend, drehen $\underline{U}_h$ in positivem und $\underline{U}_r$ in negativem Sinne. Bei l_{min} sind sie in Gegenphase. Es gilt also

$$2\beta l_{min} = \varrho + \pi$$

oder $\qquad\qquad\qquad\qquad\qquad\qquad\qquad\qquad\qquad (2.26)$

$$\varrho = 2\beta l_{min} - \pi. \qquad\qquad\qquad \text{Phase}$$

Damit ist der Reflexionsfaktor nach Betrag und Phase bestimmt. Der zugehörige Abschlußwiderstand kann aus dem SMITH-Diagramm abgelesen werden (Bild 2.8c).

Bei der Widerstandsmessung mit Meßleitungen wird der unbekannte Widerstand mit dem Wellenwiderstand verglichen.

Der Wellenwiderstand bildet das Vergleichsnormal.

Die Querschnittsabmessungen in Meßleitungen müssen darum genau eingehalten und die Leitungen also sehr präzise ausgeführt werden.

Übersichtliche Darstellung der Studieninhalte

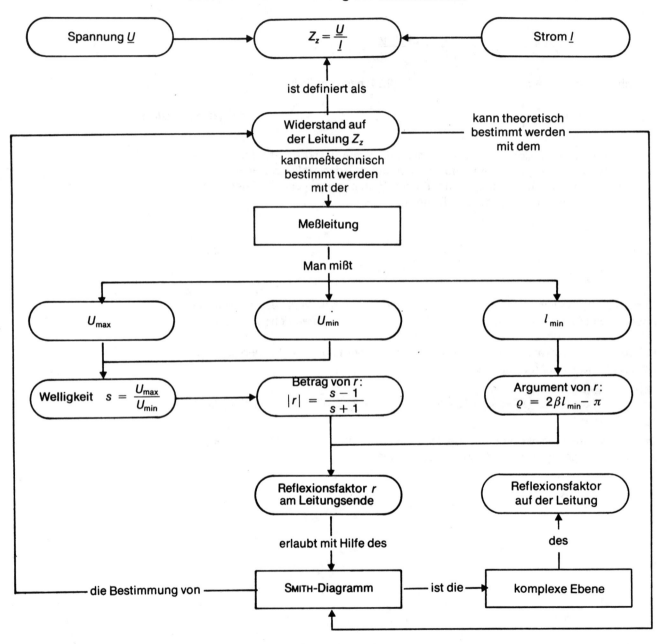

Übungsaufgaben zum Lernzyklus 2.2

1 Wie lautet die Abbildung, die dem SMITH-Diagramm zugrunde liegt? Nennen Sie die Bedeutung der Formelzeichen darin!   *Ohne Unterlagen*

2 Skizzieren Sie ein SMITH-Diagramm! Tragen Sie dazu in der komplexen Reflexionsfaktorebene Linien konstanten Realteils und konstanten Imaginärteils der Verhältnisse von Abschlußwiderstand zu Leitungswiderstand ein!

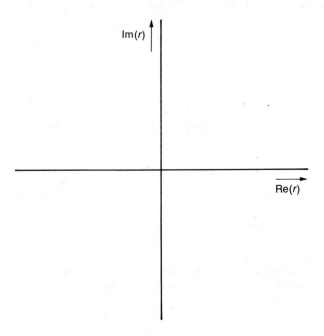

3 Was versteht man unter Welligkeit?

4 Wie lautet der Zusammenhang zwischen einem Leistungsverhältnis und seinem dB-Wert?

5 Erläutern Sie, wie man mit einer Meßleitung den Betrag des Reflexionsfaktors mißt!

6 Erläutern Sie, wie man mit einer Meßleitung die Phase des Reflexionsfaktors mißt!

7 Grundoperationen im SMITH-Diagramm

Unterlagen gestattet Lösen Sie diese Aufgabe mit Hilfe des beiliegenden SMITH-Diagramms (S. 72f.)!

a) Eine 50 Ω-Leitung (Leitung mit Wellenwiderstand $Z = 50$ Ω) sei mit $Z_e = (10 + j25)$ Ω abgeschlossen. Wie groß sind Betrag und Phase des Reflexionsfaktors r?

b) Der durch den Leitungsabschluß bedingte Reflexionsfaktor r sei bekannt.

$$r = 0.5\, e^{-j60°}$$

Bestimmen Sie das Widerstandsverhältnis w!

c) Eine Leitung mit dem Wellenwiderstand Z ist mit dem Widerstand Z_e abgeschlossen. Das Widerstandsverhältnis am Ende der Leitung ist $w = Z_e/Z = 0.2 + j0.5$. Bestimmen Sie das auf den Wellenwiderstand bezogene Spannung/Strom-Verhältnis auf der Leitung in einem Abstand $0.31\,\lambda$ (λ = Leitungswellenlänge) vom Leitungsende! Nehmen Sie zunächst an, die Leitung sei verlustlos! Berücksichtigen Sie danach eine Leitungsdämpfung von $\alpha = 15\,\text{dB}/\lambda$!

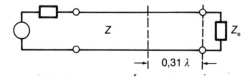

d) Gegeben sei folgende Hintereinanderschaltung einer Kurzschlußleitung mit einer Leitung anderen Wellenwiderstandes.

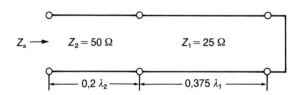

Bestimmen Sie den Eingangswiderstand dieser Anordnung ($\alpha_1 = \alpha_2 = 0$)!

e) Wie groß ist die Welligkeit s auf der Leitung, wenn das Widerstandsverhältnis des Abschlusses $w = 0.3 + j1.4$ ist?

8 Leitwertskoordinatennetz

Bestimmen Sie durch Rechnung sowie unter Benutzung des SMITH-Diagramms den Reflexionsfaktor der Leitungsabschlüsse $Z_e/Z = 0.3 + j0.4$ und $Y_e Z = 0.3 + j0.4$! Vergleichen Sie die Ergebnisse für die beiden Leitungsabschlüsse. In welcher Weise ist das Widerstands-Koordinatennetz des SMITH-Diagramms auch als Leitwerts-Koordinatennetz zu verwenden? Bestimmen Sie unter Verwendung des SMITH-Diagramms die der Reihenschaltung $Z_e/Z = 0.3 + j0.4$ äquivalente Parallelschaltung!

Aufgaben zur Vertiefung 2

1 $\lambda/4$-Leitung im Leerlauf

Zur Vertiefung

Das Bearbeiten dieser Aufgabe ist nicht unbedingt erforderlich. Sie zeigt aber beispielhaft, wie die im Lehrtext gezeigten Methoden auf ähnliche Probleme angewandt werden können.

Der Leerlaufwiderstand einer mit geringen Verlusten behafteten Leitung verhält sich wie der Resonanzwiderstand eines Reihenkreises, wenn $\beta l \approx \pi/2$ ist. Bestimmen Sie aus den Leitungsdaten die Elemente des äquivalenten Reihenkreises!

2 Kurzschlußleitung

An einer Leitung mit den Teillängen $l_1 = l_2 = 30$ km wurden bei kurzgeschlossenem Leitungsende die in das folgende Bild eingetragenen Werte gemessen:

$$\underline{U}_1 = 19,2\,e^{j39,76°}\ V$$

$$\underline{U}_2 = 10\,e^{j0°}\ V$$

$$Z_e = 0$$

$$Z_k = 242,5\,e^{-j40,1°}\ \Omega$$

Bestimmen Sie $\cosh \gamma l_1$, $\gamma = \alpha + j\beta$ und Z!

3 Toleranz für $\lambda/4$-Leitung

Zur praktischen Anwendung

Das Bearbeiten dieser Aufgabe ist nicht unbedingt erforderlich. Sie ist aber ein typisches, praktisch auftretendes Problem.

Ein ohmscher Widerstand R kann bekanntlich mit Hilfe eines verlustlosen, $\lambda/4$ langen Leitungsstückes an eine Leitung mit dem Wellenwiderstand $Z \neq R$ angepaßt werden. Das $\lambda/4$ lange Leitungsstück muß für vollkommene Anpassung einen Wellenwiderstand von $Z_v = \sqrt{Z \cdot R}$ haben. Wie groß ist die Welligkeit $s = U_{max}/U_{min}$ auf der Leitung, wenn die Bedingung, die an Z_v gestellt werden muß, nicht erfüllt ist? Die Leitung und das Verbindungsstück sind verlustlos. Geben Sie einen Ausdruck für die Welligkeit in Abhängigkeit von Z_v und $\sqrt{ZR}$ an!

Zur praktischen Anwendung

4 Anpassung mit Stichleitungen

Wenn Sie diese Aufgabe nicht ohne in den Lösungen nachzuschlagen lösen können, ist das kein Grund zur Besorgnis.

Eine verlustlose Koaxialleitung mit dem Wellenwiderstand $Z = 1/Y$ verbindet einen Generator mit dem unbekannten Widerstand $Z_x = 1/(G_x + jB_x)$. Mit zwei kurzgeschlossenen verlustlosen koaxialen *Stichleitungen* veränderbarer Länge soll versucht werden, auf der weiterführenden Leitung links von A eine Welligkeit von Eins herzustellen. Die Stichleitungen haben ebenfalls den Wellenwiderstand Z.

a) Zeigen Sie im SMITH-Diagramm, wie lang die Stichleitungen zu wählen sind!

b) Für welche G_x ist links von A eine Welligkeit von Eins auf diese Weise überhaupt herstellbar?

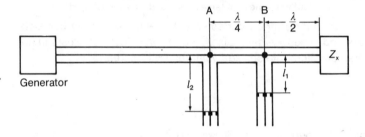

Smith-Diagramm

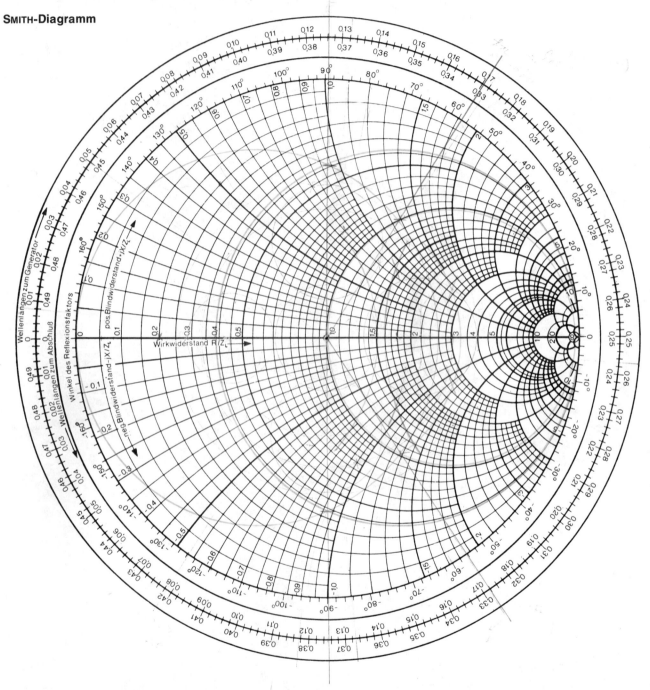

Parameter in radialer Richtung

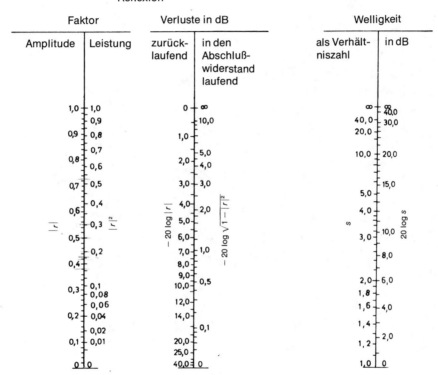

3 Die Leitungskonstanten

Lernzyklus 3.1

Lernziele

Nach dem Durcharbeiten des Lernzyklus 3.1 sollen Sie in der Lage sein,

– die Begriffe *primäre Leitungskonstanten, sekundäre Leitungskonstanten* und *TEM-Welle* zu erläutern;

– die zulässigen Vereinfachungen anzugeben, mit denen Leitungsbeläge für einfache Doppelleitungswellen berechnet werden können;

– die Frequenzabhängigkeit der Leitungsbeläge zu beschreiben;

– für das Produkt aus Induktivitäts- und Kapazitätsbelag eine einfache Beziehung mit ihrem Gültigkeitsbereich anzugeben;

– den Begriff *effektive Dielektrizitätskonstante* bei Leitungen mit geschichteten Dielektrika zu erläutern.

3   Die Leitungskonstanten

Für die Wellenausbreitung auf einer Leitung sind ihre Ausbreitungskonstante γ und ihr Wellenwiderstand Z maßgebend. γ und Z werden ihrerseits durch die Leitungsbeläge R', L', G' und C' bestimmt. Die Eigenschaften der Leitungsbeläge und ihr Zusammenhang mit γ und Z spielen darum eine entscheidende Rolle bei der Berechnung und dem Entwurf von Leitungen für alle Anwendungen.

Nachdem wir in den vorhergehenden Abschnitten untersucht haben, wie Ausbreitungskonstante und Wellenwiderstand die Wellenausbreitung auf Leitungen bestimmen, und nachdem sich daraus ergeben hat, wie Ströme, Spannungen und Widerstände am Eingang und Ausgang voneinander abhängen, müssen wir nun diese Leitungskonstanten selbst erst einmal näher kennenlernen. Die Leitungsbeläge R', L', G' und C' ergeben sich direkt aus den Querschnittsabmessungen und Materialeigenschaften der Leitung. Sie werden darum auch **primäre Leitungskonstanten** genannt. γ und Z werden dann erst durch die Leitungsbeläge bestimmt. Sie heißen deshalb **sekundäre Leitungskonstanten**.

3.1 Die primären Leitungskonstanten

Zur genauen Berechnung der Leitungsbeläge müssen eigentlich die *Maxwellschen Gleichungen* unter den Randbedingungen des jeweiligen Leitungsquerschnittes gelöst werden. Für die einfachen Wellen auf Doppelleitungen, die wir bisher nur betrachtet und für die wir die Leitungsbeläge nur definiert haben, genügen aber *Näherungslösungen*, die für die einzelnen Konstanten unter folgenden Bedingungen gewonnen werden.

C': Der **Kapazitätsbelag** wird aus dem elektrostatischen Feld als Kapazität pro Längeneinheit der Leiteranordnung berechnet.

L': Der **Induktivitätsbelag** wird aus dem quasistationären, magnetischen Feld berechnet. Die **Stromverdrängung** in den Leitern wird dabei berücksichtigt.

R': Der **Widerstandsbelag** wird ebenfalls unter Berücksichtigung der **Stromverdrängung** quasistationär berechnet.

G': Der **Leitwertsbelag** (Ableitungsbelag) wird mit dem elektrostatischen Feld unter Berücksichtigung von Leitfähigkeit und dielektrischen Verlusten im Wechselfeld berechnet.

Berechnungsgrundlagen

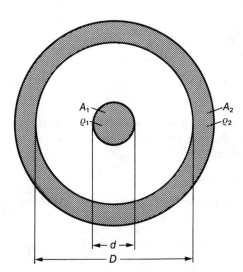

Bild 3.1
Koaxialleitung

Beispiel

Die Ergebnisse solcher Rechnungen sollen nur für ein Beispiel hier zusammengefaßt werden. Wir wählen die **Koaxialleitung**, da sie auf allen Gebieten der Elektrotechnik wichtige Anwendungen findet. Sie zeigt auch alle typischen Eigenschaften normaler Doppelleitungen. Gemäß Bild 3.1 sollen A_1 und A_2 die Querschnittsflächen von Innen- und Außenleiter sein. Der Innenleiter soll den spezifischen Widerstand ϱ_1 und der Außenleiter ϱ_2 haben.

Für den Stoff zwischen den Leitern werden die relative Dielektrizitätskonstante ε_r und der **Verlustwinkel** δ angenommen.

Frequenzabhängigkeit der Eindringtiefe

Die Formeln für die primären Leitungskonstanten sind in Tabelle 3.1 zusammengefaßt. Die Beziehungen für niedrige Frequenzen in der ersten Zeile gelten, solange die durch den **Skineffekt** bedingten **Eindringtiefen** t wenigstens größer als die Wandstärke des Außenleiters bzw. als der Durchmesser des Innenleiters sind. Erst bei Eindringtiefen, die klein gegen diese Querschnittsabmessungen sind, gelten die Beziehungen für hohe Frequenzen in der zweiten Zeile.

Frequenz	R'	L'	G'	C'
niedrig	$\dfrac{\varrho_1}{A_1} + \dfrac{\varrho_2}{A_2}$	$\dfrac{\mu_0}{2\pi}\left(\ln\dfrac{D}{d} + \dfrac{1}{4}\right)$ innere Induktivität des Außenleiters ist vernachlässigt	$G' \approx 0$ Isolations-widerstand sehr hoch	$\dfrac{2\pi\,\varepsilon_r\varepsilon_0}{\ln\dfrac{D}{d}}$
hoch	$\dfrac{\varrho_1}{dt_1\pi} + \dfrac{\varrho_2}{Dt_2\pi}$ Eindringtiefe $t = \sqrt{\dfrac{2\varrho}{\mu_0\omega}}$	$\dfrac{\mu_0}{2\pi}\ln\dfrac{D}{d}$ keine innere Induktivität	$2\pi\dfrac{\omega\varepsilon_r\varepsilon_0}{\ln\dfrac{D}{d}}\tan\delta$	$\dfrac{2\pi\,\varepsilon_r\varepsilon_0}{\ln\dfrac{D}{d}}$

Tabelle 3.1 Primäre Leitungskonstanten der Koaxialleitung

Entsprechend diesen Formeln sind Induktivitätsbelag und Kapazitätsbelag von der Frequenz nahezu unabhängig. Nur Widerstands- und Leitwertsbelag hängen stärker von der Frequenz ab. Für genügend hohe Frequenzen ist

$$R' \sim \sqrt{\omega} \quad \text{und} \quad G' \sim \omega \quad \text{(s. Bild 3.2)}.$$

Aus den Beziehungen für *hohe Frequenzen* folgt für das Produkt aus Induktivitäts- und Kapazitätsbelag:

Produktbeziehung

$$L'C' = \varepsilon_r\varepsilon_0\mu_0 \tag{3.1}$$

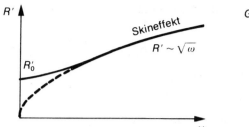
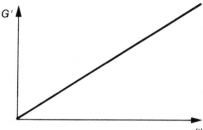

Bild 3.2 Widerstands- und Leitwertsbelag als Funktion der Frequenz

Dieses Produkt ist also unabhängig von den Querschnittsabmessungen und wird ausschließlich von den Konstanten des Stoffes zwischen den Leitern bestimmt. Diese Produktbeziehung (3.1) gilt aber nicht nur für die Koaxialleitung sondern für *alle Doppelleitungen* gleich welchen Querschnitts. Es müssen dazu die Leiter nur einen so kleinen Widerstand haben, daß die *Längskomponente der elektrischen Feldstärke*, die durch den Spannungsabfall am Leiterwiderstand entsteht, *klein* gegen das elektrische Transversalfeld ist. Außerdem muß der Stoff zwischen den Leitern *homogen* sein, also überall im Querschnitt die gleichen Werte für ε und μ haben. Unter diesen Bedingungen hat die einfache Leitungswelle, auf die wir uns von Anfang an beschränkt haben und die alleine für Signal- oder Energieübertragung benutzt wird, nur transversale Felder. Alle ihre Feldkomponenten liegen also in Querschnittsebenen. Man bezeichnet diese einfache Leitungswelle darum auch als **TEM-Welle** für **T**ransversal-**E**lektro-**M**agnetisch und unterscheidet sie damit von anderen Wellen auf der Leitung, die auch Längskomponenten der Felder haben.

Verallgemeinerung der Voraussetzungen

Um zu zeigen, daß für jede TEM-Welle auf Doppelleitungen die Produktbeziehung (3.1) gilt, gehen wir von den **Maxwellschen Gleichungen** aus. Sie lauten in kartesischen Koordinaten x, y, z mit z als Längskoordinate und für $\underline{E}_z = \underline{H}_z = 0$:

Beweis

$$\frac{\partial \underline{E}_y}{\partial z} = j\omega\mu\underline{H}_x \qquad\qquad -\frac{\partial \underline{H}_y}{\partial z} = j\omega\varepsilon\underline{E}_x$$

$$-\frac{\partial \underline{E}_x}{\partial z} = j\omega\mu\underline{H}_y \qquad\qquad \frac{\partial \underline{H}_x}{\partial z} = j\omega\varepsilon\underline{E}_y \qquad (3.2)$$

$$\frac{\partial \underline{E}_y}{\partial x} - \frac{\partial \underline{E}_x}{\partial y} = 0 \qquad\qquad \frac{\partial \underline{H}_y}{\partial x} - \frac{\partial \underline{H}_x}{\partial y} = 0$$

Differenziert man das erste Gleichungspaar nach z und setzt für $\partial \underline{H}_x / \partial z$ und $\partial \underline{E}_x / \partial z$ vom zweiten Gleichungspaar ein, so folgt

$$\frac{\partial^2 \underline{E}_y}{\partial z^2} = \gamma^2 \underline{E}_y \, , \qquad\qquad \frac{\partial^2 \underline{H}_y}{\partial z^2} = \gamma^2 \underline{H}_y$$

mit $\gamma^2 = -\omega^2 \varepsilon \mu$.

Dieselben Gleichungen folgen für $\underline{E}_x$ und $\underline{H}_x$, wenn man das zweite Komponentenpaar der Maxwellschen Gleichungen nach z differenziert und vom ersten Gleichungspaar einsetzt. Man kann beide Gleichungspaare zu Vektorgleichungen zusammenfassen und erhält

$$\frac{\partial^2 \boldsymbol{\underline{E}}}{\partial z^2} = \gamma^2 \boldsymbol{\underline{E}}, \qquad\qquad \frac{\partial^2 \boldsymbol{\underline{H}}}{\partial z^2} = \gamma^2 \boldsymbol{\underline{H}}. \qquad (3.3)$$

Für das elektromagnetische Feld der TEM-Welle gilt also eine **Wellengleichung** ähnlich wie Gl. (1.5) für die Spannung von Leitungswellen. In ihr stellt

$$\gamma = j\omega \sqrt{\mu\varepsilon} \qquad (3.4)$$

die Ausbreitungskonstante der TEM-Welle dar. Vergleichen wir nun diesen Ausdruck mit

$$\gamma = j\omega \sqrt{L'C'} \sqrt{1 - j G'/\omega C'} \qquad (3.5)$$

wie es für $R' = 0$ aus Gl. (1.4) folgt und berücksichtigen wir, daß $\varepsilon = \varepsilon_r \varepsilon_0 (1 - j\tan\delta)$ ist, so finden wir die Produktbeziehung (3.1) für alle TEM-Wellen bestätigt.

Rechenerleichterung

Man braucht für solche Wellen oder immer dann, wenn die innere Induktivität der Leiter keine Rolle spielt, nur einen der Leitungsbeläge L' oder C' zu berechnen und erhält den anderen aus der Produktbeziehung. Das gilt mit guter Näherung sogar auch dann noch, wenn der Stoff zwischen den Leitern nicht mehr homogen ist. Bild 3.3 zeigt dazu als Beispiel eine **Koaxialleitung mit geschichteten Dielektrika** der relativen Dielektrizitätskonstanten ε_1 und ε_2. Ihr Kapazitätsbelag ist

$$C' = \frac{2\pi \varepsilon_1 \varepsilon_2 \varepsilon_0}{\varepsilon_1 \ln \dfrac{D}{d_\varepsilon} + \varepsilon_2 \ln \dfrac{d_\varepsilon}{d}}. \qquad (3.6)$$

Eine Koaxialleitung mit gleichem Verhältnis der Leiterdurchmesser müßte homogen mit einem Stoff der relativen Dielektrizitätskonstanten

Effektive Dielektrizitätszahl

$$\varepsilon_{\text{eff}} = \frac{\varepsilon_1 \varepsilon_2 \ln \left(\dfrac{D}{d} \right)}{\varepsilon_1 \ln \left(\dfrac{D}{d_\varepsilon} \right) + \varepsilon_2 \ln \left(\dfrac{d_\varepsilon}{d} \right)} \qquad (3.7)$$

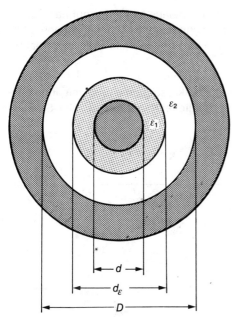

Bild 3.3
Koaxialleitung mit koaxial
geschichtetem Dielektrikum

gefüllt werden, um den gleichen Kapazitätsbelag zu erhalten. Der Induktivitätsbelag ergibt sich unbeeinflußt von der Schichtung des Dielektrikums aus den Beziehungen der Tabelle. Die Produktbeziehung (3.1) ist demnach für inhomogene Dielektrika so zu verallgemeinern, daß man das ε_r durch ein ε_{eff} ersetzt, wie es sich durch Vergleich der Kapazitätsbeläge der Doppelleitungen mit homogenem und inhomogenem Dielektrikum ergibt.

Genaugenommen gilt die Produktbeziehung mit den effektiven Dielektrizitätskonstanten für Doppelleitungen mit inhomogenem Dielektrikum aber nur für nicht zu hohe Frequenzen, solange nämlich die Leitungswelle noch nahezu eine TEM-Welle ist. Bei sehr hohen Frequenzen, etwa dann, wenn sich die freie Wellenlänge $\lambda = 1/(f\sqrt{\varepsilon_{\text{eff}}\varepsilon_0\mu_0})$ in einem Dielektrikum mit $\varepsilon_r = \varepsilon_{\text{eff}}$ sich auf die Querschnittsabmessungen der Leitung verkürzt, verliert die Leitungswelle bei inhomogenem Dielektrikum unter Umständen immer mehr ihren TEM-Charakter. Auch die elektrostatischen Formeln für die Kapazitätsbeläge verlieren dann ihre Gültigkeit.

Frequenzgrenze

Die Tabelle 3.2 zeigt Querschnittsformen von weiteren Doppelleitungen, die praktische Bedeutung haben. Auch die Kapazitätsbeläge für diese Querschnittsformen sind in der Tabelle angegeben. **Streifenleitungen** und **Mikrostreifenleitungen** kommen in den planaren Anordnungen von *gedruckten Schaltungen* und *Filmschaltungen* vor, ebenso wie als Verbindungsleitungen in *integrierten Schaltungen*.

Für sie lassen sich Kapazitäts- und andere Leitungsbeläge allerdings nur näherungsweise durch elementare Funktionen der Querschnittsabmessungen angeben. Die Tabelle enthält jeweils zwei solcher Näherungen für Streifenbreiten, die im Verhältnis zum Leiterabstand groß bzw. klein sind.

Für die **effektive Dielektrizitätskonstante** der Mikrostreifenleitung mit ihrem inhomogenen Dielektrikum gilt dabei eine einheitliche Näherung für alle Streifenbreiten.

Name	Querschnittsform	Kapazitätsbelag C'
Symmetrische Zweidrahtleitung		$\dfrac{\pi\,\varepsilon_r\,\varepsilon_0}{\ln\dfrac{2a}{d}}$
Draht über Ebene		$\dfrac{2\,\pi\,\varepsilon_r\,\varepsilon_0}{\text{arcosh}\,\dfrac{h}{d}}$
Streifenleitung		$\dfrac{b}{h} \geqq 0{,}35:\quad \approx 4\,\varepsilon_r\,\varepsilon_0\left(\dfrac{2}{\pi}\,\ln 2 + \dfrac{b}{h}\right)$ $\dfrac{b}{h} \leqq 0{,}35:\quad \approx \dfrac{2\,\pi\,\varepsilon_r\,\varepsilon_0}{\ln\dfrac{8h}{\pi b}}$
Mikrostreifenleitung	$\varepsilon_{\text{eff}} \approx \dfrac{\varepsilon_r+1}{2} + \dfrac{\varepsilon_r-1}{2\sqrt{1+\dfrac{10h}{b}}}$	$\dfrac{b}{h} \geq 1:$ $\approx \varepsilon_{\text{eff}}\,\varepsilon_0\left[\dfrac{b}{h} + 2{,}42 - 0{,}44\,\dfrac{h}{b} + \left(1-\dfrac{h}{b}\right)^6\right]$ $\dfrac{b}{h} \leq 1:\ \approx 2\,\pi\,\varepsilon_{\text{eff}}\,\varepsilon_0/\ln\left(\dfrac{8h}{b} + \dfrac{b}{4h}\right)$

Tabelle 3.2 Kapazitätsbeläge von Doppelleitungen

Übungsaufgaben zum Lernzyklus 3.1

1 Welche Leitungskonstanten werden *primäre* und welche *sekundäre* genannt? *Ohne Unterlagen*
Warum?

2 Wird bei der Berechnung des Induktivitäts- und des Widerstandsbelages i.a. die Stromverdrängung berücksichtigt?

3 Welche Verlustursachen werden mit dem Leitwertsbelag berücksichtigt?

4 Wie sind die Frequenzabhängigkeiten von Widerstands- und Leitwertsbelag?

5 Ist der Widerstandsbelag stärker oder schwächer frequenzabhängig als der Leitwertsbelag?

6 In welchem Winkel zur Ausbreitungsrichtung liegen die Feldkomponenten einer TEM-Welle?

7 Welche einfache Beziehung gilt für das Produkt $L'C'$ für TEM-Wellen auf Doppelleitungen?

8 Was versteht man unter der *effektiven Dielektrizitätskonstanten* bei Leitungen mit geschichteten Dielektrika?

9 Beläge einer Koaxialleitung *Unterlagen gestattet*
Es sei eine Koaxialleitung gemäß Bild 3.1 gegeben. Die Abmessungen sind
$D = 5,44$ mm und $d = 2,0$ mm. Innen- und Außenleiter bestehen aus demselben Material mit einer Leitfähigkeit von $\sigma = 6,2 \cdot 10^7$ S/m. Das Dielektrikum zwischen den Leitern hat die Dielektrizitätszahl $\varepsilon_r = 2$ und einen Verlustwinkel von $\delta \approx \tan\delta = 2 \cdot 10^{-4}$. Bestimmen Sie mit Hilfe geeigneter Näherungsformeln für $f = 10$ GHz die Leitungsbeläge!

Lernzyklus 3.2

Lernziele

Nach dem Durcharbeiten des Lernzyklus 3.2 sollen Sie in der Lage sein,

– Wellenwiderstand, Dämpfungskonstante und Phasenkonstante von Freileitungen und Kabeln mit Hilfe einfacher Beziehungen aus den Leitungskonstanten zu berechnen;

– die Frequenzabhängigkeit von Wellenwiderstand, Dämpfungskonstante und Phasenkonstante zu skizzieren;

– die Eigenschaften der sog. *verzerrungsfreien Leitung* zu erläutern.

3.2 Sekundäre Leitungskonstanten

Ausbreitungskonstante und Wellenwiderstand ergeben sich aus den Leitungsbelägen. Für die Ausbreitungskonstante, bestehend aus Dämpfungs- und Phasenkonstante, gilt nach Gl. (1.13):

$$\gamma = \alpha + j\beta = \sqrt{(R' + j\omega L')(G' + j\omega C')}.$$

Zur Trennung in Real- und Imaginärteil wird diese Beziehung quadriert:

$$\alpha^2 - \beta^2 + j2\alpha\beta = R'G' - \omega^2 L'C' + j\omega(L'G' + R'C').$$

Der Realteil dieser Gleichung ist:

$$\alpha^2 - \beta^2 = R'G' - \omega^2 L'C'.$$

Das Quadrat des Betrages der Ausbreitungskonstante ist:

$$\alpha^2 + \beta^2 = \sqrt{(R'^2 + \omega^2 L'^2)(G'^2 + \omega^2 C'^2)}.$$

Aus der Summe der letzten beiden Gleichungen ergibt sich die **Dämpfungskonstante** zu:

$$\alpha = \sqrt{\frac{1}{2}\left[R'G' - \omega^2 L'C' + \sqrt{(R'^2 + \omega^2 L'^2)(G'^2 + \omega^2 C'^2)}\right]} \qquad (3.8)$$

und aus der Differenz dieser Gleichungen folgt die **Phasenkonstante** zu:

$$\beta = \sqrt{\frac{1}{2}\left[\omega^2 L'C' - R'G' + \sqrt{(R'^2 + \omega^2 L'^2)(G'^2 + \omega^2 C'^2)}\right]}. \qquad (3.9)$$

Eine andere, oft nützlichere Darstellung von Dämpfungs- und Phasenkonstante sowie des Wellenwiderstandes ermöglichen die beiden **Verlustwinkel** ϑ und δ der Leitungsbeläge. Sie sind gemäß

$$\tan\vartheta = \frac{R'}{\omega L'} \; ; \qquad\qquad \tan\delta = \frac{G'}{\omega C'} \qquad (3.10)$$

definiert.

Verallgemeinerung Wie man am Beispiel der Koaxialleitung in Tabelle 3.1 sieht, ist δ immer der Verlustwinkel des Dielektrikums zwischen den Leitern.

Mit diesen Verlustwinkeln schreibt man nun den *Längsimpedanzbelag* gemäß

$$Z' = R' + j\omega L' = |Z'| \cdot e^{j\left(\frac{\pi}{2} - \vartheta\right)}$$

und den *Queradmittanzbelag* gemäß

$$Y' = G' + j\omega C' = |Y'| \cdot e^{j\left(\frac{\pi}{2} - \delta\right)}$$

Damit ist

$$\gamma = \sqrt{Z'Y'} = \sqrt{|Z'|\,|Y'|} \cdot e^{j(\pi - \vartheta - \delta)/2}.$$

Führt man hier für die Beträge der Längs- und Querbeläge

$$|Z'| = \frac{\omega L'}{\cos\vartheta} \quad \text{und} \quad |Y'| = \frac{\omega C'}{\cos\delta}$$

ein, so erhält man

$$\gamma = \frac{\omega\sqrt{L'C'}}{\sqrt{\cos\vartheta\cos\delta}} \cdot e^{j(\pi - \vartheta - \delta)/2}. \tag{3.11}$$

Nach Trennung in Real- und Imaginärteil ergibt sich daraus:

$$\alpha = \frac{\omega\sqrt{L'C'}}{\sqrt{\cos\vartheta\cos\delta}} \sin\frac{\vartheta + \delta}{2}, \quad \beta = \frac{\omega\sqrt{L'C'}}{\sqrt{\cos\vartheta\cos\delta}} \cos\frac{\vartheta + \delta}{2} \tag{3.12}$$

Diese Darstellung der Leitungskonstanten bezeichnet man als **trigonometrische Form**.

Für den Wellenwiderstand lautet die trigonometrische Form:

$$Z = \sqrt{\frac{Z'}{Y'}} = \sqrt{\frac{L'\cos\delta}{C'\cos\vartheta}}\, e^{j(\delta - \vartheta)/2}. \tag{3.13}$$

Phase des Wellenwiderstandes — Der Verlustwinkel δ des Dielektrikums gibt dem Wellenwiderstand nach dieser Formel eine induktive Phase, während der Verlustwinkel ϑ des Leiterwiderstandes eine kapazitive Phase verursacht.

3.3 Näherungen für die Leitungskonstanten

Die Beziehungen (3.8) und (3.9) oder (3.10), (3.12) und (3.13) für den Zusammenhang zwischen primären und sekundären Leitungskonstanten sind recht verwickelt. Es ist schwierig, aus ihnen allgemeine Gesetzmäßigkeiten und insbesondere die Abhängigkeit der verschiedenen Leitungskonstanten von der Frequenz zu erkennen. Für die meisten praktischen Fälle sind aber wesentliche Vereinfachungen zulässig. Man erhält damit Näherungen, die über die charakteristischen Eigenschaften recht vollständig Auskunft geben.

In Praxis zulässig

3.3.1 Wellenwiderstand

a) Für **Freileitungen** mit genügend großen Leiterquerschnitten ist $G' \approx 0$ und $\omega L' \gg R'$. Es ergibt sich

$$Z \approx \sqrt{\frac{L'}{C'}}.$$

b) Für nahezu alle Leitungen gilt bei genügend *hohen Frequenzen* $\omega C' \gg G'$ und $\omega L' \gg R'$. Damit ist ebenfalls

$$Z \approx \sqrt{\frac{L'}{C'}}.$$

c) Für **Kabel** mit kleinem Leiterquerschnitt ist bei *tiefen Frequenzen* $R' \gg \omega L'$ und $G' \approx 0$. Es ergibt sich

$$Z = \sqrt{\frac{R'}{j\omega C'}}.$$

Im allgemeinen ist der Wellenwiderstand komplex, Real- und Imaginärteil in $Z = Z_1 + jZ_2$ haben die in Bild 3.4 skizzierte Frequenzabhängigkeit. Bei tiefen Frequenzen ist

Allgemeinfall

$$Z_1 \approx -Z_2 \approx \sqrt{\frac{R'}{2\omega C'}}$$

und bei hohen Frequenzen

$$Z_1 \approx \sqrt{\frac{L'}{C'}}; \quad Z_2 \approx 0.$$

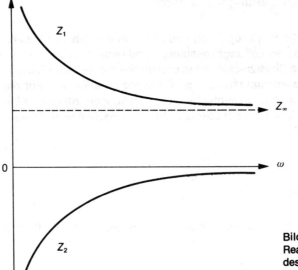

Bild 3.4
Real- und Imaginärteil
des Wellenwiderstandes $Z = Z_1 + j Z_2$
in Abhängigkeit von der Frequenz

3.3.2 Dämpfungskonstante

a) Für *verlustfreie Leitungen* ist $R' = G' = 0$, also $\alpha = 0$.

b) Bei *hohem Induktivitätsbelag* wie z.B. auf einer Freileitung ist $\omega L' \gg R'$ und $\omega C' \gg G'$. Die Verlustwinkel ϑ und δ sind klein, und aus der trigonometrischen Form ergibt sich:

$$\alpha = \frac{R'}{2} \sqrt{\frac{C'}{L'}} + \frac{G'}{2} \sqrt{\frac{L'}{C'}} \tag{3.14}$$

Abgesehen davon, daß R' und G' von der Frequenz abhängen können, ist die Dämpfung nach dieser Näherung unabhängig von der Frequenz.

c) Eine *frequenzunabhängige Dämpfungskonstante* ergibt sich auch, wenn die Bedingung

$$\frac{R'}{L'} = \frac{G'}{C'} \tag{3.15}$$

erfüllt ist. Dann ist nämlich $\vartheta = \delta$, und die trigonometrische Form vereinfacht sich zu

$$\alpha = R' \sqrt{\frac{C'}{L'}} = G' \sqrt{\frac{L'}{C'}}. \tag{3.16}$$

Gl. (3.15) ist die Bedingung der sogenannten **verzerrungsfreien Leitung**. Es ist unter dieser Bedingung nicht nur die Dämpfung, sondern auch die Phasengeschwindigkeit unabhängig von der Frequenz. Damit werden alle Frequenzkomponenten eines Signales gleichförmig gedämpft und verzögert.

d) Für **Kabel** mit kleinem Leiterquerschnitt ist bei *tiefen Frequenzen* $\omega L' \ll R'$ und $G' \approx 0$. Damit ergibt sich aus Gl. (3.8)

$$\alpha \approx \sqrt{\frac{\omega C' R'}{2}}.$$

Im allgemeinen verläuft die Dämpfung als Funktion der Frequenz wie in Bild 3.5.   *Allgemeinfall*

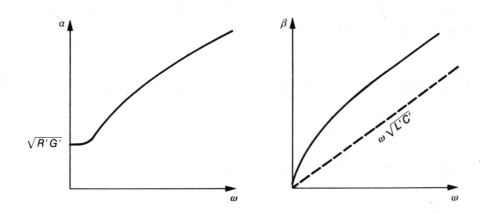

Bild 3.5 Dämpfungs- und Phasenkonstanten als Funktion der Frequenz

Bei tiefen Frequenzen gilt

$$\alpha \approx \sqrt{\frac{\omega C' R'}{2}}$$

und bei hohen Frequenzen

$$\alpha \approx \frac{R'}{2} \sqrt{\frac{C'}{L'}} + \frac{G'}{2} \sqrt{\frac{L'}{C'}}.$$

R' und G' hängen ihrerseits, wie in Tabelle 3.1 angegeben, von der Frequenz ab.

3.3.3 Phasenkonstante

a) Für *verlustfreie Leitungen* ist $R' = 0$ und $G' = 0$, also

$$\beta = \omega \sqrt{L' C'}.$$

b) Bei *hohem Induktivitätsbelag* wie z.B. auf der **Freileitung** oder bei *hohen Frequenzen* ist $\omega L' \gg R'$ und $\omega C' \gg G'$. Die Verlustwinkel ϑ und δ sind klein, und es ergibt sich aus der trigonometrischen Form:

$$\beta = \omega \sqrt{L' C'}.$$

c) Für **Kabel** bei *tiefen Frequenzen* ist $\omega L' \ll R'$ und $G' \approx 0$. Damit ist

$$\beta = \sqrt{\frac{\omega C' R'}{2}}.$$

Allgemeinfall Im allgemeinen hängt die Phasenkonstante wie in Bild 3.5 von der Frequenz ab. Bei tiefen Frequenzen ist

$$\beta = \sqrt{\frac{\omega C' R'}{2}}$$

und bei hohen Frequenzen

$$\beta = \omega \sqrt{L' C'}.$$

Übersichtliche Darstellung der Studieninhalte

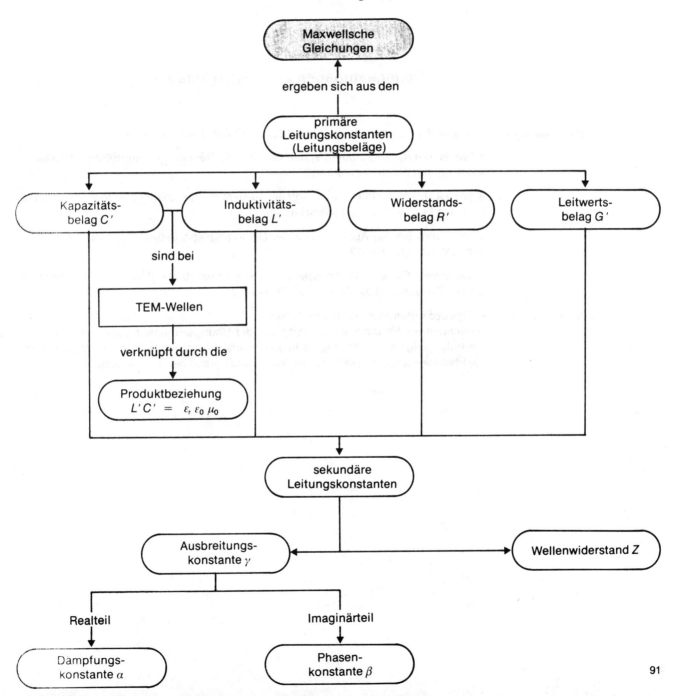

Übungsaufgaben zum Lernzyklus 3.2

Ohne Unterlagen   **1** Wie sind die Verlustwinkel ϑ und δ der Leitungsbeläge definiert?

2 Wie lauten die trigonometrischen Formen für Dämpfungs- und Phasenkonstante sowie für den Wellenwiderstand?

3 Wie ist das Verhältnis von Imaginär- zu Realteil des Leitungswellenwiderstandes bei tiefen Frequenzen, und wie bei hohen?

4 Skizzieren Sie die Abhängigkeit der Dämpfungskonstante α von der Frequenz f. Wie groß ist α bei $f = 0$?

5 Skizzieren Sie die Abhängigkeit der Phasenkonstante β von der Frequenz f! Welche Steigung hat die Asymptote für $f \to \infty$?

Unterlagen gestattet   **6 Eigenschaften einer Koaxialleitung**
Berechnen Sie für die Koaxialleitung aus der Übungsaufgabe 8 zum Lernzyklus 3.1 mit Hilfe geeigneter Näherungsformeln die Ausbreitungskonstante, die Wellenlänge, die Phasengeschwindigkeit und den Wellenwiderstand bei $f = 10\,\text{GHz}$!

Lernzyklus 3.3

Lernziele

Nach dem Durcharbeiten des Lernzyklus 3.3 sollen Sie in der Lage sein,

– zwischen Phasengeschwindigkeit und Gruppengeschwindigkeit zu unterscheiden;

– den Begriff *Dispersion* zu erklären;

– aus der Frequenzabhängigkeit der Phasenkonstante Phasen- und Gruppengeschwindigkeit zu bestimmen.

3.4 Phasen- und Gruppengeschwindigkeit

Im eingeschwungenen Zustand wandern die Nulldurchgänge von Strom oder Spannung einer kontinuierlichen Welle auf der Leitung mit der Geschwindigkeit

$$v = \frac{\omega}{\beta} \, .$$

Es ist dieses also die Ausbreitungsgeschwindigkeit der Wellenphase, die sog. **Phasengeschwindigkeit**. Für die *verlustfreien* Leitungen und in der *verzerrungsfreien* Leitung oder auch bei hohem Induktivitätsbelag oder hohen Frequenzen ist $\beta \approx \omega \cdot \sqrt{L'C'}$. Die Phasengeschwindigkeit ist dann

$$v = \frac{1}{\sqrt{L'C'}} \, ,$$

also praktisch *konstant*, denn L' und C' sind nahezu unabhängig von der Frequenz. Mit der Produktbeziehung (3.1) ist die Phasengeschwindigkeit von TEM-Wellen

Lichtgeschwindigkeit
$$v = \frac{1}{\sqrt{\varepsilon_{eff} \cdot \varepsilon_0 \cdot \mu_0}} \, .$$

Wenn immer also die Leiterwiderstände genügend niedrig sind oder bei inhomogenem Dielektrikum die Frequenz nicht zu hoch ist, so daß die Leitungswelle noch nahezu TEM-Charakter hat, breitet sie sich ebenso schnell aus wie eine homogene ebene Welle im Stoff mit $\varepsilon_{eff} \cdot \varepsilon_0$ und μ_0.

Im allgemeinen ist aber β nicht einfach proportional zur Frequenz. Die Phasengeschwindigkeit ist dann frequenzabhängig, d.h., die Phasen kontinuierlicher Wellenzüge verschiedener Frequenzen wandern mit verschiedenen Geschwindigkeiten.

Frequenzabhängige
Phasengeschwindigkeit

Wir untersuchen die Wirkung einer frequenzabhängigen Phasengeschwindigkeit an einer **Schwebung**. Wir nehmen zwei kontinuierliche Wellenzüge gleicher Amplitude aber etwas verschiedener Frequenzen ω_1 und ω_2 an. β_1 und β_2 seien die Phasenkonstanten dieser Wellenzüge bei der Ausbreitung auf der Leitung.

Der Momentanwert der Spannung beider Wellen als Funktion von Zeit und Ort ist bei Vernachlässigung der Dämpfung

$$u(z, t) = \hat{U} \cdot \left[\cos(\omega_1 t - \beta_1 z) + \cos(\omega_2 t - \beta_2 z) \right].$$

Nach Umformung der Kosinusfunktion ist:

$$u(z, t) = 2 \cdot \hat{U} \cdot \cos\left[\frac{\omega_1 - \omega_2}{2} t - \frac{\beta_1 - \beta_2}{2} z\right] \cdot \cos\left[\frac{\omega_1 + \omega_2}{2} t - \frac{\beta_1 + \beta_2}{2} z\right] \quad \text{Momentanwert}$$

Die erste Kosinusfunktion in diesem Produkt stellt als Funktion von Ort und Zeit die **Einhüllende** der Schwebung dar, zwischen der die Spannung nach der zweiten Kosinusfunktion mit der Kreisfrequenz $(\omega_1 + \omega_2)/2$ oszilliert (s. Bild 3.6).

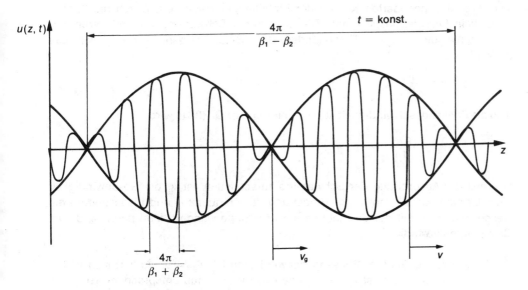

Bild 3.6 Phasen- und Gruppengeschwindigkeit bei der Ausbreitung einer Schwebung

Diese *Oszillation* wandert entsprechend der Phasenkonstanten $(\beta_1 + \beta_2)/2$ mit der Phasengeschwindigkeit

$$v = \frac{\omega_1 + \omega_2}{\beta_1 + \beta_2} \tag{3.17}$$

auf der Leitung.

Die *Einhüllende* der Schwebung dagegen hat die Kreisfrequenz $(\omega_1 - \omega_2)/2$. Sie wandert entsprechend der Phasenkonstanten $(\beta_1 - \beta_2)/2$ für die Schwebung mit der Geschwindigkeit:

$$v_g = \frac{\omega_1 - \omega_2}{\beta_1 - \beta_2} . \tag{3.18}$$

> **Die Einhüllende der Schwebung wandert mit einer anderen Geschwindigkeit als die Oszillation innerhalb der Einhüllenden.**

Die Energie des elektrischen und magnetischen Feldes auf der Leitung ist zwischen jeweils zwei benachbarten Knoten der Einhüllenden lokalisiert. Durch die Knoten findet kein *Energietransport* statt. Die Energie der Schwebung wandert darum mit der Geschwindigkeit v_g der Einhüllenden. Beim Grenzübergang $\omega_1 \rightarrow \omega_2$ wird aus Gl. (3.17)

Phasengeschwindigkeit
$$v = \frac{\omega}{\beta} ,$$

also die Phasengeschwindigkeit auf der Leitung. Aus Gl. (3.18) wird

Gruppengeschwindigkeit
$$v_g = \frac{d\omega}{d\beta} . \tag{3.19}$$

Wie aus der Ausbreitung der Schwebung zu schließen, ist v_g die Geschwindigkeit einer Gruppe von Wellen in der Umgebung der Frequenz ω und insbesondere die Geschwindigkeit, mit der die Energie dieser Gruppe wandert. Man nennt v_g darum **Gruppengeschwindigkeit**.

Bei frequenzunabhängiger Phasengeschwindigkeit ist $v_g = v$. Ändert sich v aber mit der Frequenz, dann ist v_g verschieden von v und muß entsprechend Gl. (3.19) durch *Differentiation der Phasenkurve* ermittelt werden. Diese Erscheinung, daß die Phasengeschwindigkeit einer Welle von ihrer Frequenz abhängt, heißt **Dispersion.**

Frequenzabhängige Phasengeschwindigkeit
Also:

> **Wenn auf einer Leitung die Wellen eine andere Gruppen- als Phasengeschwindigkeit haben, so hat diese Leitung Dispersion.**

Signale, die Wellen *aufmoduliert* sind, wandern mit der Gruppengeschwindigkeit, ähnlich wie die Schwebung mit dieser Geschwindigkeit wandert. Die Gruppengeschwindigkeit ist allerdings nur dann ein zuverlässiges Maß für die Ausbreitung eines allgemeinen Vorganges, wenn dieser nur Frequenzen eines schmalen Bandes enthält, oder umgekehrt die Gruppengeschwindigkeit für alle Frequenzen, die in dem Vorgang enthalten sind, nahezu konstant ist. Sind diese Bedingungen nicht erfüllt, dann wird der Vorgang bei der Ausbreitung ohnehin seine Form verlieren, und man hat keinen einwandfreien Bezugspunkt mehr für die Definition einer Geschwindigkeit. Modulationssignale werden je nach Frequenzabhängigkeit der Gruppengeschwindigkeit im Modulationsband verzerrt. Sie erleiden die sog. **Laufzeitverzerrungen**.

Übersichtliche Darstellung der Studieninhalte

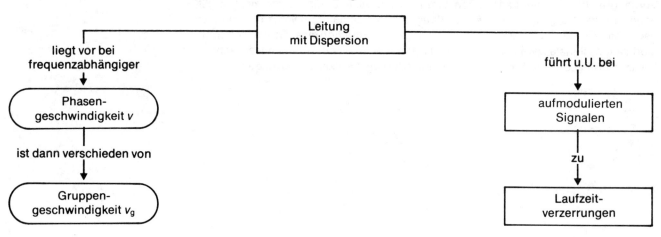

Übungsaufgaben zum Lernzyklus 3.3

1 Ist bei Dispersion die Phasengeschwindigkeit frequenzabhängig?   *Ohne Unterlagen*

2 Was gilt bei dispersionsfreien Leitungen für das Verhältnis von Phasen- zu Gruppengeschwindigkeit?

3 Wie nennt man bei modulierten Signalen die Verzerrungen durch frequenzabhängige Gruppengeschwindigkeit?

Aufgaben zur Vertiefung 3

1 Mikrostreifenleitung

Eine Mikrostreifenleitung mit einem Wellenwiderstand von 50 Ω soll auf verlustarmen Keramiksubstrat ($\varepsilon_r = 10$) der Dicke 0,5 mm aufgebaut werden. Wie breit ist der vernachlässigbar dünne, gut leitende Streifen zu fertigen? Bestimmen Sie die Toleranz für die Leiterbreite, wenn der Wellenwiderstand nur um 1% schwanken soll!

Bemerkungen Die Leitung soll bei $f = 2$ GHz betrieben werden. Geeignete Näherungslösungen sind zulässig.

2 Entzerrung einer Leitung

Gegeben ist eine Leitung mit den Daten:

$$R' = 10,6 \ \Omega/\text{km}, \qquad\qquad G' = \ 0,63 \ \mu\text{S/km},$$
$$L' = \ 0,63 \ \text{mH/km}, \qquad\qquad C' = 38 \quad \text{nF/km}.$$

Die Eingangsspannung wird gebildet aus der Summe zweier Spannungen gleicher Amplitude mit den Frequenzen $f_1 = 1,8$ kHz und $f_2 = 2,2$ kHz.

a) Bestimmen Sie die Ausbreitungskonstante sowie die Phasengeschwindigkeit für die Frequenzen f_1 und f_2!

b) Mit welcher Geschwindigkeit breiten sich die Knoten der Schwebung auf der Leitung aus?

c) Welche Eigenschaften muß ein Entzerrer besitzen, der die Verzerrungen infolge unterschiedlicher Dämpfung und unterschiedlicher Phasengeschwindigkeit beseitigt? (Angabe je 1 km Leitungslänge.)

d) Durch Änderung der Daten der Leitungsbeläge besteht theoretisch die Möglichkeit, die Leitung verzerrungsfrei zu machen. Welche Lösung ist praktisch sinnvoll?

4 Ersatzschaltungen, Kettenleiter und periodische Strukturen

Lernzyklus 4.1

Lernziele

Nach dem Durcharbeiten des Lernzyklus 4.1 sollen Sie in der Lage sein,

- einige wichtige Eigenschaften von Leitungsvierpolen anzugeben;

- unter Verwendung von Ersatzschaltungen mit konzentrierten Elementen die Übertragungseigenschaften von Leitungen zu berechnen;

- die Begriffe *elektrisch kurze Leitung, Längsspannung* und *Querstrom* zu erläutern;

- ein Berechnungsverfahren anzuwenden, das besonders geeignet für die Untersuchung mehrerer hintereinandergeschalteter Vierpole ist;

- Filter zu berechnen, in denen mehrere gleichartige Vierpole hintereinander geschaltet sind.

4 Ersatzschaltungen, Kettenleiter und periodische Strukturen

4.1 Allgemeine Leitungsersatzschaltungen

Bezüglich der Klemmenpaare am Anfang und Ende bildet die elektrische Leitung einen *Vierpol*. Dieser Vierpol ist **passiv**, d.h., er enthält keine Energiequellen. Er ist **linear**, solange die Feldstärken in den Grenzen bleiben, für die Leitungsströme nach dem Ohmschen Gesetz fließen, und im Isolierstoff zwischen den Leitern kein elektrischer Durchbruch eintritt. Außerdem ist der Vierpol **reziprok**, denn Leitungen bestehen normalerweise aus isotropen Stoffen mit richtungsunabhängigen Eigenschaften – also skalaren Stoffkonstanten ε und μ. Leitungsvierpole mit homogenen Leitungen sind auch immer **richtungssymmetrisch**. Wie alle Vierpole dieser Art läßt sich auch der **Leitungsvierpol** durch Ersatzschaltungen aus konzentrierten Schaltelementen – also Widerständen, Induktivitäten und Kapazitäten – darstellen. Solche Ersatzschaltungen sind in mancher Hinsicht nützlich. Es können mit ihnen Leitungen nachgebildet und z.B. die Leitungseigenschaften an diesen Ersatzschaltungen studiert werden. Andere physikalische Ausbreitungsvorgänge, für die die elektrische Leitung selbst nur ein Modell ist, können dann auch durch diese Ersatzschaltungen dargestellt werden. Schließlich kann aber auch umgekehrt die Leitung als Modell für andere Vierpole benutzt werden.

Symmetrische Vierpole lassen sich auf einfache Weise durch Π- oder T-Schaltungen darstellen (Bild 4.1).

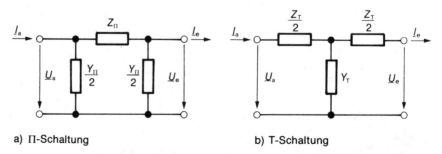

a) Π-Schaltung

b) T-Schaltung

Bild 4.1 Allgemeine Ersatzschaltungen richtungssymmetrischer Vierpole

Für die Π-**Schaltung** nach Bild 4.1a ist der Zusammenhang zwischen Spannung und Strom am Eingang und Ausgang:

$$\underline{U}_a = \underline{U}_e \cdot \left(1 + \frac{1}{2}Z_\Pi \cdot Y_\Pi\right) + Z_\Pi \cdot \underline{I}_e$$

$$\underline{I}_a = \underline{I}_e \cdot \left(1 + \frac{1}{2}Z_\Pi \cdot Y_\Pi\right) + \underline{U}_e \cdot Y_\Pi \left(1 + \frac{Z_\Pi \cdot Y_\Pi}{4}\right)$$

Die Leitungsgleichungen lauten:

$$\underline{U}_a = \underline{U}_e \cdot \cosh\gamma l + Z \cdot \underline{I}_e \cdot \sinh\gamma l$$

$$\underline{I}_a = \underline{I}_e \cdot \cosh\gamma l + \frac{\underline{U}_e}{Z} \cdot \sinh\gamma l$$

Die Π-Schaltung wird zur Ersatzschaltung für die Leitung, wenn die Koeffizienten der Vierpolgleichungen mit den Koeffizienten der Leitungsgleichungen übereinstimmen, wenn also

Koeffizientenvergleich

$$\cosh\gamma l = 1 + \frac{Z_\Pi \cdot Y_\Pi}{2}$$

$$Z \cdot \sinh\gamma l = Z_\Pi \tag{4.1}$$

$$\frac{1}{Z} \cdot \sinh\gamma l = Y_\Pi \cdot \left(1 + \frac{Z_\Pi \cdot Y_\Pi}{4}\right)$$

ist.

Für die Elemente der Π-Schaltung ergibt sich daraus:

$$Z_\Pi = Z \sinh\gamma l \qquad\qquad Y_\Pi = \frac{2}{Z} \tanh\frac{\gamma l}{2} \tag{4.2}$$

Für die **T-Schaltung** nach Bild 4.1b gelten entsprechende Überlegungen. Auch mit dieser Schaltung kann die Leitung nachgebildet werden. Die Elemente der T-Schaltung müssen dazu entsprechend

$$Y_T = \frac{1}{Z} \cdot \sinh\gamma l \qquad\qquad Z_r = 2 \cdot Z \cdot \tanh\frac{\gamma l}{2} \tag{4.3}$$

gewählt werden. Diese Formeln sind zu den Formeln für die Elemente der Π-Schaltung **dual**. So ergibt sich aus der Formel für den Längswiderstand der Π-Schaltung der Querleitwert der T-Schaltung, wenn Z durch $1/Z$ ersetzt wird. Ebenso folgt der Längswiderstand der T-Schaltung aus der Formel für den Querleitwert der Π-Schaltung, wenn gleichfalls Z durch $1/Z$ ersetzt wird.

Frequenzabhängigkeit

Zu beachten ist, daß die Scheinwiderstände und -leitwerte beider Ersatzschaltungen über Z und γ in transzendenter Weise von der Frequenz abhängen. Es gilt darum für eine bestimmte Leitung bei jeder Frequenz ein anderes Ersatzschaltbild. Das Frequenzverhalten von $Z_{\Pi,T}$ und $Y_{\Pi,T}$ läßt sich allgemein nicht durch konzentrierte Schaltelemente nachbilden.

4.2 Näherungsweise Ersatzschaltungen für kurze Leitungen

Für genügend kurze Leitungen lassen sich Ersatzschaltungen angeben, die auch das Frequenzverhalten richtig beschreiben. Als kurz werden hier Leitungen mit

„Elektrische Länge"

$$|\gamma \cdot l| \ll 1 \tag{4.4}$$

bezeichnet. Es handelt sich dabei um **elektrisch kurze Leitungen**. Die Bedingung (4.4) kann durchaus noch für geometrisch sehr lange Leitungen erfüllt sein, wenn nur die Phasenkonstante genügend klein ist. Für die Energieübertragung in der Starkstromtechnik sind die Frequenzen immer so niedrig (25 bis 60 Hz), daß auch $|\gamma|$ immer sehr klein ist. Bei diesen Frequenzen sind die Leitungen elektrisch immer kurz, selbst bei großen geometrischen Längen.

Unter der Bedingung (4.4) werden die Hyperbelfunktionen in den Gln. (4.2) und (4.3) durch wenige Glieder ihrer Potenzreihen gut angenähert:

$$\sinh \gamma l \approx \gamma l + \frac{1}{6} \cdot (\gamma l)^3$$

$$\cosh \gamma l \approx 1 + \frac{1}{2} \cdot (\gamma l)^2$$

$$\tanh \frac{\gamma l}{2} \approx \frac{1}{2} \cdot \gamma l - \frac{1}{24} \cdot (\gamma l)^3$$

Die Elemente der Π-Ersatzschaltung bestimmen sich damit näherungsweise zu

$$Z_\Pi \approx Z \cdot \gamma l \left(1 + \frac{1}{6} \gamma^2 l^2 \right)$$

$$Z_\Pi \approx (R'l + j\omega L'l) \cdot \left[1 + \frac{1}{6} \gamma^2 l^2 \right] \approx R'l + j\omega L'l \tag{4.5}$$

und

$$Y_\Pi \approx \frac{\gamma l}{Z} \left(1 - \frac{1}{12} \gamma^2 l^2\right)$$

$$Y_\Pi \approx (G'l + j\omega C'l) \cdot \left[1 - \frac{1}{12} \gamma^2 l^2\right] \approx G'l + j\omega C'l.$$

(4.6)

Bei Vernachlässigung der Glieder von dritter Ordnung in der kleinen Größe γl gilt also für die kurze Leitung die Π-Ersatzschaltung nach Bild 4.2a. Dieses ist eigentlich die Ersatzschaltung, die wir für ein infinitesimal kurzes Leitungsstück angenommen und auf der wir die Leitungstheorie aufgebaut hatten. Mit den Gln. (4.5) und (4.6) können wir jetzt feststellen, bis zu welchen endlichen Leitungslängen die Ersatzschaltung des infinitesimal kurzen Stückes Gültigkeit hat. Die Glieder

$$\frac{1}{6} \cdot \gamma^2 \cdot l^2 \quad \text{bei} \quad Z_\Pi \quad \text{und} \quad \frac{1}{12} \cdot \gamma^2 \cdot l^2 \quad \text{bei} \quad Y_\Pi$$

stellen *Korrekturglieder* dar; mit ihnen können die Fehler dieser Näherung abgeschätzt werden.

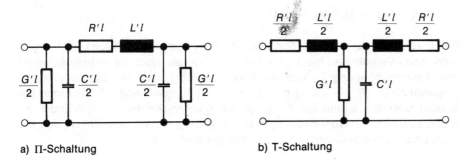

a) Π-Schaltung

b) T-Schaltung

Bild 4.2 Ersatzschaltungen für kurze Leitungen

Für die T-Ersatzschaltung gelten entsprechende Überlegungen. Ihre Elemente sind für kurze Leitungen näherungsweise:

$$Y_T \approx (G'l + j\omega C'l) \cdot \left[1 + \frac{1}{6} \gamma^2 l^2\right] \approx G'l + j\omega C'l$$

$$Z_T \approx (R'l + j\omega L'l) \cdot \left[1 - \frac{1}{12} \gamma^2 l^2\right] \approx R'l + j\omega L'l$$

(4.7)

Die kurze Leitung hat also eine T-Ersatzschaltung nach Bild 4.2b. Für kurze Leitungen im Sinne der Bedingung (4.4) lassen sich auch die Leitungsgleichungen vereinfachen. Wenn die Hyperbelfunktionen durch die ersten Glieder ihrer Potenzreihen angenähert werden, ist:

Vereinfachung der Leitungsgleichungen

$$\underline{U}_a \approx \underline{U}_e \cdot \left(1 + \frac{\gamma^2 l^2}{2}\right) + \underline{I}_e \cdot Z \cdot \gamma l$$

$$\approx \underline{U}_e \cdot \left(1 + \frac{\gamma^2 l^2}{2}\right) + \underline{I}_e \cdot (R'l + j\omega L'l)$$

$$\underline{I}_a \approx \underline{I}_e \cdot \left(1 + \frac{\gamma^2 l^2}{2}\right) + \underline{U}_e \cdot \frac{\gamma l}{Z}$$

$$\approx \underline{I}_e \cdot \left(1 + \frac{\gamma^2 l^2}{2}\right) + \underline{U}_e \cdot (G'l + j\omega C'l)$$

(4.8)

Wenn schließlich auch noch $\dfrac{\gamma^2 l^2}{2}$ gegenüber eins vernachlässigt wird, ergibt sich

$$\underline{U}_a \approx \underline{U}_e + \underline{I}_e \cdot (R'l + j\omega L'l)$$
$$\underline{I}_a \approx \underline{I}_e + \underline{U}_e \cdot (G'l + j\omega C'l).$$

(4.9)

Bei der Energieübertragung in der Starkstromtechnik beschreiben diese Gleichungen die praktischen Verhältnisse fast immer genügend genau. Nach ihnen unterscheidet sich die Anfangsspannung $\underline{U}_a$ von der Endspannung $\underline{U}_e$ nur um die sogenannte **Längsspannung** $\underline{I}_e \cdot (R'l + j\omega L'l)$, d.h. um den Spannungsabfall des Endstromes am Längswiderstand der Leitung. Der Anfangsstrom $\underline{I}_a$ unterscheidet sich vom Endstrom $\underline{I}_e$ um den sogenannten **Querstrom** $\underline{U}_e \cdot (G'l + j\omega C'l)$, d.h. um den Strom, den die Endspannung durch den Querleitwert der Leitung treibt.

4.3 Kettenleiter

Ein Kettenleiter entsteht, wenn mehrere Vierpole hintereinandergeschaltet werden (Bild 4.3). Sind alle Vierpole gleich, so ist der Kettenleiter *homogen*. Sind die einzelnen Vierpole auch noch richtungssymmetrisch, so bilden sie einen *richtungssymmetrischen* Kettenleiter. Es sollen hier nur richtungssymmetrische und damit homogene Kettenleiter betrachtet werden.

Leitung statt Vierpol Ebenso wie eine Leitung durch eine Vierpol-Ersatzschaltung dargestellt werden kann, kann umgekehrt jeder richtungssymmetrische Vierpol durch eine Leitung

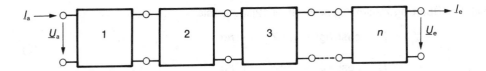

Bild 4.3 Allgemeiner Kettenleiter

ersetzt werden. Ist der Vierpol durch seine Π-*Schaltung* gegeben (Bild 4.1a), dann errechnen sich aus Gl. (4.1) die Daten der **äquivalenten Leitung** zu

$$\cosh\gamma l = 1 + \frac{Z_\Pi Y_\Pi}{2}$$

$$Z = \sqrt{\frac{Z_\Pi}{Y_\Pi} \cdot \frac{1}{1 + \frac{Z_\Pi Y_\Pi}{4}}} \; .$$

(4.10)

Ist der Vierpol durch seine T-*Schaltung* gegeben (Bild 4.1b), dann sind die Daten der äquivalenten Leitung

$$\cosh\gamma l = 1 + \frac{Z_T Y_T}{2}$$

$$Z = \sqrt{\frac{Z_T}{Y_T} \cdot \left(1 + \frac{Z_T Y_T}{4}\right)} \; .$$

(4.11)

Die Daten der äquivalenten Leitung können schließlich auch durch Messung oder Berechnung der Kurzschluß- und Leerlaufwiderstände am Vierpol selbst bestimmt werden. Dabei gelten wieder die Gln. (2.16). Der Vierpol wird durch das **Übertragungsmaß**

$$g = \gamma l$$

(4.12)

der äquivalenten Leitung und ihren **Wellenwiderstand** Z vollständig charakterisiert.

Werden in einem Kettenleiter nun mehrere Vierpole hintereinandergeschaltet (Bild 4.3), so besteht das Leitungsersatzbild aus einer entsprechenden Kaskadenschaltung von mehreren identischen Leitungen (Bild 4.4). Dem Kettenleiter mit n Gliedern entspricht also einfach eine homogene Leitung mit n-facher Länge der Ersatzleitung für den einzelnen Vierpol in der Kette. Für die homogene Leitung sind Strom und Spannung am Anfang und Ende durch die Leitungsgleichungen verknüpft.

Mit dem Übertragungsmaß g nach Gl. (4.12) lauten sie:

$$\underline{U}_a = \underline{U}_e \cdot \cosh ng + \underline{I}_e \cdot Z \cdot \sinh ng$$

$$\underline{I}_a = \underline{I}_e \cdot \cosh ng + \frac{\underline{U}_e}{Z} \cdot \sinh ng$$

(4.13)

Dieses sind die **Kettenleitergleichungen**. Die Berechnung der Eigenschaften von Kettenleitern ist damit auf die Berechnung von Leitungen zurückgeführt.

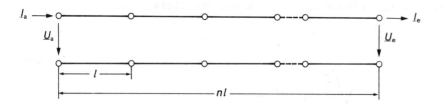

Bild 4.4   Leitungsersatzbild für richtungssymmetrischen Kettenleiter

Ausbreitung im Kettenleiter   Es gelten für Kettenleiter die gleichen Gesetze der Wellenausbreitung wie für Leitungen. Allerdings kann man diese Wellenausbreitung nicht kontinuierlich wie auf Leitungen beobachten, sondern nur in diskreter Weise an den Klemmenpaaren, welche den Ausgang eines Vierpols mit dem Eingang des folgenden verbinden. An diesen Klemmenpaaren läßt sich aber die Spannungs- und Stromverteilung und damit die Überlagerung von vor- und rücklaufenden Wellen ebenso feststellen wie auf Leitungen. Auch sie lassen sich mit den Kettenleitergleichungen berechnen. Ähnlich wie bei Leitungen werden Spannungen, Ströme und Widerstände auch durch den Kettenleiter transformiert.

4.4   Wellenfilter

Eine wichtige Anwendung findet die Kettenleitertheorie beim Berechnen und Entwerfen von Filterschaltungen, die aus mehreren gleichartigen Filtern in einer Kette bestehen. Zur Erzielung einer guten Siebwirkung werden in Wellenfiltern oft viele gleichartige Reaktanz-Vierpole hintereinandergeschaltet. Sie bilden dann einen Kettenleiter.

Beispiel   Wir betrachten als einfaches Beispiel einen **Tiefpaß** aus Längsinduktivitäten L und Querkapazitäten C (Bild 4.5). Ein elementarer Vierpol dieser Kette ist die Π-Schaltung in Bild 4.6.

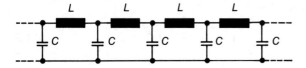

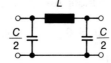

Bild 4.5
Ein homogener Kettenleiter aus
Reaktanzen bildet ein Wellenfilter.

Bild 4.6
Elementarer Vierpol
in Π-Schaltung

Es ergibt sich aus dem Vergleich mit Bild 4.1a

$$Z_\Pi = j\omega L, \qquad Y_\Pi = j\omega C.$$

Gemäß Gl. (4.10) sind damit das Übertragungsmaß des elementaren Vierpols und sein Wellenwiderstand gegeben durch

$$\cosh g = 1 - \frac{1}{2} \cdot \omega^2 \cdot LC$$

$$Z = \sqrt{\frac{L}{C} \cdot \frac{1}{1 - \frac{\omega^2 \cdot LC}{4}}} .$$

(4.14)

Trennt man das Übertragungsmaß nach Real- und Imaginärteil

$$g = a + jb,$$

wobei a **Dämpfungsmaß** und b **Phasenmaß** genannt werden, dann erhält man aus Gl. (2.4)

$$\cosh a \cdot \cos b + j \cdot \sinh a \cdot \sin b = 1 - \frac{1}{2} \cdot \omega^2 \cdot LC.$$

Der *Realteil* dieser komplexen Gleichung ist

$$\cosh a \cdot \cos b = 1 - \frac{1}{2} \cdot \omega^2 \cdot LC$$

und der *Imaginärteil*

$$\sinh a \cdot \sin b = 0.$$

Diese Gleichungen werden entweder durch

$$a = 0 \qquad \cos b = 1 - \frac{1}{2} \cdot \omega^2 \cdot LC \qquad (4.15)$$

oder durch

$$b = n\pi \qquad \cosh a = (-1)^n \left(1 - \frac{1}{2} \cdot \omega^2 \cdot LC\right) \qquad (4.16)$$

mit $n = 0, 1, 2, 3, \ldots$

erfüllt.

Der trigonometrische Kosinus ist dem Betrage nach immer kleiner als eins; der hyperbolische Kosinus ist dem Betrage nach immer größer als eins.

Für $|1 - {}^1\!/_2 \cdot \omega^2 \cdot LC| < 1$ gilt darum die Lösung (4.15), für ${}^1\!/_2 \, \omega^2 \, LC > 2$ aber die Lösung (4.16) mit $n = 1$.
Die Lösung (4.15) gilt also für den Frequenzbereich $0 < \omega < 2/\sqrt{LC}$. In diesem Frequenzbereich ist nach den Gln. (4.15) das Dämpfungsmaß Null.

Dieser Frequenzbereich wird darum **Durchlaßbereich** genannt. Die Lösung (4.16) gilt für $2/\sqrt{LC} < \omega < \infty$; die Kette hat hier eine mit der Frequenz ständig zunehmende Dämpfung. Darum wird dieser Frequenzbereich auch **Sperrbereich** genannt. Die Frequenzcharakteristik von Dämpfungs- und Phasenmaß im Durchlaß- und im Sperrbereich ist in Bild 4.7 skizziert.

Um den Verlauf des Phasenmaßes b im Durchlaßbereich zu ermitteln, wird die entsprechende Gl. (4.15) folgendermaßen umgeschrieben:

$$\frac{1}{2} \cdot \omega^2 \cdot LC = 1 - \cos b \equiv 2 \cdot \sin^2 \frac{b}{2}$$

Daraus ergibt sich für das Phasenmaß im Durchlaßbereich die folgende Frequenzcharakteristik:

Phasenmaß
$$b = 2 \cdot \arcsin \frac{\omega \sqrt{LC}}{2}$$

Um den Verlauf des Dämpfungsmaßes a im Sperrbereich zu ermitteln, wird die entsprechende Gl. (4.16) in ähnlicher Weise umgeschrieben:

$$\frac{1}{2} \cdot \omega^2 \cdot LC = \cosh a + 1 \equiv 2 \cdot \cosh^2 \frac{a}{2}$$

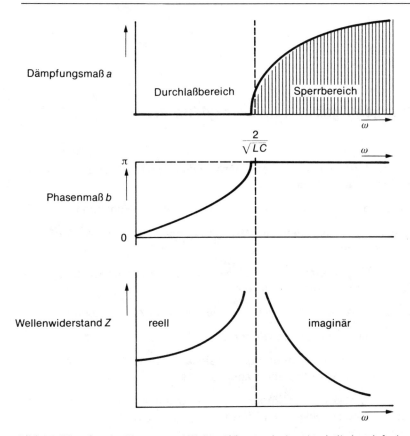

Bild 4.7 Dämpfungs-, Phasen- und Wellenwiderstandscharakteristik des einfachen Tiefpasses

Wenn diese Beziehung nach *a* aufgelöst wird, ergibt sich folgende Dämpfungs-charakteristik im Sperrbereich:

$$a = 2 \operatorname{arcosh} \frac{\omega \sqrt{LC}}{2}$$

Dämpfungsmaß

Der Wellenwiderstand ist nach Gl. (4.14) im *Durchlaßbereich* rein *reell*; das Wellen-filter kann Leistung aufnehmen und sie verlustlos übertragen. Im *Sperrbereich* ist der Wellenwiderstand rein *imaginär*. Das Wellenfilter kann in diesem Bereich keine Leistung aufnehmen. Die Phase des Wellenwiderstands ist im Sperrbereich kapazitiv, denn bei sehr hohen Frequenzen ist die Querkapazität *C*/2 am Eingang des Π-Gliedes in Bild 4.6 maßgebend.

Wellenwiderstand

Übungsaufgaben zum Lernzyklus 4.1

Ohne Unterlagen

1 Ein Leitungsvierpol ist normalerweise *passiv*, *linear*, *reziprok* und *richtungssymmetrisch*. Erläutern Sie diese Begriffe!

2 Zeichnen Sie die allgemeinen Schaltbilder einer Π- und einer T-Schaltung!

3 Welcher formelmäßige Zusammenhang ist gleichbedeutend mit der Aussage: *die Leitung ist elektrisch kurz*?

4 Wie breit ist der Frequenzbereich, in dem eine Ersatzschaltung mit konzentrierten Elementen für einen Leitungsvierpol genau gilt?

5 Wie groß sind Längsspannung und Querstrom elektrisch kurzer Leitungen?

6 Was charakterisiert einen *homogenen* Kettenleiter?

7 Was versteht man unter dem Übertragungsmaß eines Vierpols? Wie nennt man den Realteil und wie den Imaginärteil des Übertragungsmaßes?

8 Was ist ein *Tiefpaß*? Wie nennt man seine beiden charakteristischen Frequenzbereiche? Wodurch unterscheiden sich die Realteile seines Wellenwiderstands in diesen Frequenzbereichen?

Unterlagen gestattet

9 Gruppenlaufzeit eines Tiefpasses
Berechnen und skizzieren Sie für einen verlustlosen Tiefpaß nach Bild 4.5 die Gruppenlaufzeit je Glied in Abhängigkeit von ω/ω_0 mit $\omega_0 = 2/\sqrt{LC} = 2\pi \cdot 10^6\ \text{s}^{-1}$. Vergleichen Sie die Gruppenlaufzeit des Tiefpasses mit der Gruppenlaufzeit einer verlustlosen Leitung, die dem Tiefpaß bei niedrigen Frequenzen äquivalent ist!

Lernzyklus 4.2

Lernziele

Nach dem Durcharbeiten des Lernzyklus 4.2 sollen Sie in der Lage sein,

– das Theorem von FLOQUET[1] anzugeben;

– die Hillsche Differentialgleichung und die MATHIEU-Gleichung[2] niederzuschreiben sowie den Zusammenhang mit den Leitungsgleichungen für periodische Strukturen zu erläutern;

– das Stabilitätsdiagramm der MATHIEU-Gleichung zu skizzieren und im Hinblick auf die Übertragungseigenschaften einer periodischen Struktur zu erläutern;

– die Interferenzerscheinungen bei der BRAGG-Reflexion zu erklären;

– zu beschreiben, wie die Breite von Durchlaß- und Sperrbereichen bei sich periodisch ändernden Strukturen von der Stärke der Schwankungen abhängt;

– die Übertragungseigenschaften von sich periodisch schwach ändernden Strukturen zu berechnen.

---

1 Floquet [...ke].
2 Mathieu [...jö].

4.5   Periodische Strukturen

Der homogene Kettenleiter stellt eine periodische Struktur dar, in der sich die Eigenschaften von Glied zu Glied genau wiederholen. Periodische Strukturen kommen in der Elektrotechnik aber nicht nur in Form von diskreten gleichartigen *Beispiele* Vierpolen vor, die hintereinander geschaltet sind, sondern allgemeiner noch in verteilter Form als inhomogene Leitungen oder Wellenleiter, deren Eigenschaften sich in Ausbreitungsrichtung der Wellen periodisch ändern. Darüber hinaus beschäftigt sich die Physik mit der Ausbreitung von elektromagnetischen und anderen Wellen in Medien mit räumlich periodischen Eigenschaften. Dazu gehören Licht- und mechanische Schwingungen in Kristallen. Auch der Leitungsmechanismus von Kristallen ist auf Grund der Wellennatur der Materie als Ausbreitung von Elektronenwellen in periodischen Strukturen zu verstehen und zu erklären.

Die allgemeine Kettenleitertheorie beschreibt zwar bei allen diesen Ausbreitungsvorgängen die grundsätzlichen Erscheinungen; um sie aber im Detail quantitativ auszuwerten, muß man die den Ausbreitungsgesetzen zugrunde liegenden Gleichungen unter den Randbedingungen der jeweiligen periodischen Struktur lösen. Bei den elektromagnetischen Wellen handelt es sich dabei um die Lösung der Feldgleichungen und bei den Wellen auf elektrischen Leitungen sogar nur um die Differentialgleichungen der Leitung.

Bevor wir aber diese Differentialgleichungen für sich periodisch ändernde Leitungsbeläge ins Auge fassen, wollen wir ein allgemeines Gesetz für Wellen in periodischen Strukturen besprechen, das schon unmittelbar aus der Kettenleitertheorie zu erkennen ist.

Wir nehmen an, daß $\underline{U}(z)$ die Spannungsverteilung einer Welle ist, die auf der in z-Richtung sich periodisch ändernden elektrischen Leitung in positiver z-Richtung wandert. Aus der Kettenleitertheorie folgt, daß sich die Spannung von Periode zu Periode nach Maßgabe des Übertragungsmaßes $g = \gamma p$ nur um den Faktor $\exp(-g) = \exp(-\gamma p)$ ändert.

Dabei ist p die Periodenlänge. Es gilt also das **Theorem von Floquet**:

$$\underline{U}(z + p) = e^{-\gamma p}\, \underline{U}(z) \tag{4.17}$$

Daraus folgt aber auch, daß

$$e^{\gamma(z+p)}\,\underline{U}(z+p) \;=\; e^{\gamma z}\,\underline{U}(z)$$

eine periodische Funktion von z ist, die sich in eine *Fourierreihe* entsprechend

$$e^{\gamma z}\,\underline{U}(z) \;=\; \sum_{m=-\infty}^{\infty} \underline{U}_m\, e^{-j2m\pi z/p}$$

entwickeln läßt. Infolgedessen wird

$$\underline{U}(z) \;=\; \sum_{m=-\infty}^{\infty} \underline{U}_m\, e^{-\gamma_m z} \qquad\qquad (4.18)$$

mit $\qquad \gamma_m \;=\; \gamma + j2m\pi/p.$ $\qquad\qquad\qquad\qquad (4.19)$

Die Welle erscheint danach als eine Summe von unendlich vielen *Teilwellen* mit Ausbreitungskonstanten γ_m. Die Teilwellen existieren aber nicht unabhängig voneinander, sondern gehören als Glieder einer räumlichen Fourierentwicklung alle zu einer bestimmten Welle auf der periodischen Struktur. Sie werden darum auch **Raumharmonische** dieser Welle genannt. Nur alle diese Teilwellen zusammen erfüllen die *Randbedingungen* der periodischen Struktur.

Sie breiten sich auch alle mit der gleichen Gruppengeschwindigkeit aus. Das erkennen wir am einfachsten, wenn wir Wellenausbreitung ohne Dämpfung annehmen, also $\gamma = j\beta$ setzen, und irgendwelche Verluste vernachlässigen. Dann erhalten wir zwar für die *Phasengeschwindigkeit* der einzelnen Teilwellen entsprechend

$$v_m \;=\; \frac{\omega}{\beta_m} \;=\; \frac{\omega}{\beta + \dfrac{2m\pi}{p}} \qquad\qquad (4.20)$$

verschiedene Werte, die *Gruppengeschwindigkeit* ist aber entsprechend

$$v_g \;=\; \frac{d\omega}{d\beta_m} \;=\; \frac{d\omega}{d\beta} \qquad\qquad (4.21)$$

für alle Teilwellen gleich.

Während also die Gruppe als Ganzes mit einheitlicher Gruppengeschwindigkeit wandert, laufen die einzelnen Teilwellen mit ganz verschiedenen Phasengeschwindigkeiten. Teilwellen der negativen Ordnung $m < -\beta p/2\pi$ laufen mit ihren Phasen sogar *entgegengesetzt zur Ausbreitungsrichtung* der Gruppe.

Um nun zu untersuchen, welche Ausbreitungskonstante γ sich für die ganze Gruppe ergibt und wie groß ihre Raumharmonischen sind, fassen wir eine elektrische Leitung

Berechnung von γ

ins Auge, deren Eigenschaften sich periodisch mit z ändern. Der Längsimpedanzbelag $Z' = R' + j\omega L'$ ebenso wie der Queradmittanzbelag $Y' = G' + j\omega C'$ sind dann ebenfalls periodische Funktionen von z. Um das gekoppelte System (1.2) von gewöhnlichen Differentialgleichungen für Spannung und Strom im eingeschwungenen Zustand zu lösen, differenzieren wir die erste dieser Gleichungen nach z und setzen von der zweiten ein:

$$\frac{d^2 \underline{U}}{dz^2} - \frac{1}{Z'} \cdot \frac{dZ'}{dz} \cdot \frac{d\underline{U}}{dz} = Z' Y' \underline{U}$$

Geringe Änderung Hier wollen wir nun der Einfachheit halber annehmen, daß Z' sich nur so wenig oder so langsam mit z ändert, daß wir in der Differentialgleichung zweiter Ordnung das Glied mit der ersten Ableitung von $\underline{U}$ vernachlässigen können. Wir erhalten dann die Wellengleichung

$$\frac{d^2 \underline{U}}{dz^2} = Z' Y' \underline{U} \tag{4.22}$$

für $\underline{U}$, in der aber der Koeffizient $H(z) = Z' Y'$ periodisch von z abhängt. Eine Differentialgleichung dieser Art mit periodisch variablem Koeffizienten heißt *Hillsche Differentialgleichung*. Sie hat nach dem Theorem von FLOQUET (4.17) Lösungen der Form (4.18). Um diese Lösungen zu gewinnen, geht man von Gl. (4.18) als Ansatz aus, den man in Gl. (4.22) einführt. Auch die periodische Funktion $H(z) = Z' Y'$ entwickelt man in eine Fourierreihe der Art

$$Z' Y' = \sum H_m e^{j2m\pi z/p} \tag{4.23}$$

und setzt sie ebenfalls in Gl. (4.22) ein.

Lösung Nachdem man in Gl. (4.22) auf der linken Seite die Fourierreihe für $\underline{U}(z)$ zweimal gliedweise nach z differenziert hat und auf der rechten Seite die Reihen für $\underline{U}(z)$ und $Z' Y'$ miteinander multipliziert hat, gewinnt man aus dem *Koeffizientenvergleich* der Terme mit gleichen Exponentialfunktionen von z ein lineares System von Gleichungen für die Spannungskoeffizienten $\underline{U}_m$ der Teilwellen. Das System ist *homogen*; damit es eine *nichttriviale Lösung* hat, muß seine *Koeffizientendeterminante verschwinden*. Diese Bedingung für die Koeffizientendeterminante stellt die sog. **charakteristische Gleichung** oder **Eigenwertgleichung** dar. Sie ist eine Bestimmungsgleichung für die noch unbekannte Ausbreitungskonstante γ. Der Wert für γ, der sich aus der Eigenwertgleichung ergibt, heißt auch **Eigenwert** des Problems. Er bildet die Ausbreitungskonstante der sog. **Eigenwelle** der periodischen Struktur, der Welle nämlich, die der Struktur eigen ist, und sich auf ihr so ausbreitet, daß sich die Spannungsverteilung von Periode zu Periode wiederholt und sich dabei nur um einen konstanten Faktor ändert, so wie es das Theorem von FLOQUET in Gl. (4.17) aussagt.

Praktisch stößt man bei der Auswertung der charakteristischen Gleichung und der Lösung des linearen Gleichungssystems für die Teilwellenspannungen $\underline{U}_m$ unter Umständen auf Schwierigkeiten. Das System hat genau genommen unendlich viele Gleichungen für ebenso viele Spannungskoeffizienten $\underline{U}_m$. Für numerische Lösungsverfahren muß man sich aber auf eine endliche Zahl von Gleichungen beschränken. Dabei muß man jedoch alle Teilspannungen berücksichtigen, die so groß sind, daß sie sich in der Gesamtspannung noch bemerkbar machen. Man muß dann mit ebenso vielen Gleichungen in dem linearen System rechnen. Mitunter konvergieren die Reihen nicht sehr gut, so daß die vielen notwendigen Glieder zu einem entsprechend umfangreichen Gleichungssystem führen, dessen Lösung lange Rechenzeiten braucht.

Auswertung

Um nur die wesentlichen Eigenschaften von Wellen in periodischen Strukturen zu untersuchen, wollen wir uns darum auf solche Abweichungen von homogenen Strukturen beschränken, die sich im Koeffizienten der Hillschen Differentialgleichung durch eine einfache Sinusfunktion schon erfassen lassen.

Beschränkung

In der Wellengleichung (4.22) folgt für homogene Strukturen aus dem Koeffizienten $Z'Y'$ die Ausbreitungskonstante $\gamma = \sqrt{Z'Y'}$. Bei ungedämpfter Wellenausbreitung auf verlustlosen Strukturen ist die Ausbreitungskonstante rein imaginär also $\gamma = j\beta$, so daß sich die Phasenkonstante ergibt aus:

$$\beta^2 = -Z'Y'$$

Bei periodischen Änderungen von Z' und Y' schwankt nun auch β^2 periodisch. Wir wollen von dieser Schwankung nur das erste Glied der Fourierentwicklung berücksichtigen, also mit

$$\beta^2(z) = \beta_0^2 + 2c \cdot \cos(2\beta_1 z) \tag{4.24}$$

rechnen.

Dabei liegt β_1 entsprechend

$$\beta_1 = \frac{\pi}{p} \tag{4.25}$$

durch die Periodenlänge p der Schwankung fest.

Unter diesen Bedingungen folgt aus der Wellengleichung (4.22) für die Spannungsverteilung folgende Differentialgleichung:

$$\frac{\mathrm{d}^2 \underline{U}}{\mathrm{d}z^2} + \left(\beta_0^2 + 2c \cdot \cos(2\beta_1 z)\right)\underline{U} = 0 \tag{4.26}$$

Mit einer *Transformation der unabhängigen Variablen* entsprechend

$$v = \beta_1 z = \frac{\pi z}{p} \tag{4.27}$$

und mit den Substitutionen

$$b = \frac{\beta_0}{\beta_1} \qquad q = -\frac{c}{\beta_1^2} \tag{4.28}$$

geht diese Differentialgleichung über in:

$$\frac{d^2 \underline{U}}{d v^2} + \left(b^2 - 2q \cdot \cos(2v)\right) \underline{U} = 0 \tag{4.29}$$

Das ist die *Normalform* der sogenannten MATHIEU-**Gleichung.** Bei reellen Werten für b und q haben ihre Lösungen von Periode zu Periode entweder den Charakter einer ungedämpften Welle oder den einer aperiodisch exponentiell gedämpften Verteilung.

Im ersten Fall ist der komplexe Faktor $\exp(-\gamma z)$ im Theorem von FLOQUET (4.17) vom Betrage eins, γ ist rein imaginär ($\gamma = j\beta$), so daß $\exp(-j\beta z)$ nur eine Phasendrehung bedeutet. Der Bereich für diese ungedämpfte Wellenlösung ist der Durchlaßbereich, wie wir ihn auch am Beispiel der Tiefpaßkette beobachtet haben.

Rückblick

Im anderen Fall, nämlich der aperiodisch gedämpften Verteilung, ist $\exp(-\gamma z)$ rein reell und kleiner als eins; auch γ ist dabei rein reell.

Diese Lösung liegt im Sperrbereich der periodischen Struktur.

Das sog. *Stabilitätsdiagramm* der MATHIEU-Gleichung in Bild 4.8 zeigt als Funktion von b und q die Grenzen zwischen Durchlaß- und Sperrbereichen als durchgezogene Linien an. Außerdem sind in diesem Diagramm gestrichelte Linien für konstante Werte der auf $\beta_1 = \pi/p$ bezogenen Phasenkonstante

$$v = \frac{\beta p}{\pi}$$

für die Phasendrehung βp pro Periode im Durchlaßbereich eingetragen.

In den Sperrbereichen zeigt das Diagramm strichpunktierte Linien für konstante Werte des Dämpfungsfaktors

$$s = \exp(\alpha p).$$

Die Größe $\alpha p = \ln s$ stellt das Dämpfungsmaß pro Periode der Struktur im Sperrbereich dar.

Bei Änderungen der Frequenz ändert sich von den Parametern in der MATHIEU-Gleichung in erster Linie b und zwar wegen $\beta_0 \approx \omega \sqrt{L'C'}$ proportional zu ω. Man bewegt sich dabei also parallel zur b-Achse auf vertikalen Geraden. Sehr kleine Werte von $-q$ nahe der vertikalen b-Achse des Stabilitätsdiagramms bedeuten, daß die Struktur durch periodische Schwankungen kleiner Amplitude nur schwach gestört ist. Steigert man bei so schwachen Störungen die Frequenz angefangen von $\omega = 0$, so durchläuft man nahe der b-Achse zunächst den ersten Durchlaßbereich und stößt dann bei $b = 1$ durch die Spitze des ersten Sperrbereiches. Weitere Sperrbereiche folgen bei $b = 2, 3, .. m ...$

Wachsende Frequenz

Lage der Sperrbereiche

Bei diesen ganzen Zahlen m für b ist nach Gl. (4.28) die Wellenlänge $\lambda_0 = 2\pi/\beta_0$ auf der homogenen Struktur gerade das $(1/m)$-fache der doppelten Periodenlänge. Umgekehrt ausgedrückt liegen bei schwachen periodischen Störungen überall dort Sperrbereiche, wo die Periodenlänge nahe einem ganzen Vielfachen der halben Wellenlänge ist.

Physikalisch zu erklären sind diese Sperrbereiche mit den Reflexionen, die eine Welle der homogenen Struktur an den periodischen Störungen erfährt. Die periodischen Störungen folgen im Abstand p aufeinander.

Erklärung

Die Reflexion einer Periode ist darum gegen die Reflexion von der nächstfolgenden Periode um $2\beta_0 p$ in der Phase gedreht. Wenn $2\beta_0 p = 2m\pi$ ist oder

$$p = \frac{m\lambda}{2}, \tag{4.30}$$

sind alle Reflexionen in Phase und *interferieren konstruktiv* miteinander. Wie klein auch immer die Reflexion der einzelnen Periode unter diesen Bedingungen, wenn nur die periodische Struktur genügend lang ist, baut sich schließlich eine so hohe Gesamtreflexion auf, daß die Struktur bei diesen Wellenlängen sperrt. Nach dem Physiker BRAGG, der aufgrund dieses Effektes als erster die Kristallstruktur mit Röntgenstrahlen untersuchte, nennt man den Vorgang auch **BRAGG-Reflexion**.

Bei stärkeren Schwankungen der periodischen Struktur im größeren Abstand von der b-Achse des Stabilitätsdiagramms verbreitern sich die Sperrbereiche auf Kosten der Durchlaßbereiche, bis schließlich angefangen mit dem ersten Durchlaßbereich ein Durchlaßbereich nach dem anderen wegschrumpft und die periodische Struktur nur noch sperrt.

Stärkere Schwankungen

Aufgrund der endlichen Dämpfung im Sperrbereich ist eine periodische Struktur immer noch etwas durchlässig. Im allgemeinen ist sie aber auch im Durchlaßbereich nie ganz durchlässig. Nur wenn bei einer Frequenz im Durchlaßbereich die periodische Struktur auf beiden Seiten an die vorhergehende und nachfolgende Struktur

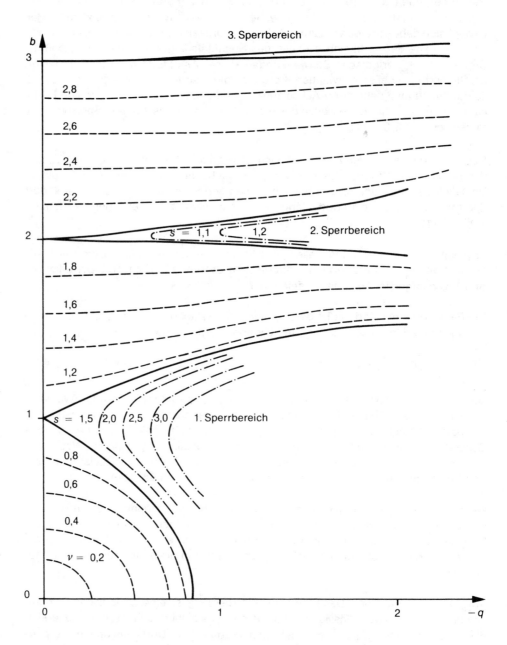

Bild 4.8 Stabilitätsdiagramm der MATHIEU-Gleichung

angepaßt wird, ist sie ohne Verluste auch vollkommen durchlässig. Bei periodischen Strukturen in Form von *Kettenleitern* muß an den Wellenwiderstand des einzelnen Vierpoles in der Kette angepaßt werden.

Um auch *kontinuierlich verteilte*, periodische Strukturen anzupassen, berechnet man die Reflexion am Eingang der Struktur und richtet die Verhältnisse ggf. so ein, daß diese Reflexion verschwindet. Für diese Rechnung braucht man die Spannungs- und Stromverteilung entlang der periodischen Struktur, um daraus Wellenwiderstände und Reflexionskoeffizienten zu finden. Im Falle von periodischen Strukturen, für welche die MATHIEU-Gleichung gilt, lassen sich die Spannungs- und Stromverteilung mit *MATHIEU-Funktionen* darstellen. Ihre Berechnung aus normalerweise nur langsam konvergierenden Reihen der Form (4.18) ist aber recht umständlich. *Anpassung*

Um das Wesentliche kennenzulernen, beschränken wir uns deshalb auf Strukturen mit nur kleinen periodischen Schwankungen. Für sie führen wir eine *Störungsrechnung* durch, die von der entsprechenden homogenen Leitung ausgeht. Auf der *homogenen Leitung* hätten die vor- und rücklaufenden Wellen Spannungsverteilungen $\underline{u}_h \exp(-\mathrm{j}\beta_0 z)$ bzw. $\underline{u}_r \exp(\mathrm{j}\beta_0 z)$. Für die *periodische Struktur* setzen wir deshalb

$$\underline{U}_h = \underline{u}_h(z)\,\mathrm{e}^{-\mathrm{j}\beta_0 z} \quad \text{und} \quad \underline{U}_r = \underline{u}_r(z)\,\mathrm{e}^{\mathrm{j}\beta_0 z} \qquad (4.31) \quad \textit{Ansatz}$$

an, wobei wir wegen der *schwachen Störung* gegenüber der homogenen Leitung damit rechnen können, daß sich $\underline{u}_h(z)$ und $\underline{u}_r(z)$ nur *langsam* mit z ändern. Wir können darum $\dfrac{\mathrm{d}^2 \underline{u}_h(z)}{\mathrm{d}z^2}$ und $\dfrac{\mathrm{d}^2 \underline{u}_r(z)}{\mathrm{d}z^2}$ vernachlässigen und erhalten, wenn wir den Ansatz (4.31) in Gl. (4.26) einführen und beispielsweise nach $\dfrac{\mathrm{d}\underline{u}_h(z)}{\mathrm{d}z}$ auflösen:

$$\frac{\mathrm{d}\underline{u}_h(z)}{\mathrm{d}z} = -\mathrm{j}\frac{c}{2\beta_0}\Big[\underline{u}_r(z)\left(\mathrm{e}^{\mathrm{j}2(\beta_0-\beta_1)z}+\mathrm{e}^{\mathrm{j}2(\beta_0+\beta_1)z}\right)+$$
$$+\,\underline{u}_h(z)\left(\mathrm{e}^{\mathrm{j}2\beta_1 z}+\mathrm{e}^{-\mathrm{j}2\beta_1 z}\right)\Big]+\frac{\mathrm{d}\underline{u}_r(z)}{\mathrm{d}z}\,\mathrm{e}^{\mathrm{j}2\beta_0 z} \qquad (4.32)$$

Die Glieder auf der rechten Seite dieser Gleichung sind alle mit Exponentialfunktionen vom Betrage eins behaftet, durch die sie mit z mehr oder weniger schnell in der Phase drehen.

Wenn $\beta_0 \approx \beta_1$ ist, dreht nur das erste Glied rechts langsam, während alle anderen Glieder sehr schnell mit z drehen. Wenn wir unter diesen Bedingungen Gl. (4.32) längs z integrieren, um $\underline{u}_h(z)$ zu gewinnen, leistet zu diesem Integral nur das erste Glied rechts einen wesentlichen Beitrag. Alle anderen Glieder drehen mit z so schnell in der Phase, während ihre Beträge sich dabei mit z nur so langsam ändern, daß sie *Näherung* sich nie zu merkbaren Beiträgen zu $\underline{u}_h(z)$ aufintegrieren können. Es ist dann also einfach

$$\frac{d\underline{u}_h(z)}{dz} = -j\varkappa\underline{u}_r(z)\,e^{j2\delta z}, \tag{4.33}$$

ebenso wie

$$\frac{d\underline{u}_r(z)}{dz} = j\varkappa\underline{u}_h(z)\,e^{-j2\delta z} \tag{4.34}$$

ist, mit

$$\varkappa = \frac{c}{2\beta_0} \quad \text{und} \quad \delta = \beta_0 - \beta_1. \tag{4.35}$$

Das System von Differentialgleichungen (4.33) und (4.34) verkoppelt die vorlaufende Welle der entsprechenden homogenen Struktur mit der rücklaufenden. Ursache für diese Verkopplung ist die periodische Störung, an der die Wellen der homogenen Leitung fortlaufend etwas reflektiert werden.

Eine wesentliche Gesamtreflexion baut sich aber auf den Teilreflexionen nur auf, wenn $\beta_0 \approx \beta_1$, d.h. $\lambda_0 \approx 2p$ ist und deshalb die Teilreflexionen konstruktiv miteinander interferieren.

Die Bedingung $\lambda_0 \approx 2p$ entspricht der BRAGG-Reflexion *erster Ordnung* in Gl. (4.30); wir beobachten hier den ersten Sperrbereich des Bildes 4.8 bei $b = 1$. Die BRAGG-Reflexionen *höherer Ordnung* würden sich aus dem Ansatz (4.31) ergeben, wenn wir nicht $\beta_0 \approx \beta_1$ sondern $\beta_0 \approx m\beta_1$ annehmen und bei der Integration der Wellengleichung nur die Reflexionsterme berücksichtigen, die mit z langsam in der Phase drehen, so daß sie durch konstruktive Interferenz wesentlich zur Gesamtreflexion beitragen.

Mögliche Realisierung

Die verteilten Reflexionskoeffizienten $j\varkappa$ in den gekoppelten Differentialgleichungen (4.33) und (4.34) für die Spannungen der vor- und rücklaufenden Wellen sind bei normalerweise reellem $\varkappa$ rein imaginär. Das entspricht ganz den Verhältnissen auf einer Leitung, die durch Blindwiderstände in gleichen Abständen quer zur Leitung oder in Reihe mit den Leitern periodisch gestört ist.

Die Leistung, welche jede dieser Wellen führt, ist $\dfrac{|\underline{u}_r(z)|^2}{Z}$ bzw. $\dfrac{|\underline{u}_h(z)|^2}{Z}$ mit Z als Wellenwiderstand der entsprechenden homogenen Leitung. Aus den Gln. (4.33) und (4.34) folgt, daß

$$\frac{d}{dz}\left[|\underline{u}_h(z)|^2 - |\underline{u}_r(z)|^2\right] = 0$$

ist, die Leistung, welche die Wellen in einer Richtung führen, also konstant ist.

Damit finden wir den *Energieerhaltungssatz* für die voraussetzungsgemäß verlustlose Struktur bestätigt.

Zur Lösung der gekoppelten Differentialgleichungen (4.33) und (4.34) gehen wir zunächst gemäß

Lösung

$$\underline{u}_h(z) = \underline{h}(z)\, e^{j\delta z} \quad \text{bzw.} \quad \underline{u}_r(z) = \underline{r}(z)\, e^{-j\delta z} \tag{4.36}$$

Variablensubstitution

auf neue Variablen $\underline{h}(z)$ und $\underline{r}(z)$ über, für die sich aus den Gln. (4.33) und (4.34) die Differentialgleichungen

$$\frac{d\underline{h}}{dz} + j\delta\underline{h} = -j\varkappa\underline{r} \quad \text{bzw.} \quad \frac{d\underline{r}}{dz} - j\delta\underline{r} = j\varkappa\underline{h} \tag{4.37}$$

ergeben. Dieses System hat im Gegensatz zu Gl. (4.33) und (4.34) *konstante Koeffizienten* und kann darum mit dem *Exponentialansatz*

$$\underline{h} = \underline{h}_1\, e^{-\eta z}, \qquad \underline{r} = \underline{r}_1\, e^{-\eta z} \tag{4.38}$$

gelöst werden. Es folgen mit diesem Ansatz aus Gl. (4.37) zunächst zwei *lineare homogene Gleichungen* für $\underline{h}_1$ und $\underline{r}_1$, die nichttriviale Lösungen nur unter der Bedingung

$$\eta^2 = \varkappa^2 - \delta^2 \tag{4.39}$$

haben, und zwar lauten sie

$$\underline{r}_{1,2} = -\frac{\delta \pm j\eta}{\varkappa}\, \underline{h}_{1,2}\,. \tag{4.40}$$

Damit folgt für die allgemeine Lösung von Gl. (4.37)

$$\underline{h} = \underline{h}_1\, e^{-\eta z} + \underline{h}_2\, e^{\eta z}$$

$$\underline{r} = -\frac{\delta + j\eta}{\varkappa}\, \underline{h}_1\, e^{-\eta z} - \frac{\delta - j\eta}{\varkappa}\, \underline{h}_2\, e^{\eta z}, \tag{4.41}$$

und die Spannungen haben, so wie sie als vor- und rücklaufende Wellen der entsprechenden *homogenen* Leitung definiert sind, die Form

$$\underline{U}_h = (\underline{h}_1\, e^{-\eta z} + \underline{h}_2\, e^{\eta z})\, e^{-j\beta_1 z}$$

$$\underline{U}_r = \left(-\frac{\delta + j\eta}{\varkappa}\, \underline{h}_1\, e^{-\eta z} - \frac{\delta - j\eta}{\varkappa}\, \underline{h}_2\, e^{\eta z}\right) e^{j\beta_1 z}. \tag{4.42}$$

Sie überlagern sich zur Gesamtspannung

$$\underline{U} = \underline{U}_h + \underline{U}_r. \tag{4.43}$$

Andererseits besteht diese Gesamtspannung aber auch aus den vor- und rücklaufenden Eigenwellen der *periodischen* Struktur. In Gl. (4.42) erscheint die vorlaufende Eigenwelle mit dem Faktor $\underline{h}_1$ und hat die Spannungsverteilung

Anders zusammengefaßt

$$\underline{U}_1 = \underline{h}_1 \left[e^{-(\eta + j\beta_1)z} - \frac{\delta + j\eta}{\varkappa} e^{-(\eta - j\beta_1)z} \right], \tag{4.44}$$

während die rücklaufende Eigenwelle mit dem Faktor $\underline{h}_2$ erscheint und die Spannungsverteilung

$$\underline{U}_2 = \underline{h}_2 \left[-\frac{\delta - j\eta}{\varkappa} e^{(\eta + j\beta_1)z} + e^{(\eta - j\beta_1)z} \right] \tag{4.45}$$

hat. Die ersten Terme in diesen Eigenwellenspannungen stellen die *Grundwelle* der räumlichen Fourierentwicklung dar, während die zweiten Terme die ersten und einzigen *Raumharmonischen* sind, welche diese Näherungsrechnung berücksichtigt. Die Grundwellen haben die *Ausbreitungskonstante* $\gamma = \eta + j\beta_1$, während die ersten Raumharmonischen $\gamma - j2\beta_1$ als Ausbreitungskonstante haben.

Im *Durchlaßbereich* sind die Ausbreitungskonstanten der Eigenwellen rein imaginär. Dazu muß nach Gl. (4.39) $\delta^2 > \varkappa^2$ sein.

Im *Sperrbereich* für $-\varkappa > \delta < \varkappa$ ist dagegen η reell, und die Ausbreitungskonstanten sind komplex. Ihr Realteil $\eta = \alpha$ stellt die Dämpfung im Sperrbereich dar, während der Imaginärteil in $\beta_1 p = \pi$ die Phasendrehung pro Periode der Struktur angibt.

Randbedingungen
Die Faktoren $\underline{h}_1$ und $\underline{h}_2$ bei den Eigenwellen bzw. in den Spannungsverteilungen (4.42) für die vor- und rücklaufenden Wellen der entsprechenden homogenen Leitung bestimmen sich aus den Anregungsbedingungen am Anfang der periodischen Struktur und bei einer Struktur endlicher Länge auch aus den Abschlußbedingungen an ihrem Ende.

Beispiel
Als Beispiel untersuchen wir eine homogene Leitung, die sich nach beiden Seiten unbegrenzt ausdehnt, und die zwischen $z = 0$ und $z = l$ periodisch so gestört ist, daß in diesem Abschnitt Gl. (4.26) gilt. Von $z < 0$ soll eine Welle der Spannung $\underline{U}_0 \exp(-j\beta_0 z)$ auf den gestörten Abschnitt treffen.

Da unter diesen Umständen für $z > l$ nur eine Welle in positiver z-Richtung läuft, gelten die Randbedingungen

$$\underline{U}_h\big|_{z=0} = \underline{U}_0, \qquad \underline{U}_r\big|_{z=l} = 0.$$

Durch sie wird die vorlaufende Eigenwelle des *periodisch gestörten* Abschnittes mit dem Faktor

$$\underline{h}_1 = \frac{\delta - j\eta}{2(\delta\sinh\eta l - j\eta\cosh\eta l)}\, e^{\eta l}\ \underline{U}_0$$

angeregt, und die rücklaufende Eigenwelle mit dem Faktor

$$\underline{h}_2 = \frac{-\delta - j\eta}{2(\delta\sinh\eta l - j\eta\cosh\eta l)}\, e^{-\eta l}\ \underline{U}_0.$$

Vor- und rücklaufende Welle der *homogenen Leitung* haben mit diesen Eigenwellen im gestörten Abschnitt die Spannungen:

$$\underline{U}_h = \frac{\delta\sinh[\eta(l-z)] - j\eta\cosh[\eta(l-z)]}{\delta\sinh\eta l - j\eta\cosh\eta l}\, e^{-j\beta_1 z}\ \underline{U}_0$$

$$\underline{U}_r = \frac{-\varkappa\sinh[\eta(l-z)]}{\delta\sinh\eta l - j\eta\cosh\eta l}\, e^{j\beta_1 z}\ \underline{U}_0$$

$$(4.46)$$

In der Mitte des Sperrbereiches, wenn die BRAGG-Bedingung $\beta_0 = \beta_1$ erfüllt wird, ist $\delta = 0$ und $\eta = \varkappa$.

Dann lauten die Spannungen einfach:

$$\underline{U}_h = \frac{\cosh[\varkappa(l-z)]}{\cosh\varkappa l}\, e^{-j\beta_1 z}\ \underline{U}_0$$

$$\underline{U}_r = -j\,\frac{\sinh[\varkappa(l-z)]}{\cosh\varkappa l}\, e^{j\beta_1 z}\ \underline{U}_0$$

$$(4.47)$$

Auf der homogenen Leitung vor dem gestörten Abschnitt läuft eine Welle zurück, die durch die Reflexionen an den periodischen Störungen entsteht.

Ihre Spannung steht am Eingang zum gestörten Abschnitt bei $z = 0$ zur Spannung der einfallenden Welle im folgenden Verhältnis:

$$r = \frac{\underline{U}_r(0)}{\underline{U}_h(0)} = \frac{-\varkappa\sinh\eta l}{\delta\sinh\eta l - j\eta\cosh\eta l}. \qquad (4.48) \qquad \text{Reflexionsfaktor}$$

Dieser Reflexionsfaktor ist in Abhängigkeit von δ am größten, wenn $\delta = 0$ ist, also in der Mitte des Sperrbereiches, wo die BRAGG-Bedingung $\beta_0 = \beta_1$ gilt. Dort lautet er:

$$r = -j \tanh \varkappa l \,. \tag{4.49}$$

Aber selbst im Durchlaßbereich, wo $|\delta| > \varkappa$ ist und die Eigenwellen des periodisch gestörten Abschnittes nicht mehr gedämpft werden, wird die einfallende Welle im gestörten Abschnitt noch teilweise reflektiert. Für $|\delta| \gg \varkappa$, d.h. im großen Abstand vom Sperrbereich, hat der Reflexionsfaktor aber nur noch den Betrag

$$|r| = \left| \frac{\varkappa}{\delta} \sin \delta l \right| \,.$$

Anwendung Periodische Störungen im Zuge einer homogenen Leitung dienen aufgrund der BRAGG-Reflexionen als **Bandsperre** in Filterschaltungen. Die Periodenlänge der Störung ebenso wie ihre Stärke wird dabei so bemessen, daß das zu sperrende Frequenzband gerade dem Sperrbereich $-\varkappa < \delta < \varkappa$ der Störung entspricht. Mit der Länge des gestörten Abschnittes kann man die gewünschte Sperrdämpfung in Bandmitte an Hand des Reflexionsfaktors in Gl. (4.49) einstellen.

Neben dieser einen praktischen Anwendung von periodisch veränderlichen Leitungen gibt es aber noch viele andere Beispiele in Natur und Technik von Wellenausbreitung in periodischen Strukturen.

Übersichtliche Darstellung der Studieninhalte

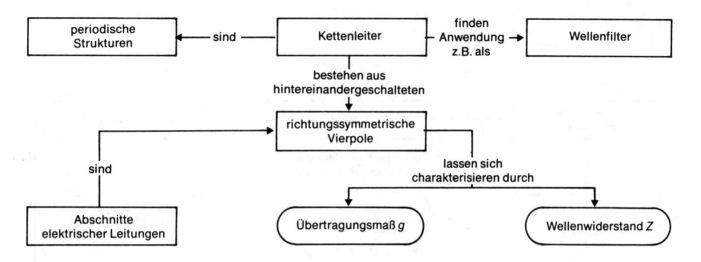

Übersichtliche Darstellung der Studieninhalte

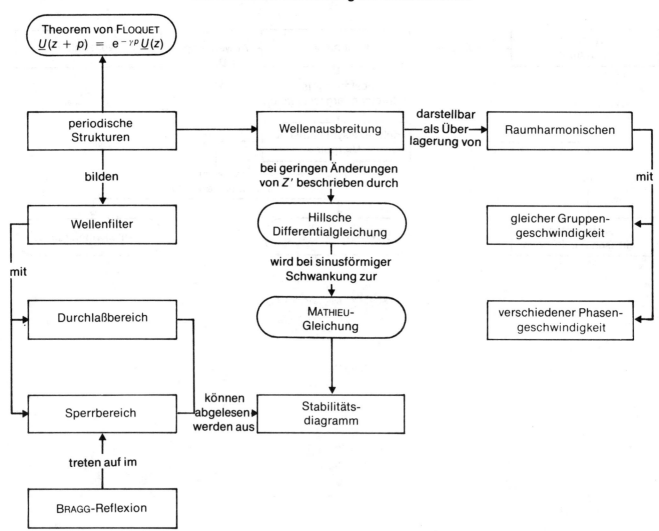

Theorem von FLOQUET
$$\underline{U}(z + p) = e^{-\gamma p}\underline{U}(z)$$

periodische Strukturen

Wellenausbreitung

darstellbar als Überlagerung von

Raumharmonischen

bilden

bei geringen Änderungen von Z' beschrieben durch

mit

Wellenfilter

Hillsche Differentialgleichung

gleicher Gruppengeschwindigkeit

mit

wird bei sinusförmiger Schwankung zur

Durchlaßbereich

MATHIEU-Gleichung

verschiedener Phasengeschwindigkeit

Sperrbereich

können abgelesen werden aus

Stabilitätsdiagramm

treten auf im

BRAGG-Reflexion

Übungsaufgaben zum Lernzyklus 4.2

1 Wie lautet das Theorem von FLOQUET? Für welche Art von Strukturen gilt es?

Ohne Unterlagen

2 Muß eine Raumharmonische für sich die Randbedingungen für Strom und Spannung auf einer Leitung erfüllen?

3 Ist die Phasengeschwindigkeit der Raumharmonischen positiv oder negativ?

4 Wie löst man ein homogenes Gleichungssystem?
Wie heißen die dabei auftretenden Gleichungen und Lösungswerte?

5 Unter welchen Einschränkungen läßt sich die Wellenausbreitung auf einer periodisch gestörten Leitung durch die MATHIEU-Gleichung beschreiben?

6 Bei welchen Wellenlängen liegen die Sperrbereiche von periodischen Strukturen? Wie hängt die Bandbreite eines Sperrbereichs qualitativ von der Stärke der Schwankungen ab?

7 Bandsperre. Eine Leiteranordnung für eine TEM-Welle soll durch ein in Ausbreitungsrichtung z periodisch geschichtetes Dielektrikum mit $\varepsilon = \varepsilon_0 \cdot \varepsilon_r(z)$ zu einer Bandsperre gemacht werden. Gesucht sind für den ersten Sperrbereich die Mittenfrequenz f_0, die Halbwertsbreite Δf und der Betrag des Reflexionsfaktors bei $f = f_0$ in Abhängigkeit von der Dielektrizitätszahl, der Periodenlänge p und der Länge l des periodisch gestörten Bereichs.

Unterlagen gestattet

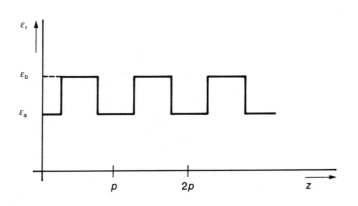

a) Es gelte für die Phasenkonstante $\beta = \omega\sqrt{\mu_0\varepsilon}$. Bestimmen Sie dafür aus dem skizzierten $\varepsilon_r(z)$-Verlauf mit einer Fourier-Analyse für die Funktion $\beta^2(z)$ den arithmetischen Mittelwert β_0^2 und den Koeffizienten der Grundschwingung $2c$!
Nehmen Sie im folgenden an, daß die Rechnung mit dieser abgebrochenen Fourierreihe genau genug ist!

b) Wie groß sind die Mittenfrequenz f_0 und der Betrag des Reflexionsfaktors in Bandmitte?

c) Bestimmen Sie näherungsweise die Differenz Δf der Frequenzen, bei denen der Betrag des Reflexionsfaktors auf das $1/\sqrt{2}$fache seines Wertes bei f_0 abgefallen ist!

Hinweis   Sollte Ihnen diese Aufgabe zu schwierig erscheinen, ist das kein Grund zur Beunruhigung. Verfolgen Sie dann den Rechengang und die Ergebnisse anhand der Lösungen.

Aufgaben zur Vertiefung 4

1 Realisierung einer Leitungsentzerrung

Die Leitung in Aufgabe 2 (vgl. S. 100) soll durch Reihenschaltung von Induktivitäten *Zur praktischen Anwendung*
L_s in 1 km Abstand verzerrungsfrei gemacht werden.

a) Bestimmen Sie die Werte, die für die Induktivitäten L_s gewählt werden müssen!

b) Welche Grenzfrequenz ergibt sich bei einer derartigen Dimensionierung?

Jeweils 1-km-Abschnitte der Leitung können zusammen mit der konzentrierten Induktivität als *Hinweis*
Π- oder T-Glied eines Kettenleiters betrachtet werden.

2 Leitungsnachbildung

Ein verlustloses Kabel ($Z = 60\ \Omega$, $v = 200\,000$ km/s, $l = 100$ m) soll durch eine *Zur praktischen Anwendung*
Kettenschaltung aus Π-Gliedern nachgebildet werden. Die Nachbildung ist so zu
dimensionieren, daß bei niedrigen Frequenzen die elektrischen Eigenschaften von
Kabel und Nachbildung übereinstimmen. Bei $f = 10$ MHz dürfen die Abweichungen
des Wellenwiderstands maximal 10% betragen.

a) Welche Werte sind für L und C zu wählen?

b) Wieviele Kettenglieder sind zum Aufbau der Nachbildung erforderlich?

c) Bestimmen Sie die Abweichungen im Winkelmaß bei $f = 10$ MHz!

d) Die Kettenschaltung zeigt das Verhalten eines Tiefpasses. Bestimmen Sie die
Grenzfrequenz dieses Tiefpasses!

e) Bestimmen Sie die Wellendämpfung eines Gliedes sowie der gesamten Kette bei
dem 1,2fachen der Grenzfrequenz!

5 Ausgleichsvorgänge und Impulse auf Leitungen

Lernzyklus 5.1

Lernziele

Nach dem Durcharbeiten des Lernzyklus 5.1 sollen Sie in der Lage sein,

- die Wellengleichung für den allgemeinen, nicht eingeschwungenen Zustand zu lösen;

- den Ausbreitungsvorgang von Wellen im nicht eingeschwungenen Zustand zu erklären;

- zu berechnen, wie sich eine ortsabhängige elektrische Ladungsverteilung auf einer Leitung im Laufe der Zeit ausgleicht;

- Ausbreitungsvorgänge zu berechnen, welche durch Spannungen oder Ströme verursacht werden, die irgendwo auf einer Leitung eingeprägt sind;

- durch Schaltvorgänge an Leitungen verursachte Ausgleichsvorgänge zu berechnen;

- Reflexion und Brechung an der Verbindungsstelle zweier Leitungen mit unterschiedlichem Wellenwiderstand zu berechnen.

5 Ausgleichsvorgänge und Impulse auf Leitungen

Bei allen vorangehenden Untersuchungen haben wir Schwingungen zeitlich konstanter Frequenz und Amplitude angenommen, die unbegrenzt andauern. Wir haben also nur eingeschwungene Zustände betrachtet, bei denen sich die Zeitabhängigkeit durch sin- bzw. cos-Funktionen beschreiben ließ. Ströme und Spannungen und auch die Komponenten der elektromagnetischen Felder haben wir dabei durch komplexe Zeiger dargestellt; ihre Zeitabhängigkeit wurde durch sin- bzw. cos-Funktionen beschrieben. Im Gegensatz dazu steht der allgemeine *nicht-eingeschwungene Zustand;* auch er ist bei vielen Leitungsanwendungen von praktischer Bedeutung. In der elektrischen Energietechnik kommt es auf den Verlauf von Strom und Spannung nicht nur im eingeschwungenen Zustand an, sondern auch wenn eine *Beispiele* Leitung *eingeschaltet* oder irgendwo *kurzgeschlossen* wird oder wenn Störspannungen z.B. durch *atmosphärische Entladungen* in der Leitung influenziert werden. In der Nachrichtentechnik sind Signale, die auf Leitungen übertragen werden sollen, genau genommen niemals periodisch. Hier handelt es sich entweder um die direkt in Spannungs- bzw. Stromschwankungen umgesetzten Ton- oder Bildsignale oder um Schwingungen, die mit diesen Signalen *moduliert* sind. Bei der Datenübertragung und in der digitalen Daten- und Nachrichtentechnik haben wir es entweder direkt mit Impulsen zu tun oder mit impulsmodulierten Schwingungen.

Um die Ausbreitung solcher Vorgänge auf Leitungen zu untersuchen, ist es oft einfacher, nicht von dem eingeschwungenen Zustand auszugehen, sondern mit einer Lösung der Differentialgleichungen für die elektrische Leitung bei allgemeiner Orts- und Zeitabhängigkeit zu arbeiten.

5.1 Die allgemeine Lösung der Wellengleichung

Bei der Ausbreitung von Impulsen auf Leitungen werden die wesentlichen Erscheinungen noch erfaßt, wenn man von Leitungsverlusten absieht. Wir setzen *Verlustlos* darum zunächst oft $R' = G' = 0$, womit sich die Differentialgleichungen (1.1) der Leitung folgendermaßen vereinfachen:

$$\frac{\partial u}{\partial z} = -L'\frac{\partial i}{\partial t} \tag{5.1}$$

$$\frac{\partial i}{\partial z} = -C'\frac{\partial u}{\partial t} \tag{5.2}$$

In den obigen Gleichungen wurde vorausgesetzt, daß L' und C' frequenzunabhängig sind, d.h., es handelt sich um eine dispersionsfreie Leitung. Weiterhin soll eine homogene Leitung angenommen werden, womit L' und C' auch unabhängig von z sind.

Dispersionsfreie, homogene Leitung

Damit lassen sich aus den Gln. (5.1) und (5.2), in denen nach wie vor Strom und Spannung miteinander verkoppelt sind, Gleichungen für jeweils nur eine der beiden Größen gewinnen, z.B. wenn Gl. (5.2) partiell nach der Zeit differenziert wird

$$\frac{\partial^2 i}{\partial t\, \partial z} = -C' \frac{\partial^2 u}{\partial t^2}$$

und Gl. (5.1) partiell nach z differenziert wird

$$\frac{\partial^2 u}{\partial z^2} = -L' \frac{\partial^2 i}{\partial z\, \partial t}\,.$$

Aus beiden Gleichungen erhält man dann, wenn $\dfrac{\partial^2 i}{\partial z\, \partial t}$ eliminiert wird,

$$\frac{\partial^2 u}{\partial z^2} = L'C' \frac{\partial^2 u}{\partial t^2}\,. \tag{5.3}$$

Dieses ist die allgemeine Wellengleichung der verlustlosen Leitung für *beliebige Zeitabhängigkeit* des Vorganges. Die Gl. (5.3) findet sich in Physik und Technik immer wieder als die Grundgleichung von Wellenausbreitung aller Art. Ihre allgemeine Lösung wurde zuerst von D'ALEMBERT[1] (1717–1783) gefunden. Es ist typisch für die allgemeine Bedeutung dieser Gleichung, daß D'ALEMBERT die Wellengleichung bei der Untersuchung der schwingenden Saite löste, lange bevor man überhaupt an elektrische Leitungen denken konnte.

Die **allgemeine Lösung der Wellengleichung** lautet:

$$u = f_h\left(t - \frac{z}{v}\right) + f_r\left(t + \frac{z}{v}\right) \tag{5.4}$$

Spannungsverteilung

> Jede Funktion des Arguments $\left(t - \dfrac{z}{v}\right)$ oder des Arguments $\left(t + \dfrac{z}{v}\right)$ löst die Wellengleichung.

---

1 D'ALEMBERT [dalambär].

Der jeweilige Verlauf der Funktionen f_h und f_r wird von Fall zu Fall durch die *Anfangs-* oder *Randbedingungen* bestimmt. Der Funktionsverlauf zu Beginn entspricht bei der Integration dieser partiellen Differentialgleichung der Integrationskonstanten bei der Integration einer gewöhnlichen Differentialgleichung.

Gegenprobe   Daß diese Behauptungen richtig sind, sehen wir leicht ein, wenn wir von Gl. (5.4) in Gl. (5.3) einsetzen: Es ist

$$\frac{\partial u}{\partial t} = f_h' + f_r' ; \tag{5.5}$$

dabei sollen die Striche Ableitungen der Funktionen f_h und f_r nach ihren Argumenten kennzeichnen. Weiter ist

$$L'C' \frac{\partial^2 u}{\partial t^2} = L'C' (f_h'' + f_r'')$$

und

$$\frac{\partial^2 u}{\partial z^2} = f_h'' \frac{1}{v^2} + f_r'' \frac{1}{v^2} .$$

Danach löst Gl. (5.4) die Wellengleichung (5.3), wenn nur

$$v = \frac{1}{\sqrt{L'C'}} \tag{5.6}$$

ist.

Aus der allgemeinen Lösung (5.4) für die Spannung ergibt sich die Stromverteilung, wenn man aus Gl. (5.5) in Gl. (5.2) einsetzt:

$$\frac{\partial i}{\partial z} = -C' (f_h' + f_r')$$

$$\frac{\partial i}{\partial z} = vC' \frac{\partial}{\partial z} (f_h - f_r)$$

Wenn man diese Gleichung über z integriert und vC' durch den Wellenwiderstand $Z = \sqrt{L'/C'}$ ausdrückt, erhält man für die Stromverteilung:

Stromverteilung $$i = \frac{1}{Z} f_h \left(t - \frac{z}{v} \right) - \frac{1}{Z} f_r \left(t + \frac{z}{v} \right) + i_0 \tag{5.7}$$

Der von z unabhängige Strom i_0, welcher hier als *Integrationskonstante* eingeführt werden muß, kann auch nicht von der Zeit abhängen, denn sonst wäre Gl. (5.1) nicht mehr erfüllt. Es handelt sich bei dieser Integrationskonstanten also um einen zeitlich und örtlich konstanten **Gleichstrom.** Da die Leitung keinen Längswiderstand hat, ist damit keine Spannung verbunden. Solch ein Gleichstrom kann zusätzlich zu irgendwelchen zeitlich und örtlich schwankenden Strömen fließen, die sich ihm überlagern, die er aber sonst nicht beeinflußt.

Um uns den physikalischen Vorgang auf der Leitung zu veranschaulichen, den die allgemeine Lösung nach Gl. (5.4) und Gl. (5.7) darstellt, nehmen wir bestimmte Verteilungen $f_h(-z/v)$ und $f_r(z/v)$ für den Zeitpunkt $t = 0$ an. Sie beschreiben die *Spannungsverteilung* direkt.

Veranschaulichung

Die zugehörigen *Ströme* sind durch $\dfrac{1}{Z} f_h\left(-\dfrac{z}{v}\right)$ und $-\dfrac{1}{Z} f_r\left(\dfrac{z}{v}\right)$ gegeben (Bild 5.1 und Bild 5.2).

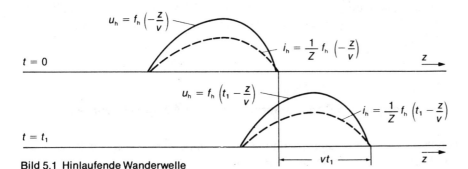

Bild 5.1 Hinlaufende Wanderwelle

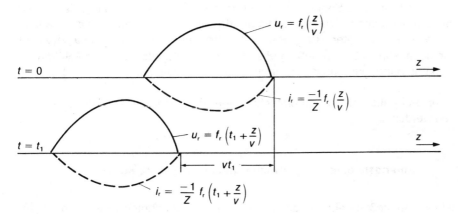

Bild 5.2 Rücklaufende Wanderwelle

137

Die Spannungsverteilung $f_h\left(-\dfrac{z}{v}\right)$ und die Stromverteilung $\dfrac{1}{Z}\,f_h\left(-\dfrac{z}{v}\right)$ zur Zeit $t = 0$ haben sich nach Ablauf der Zeit $t = t_1$ gemäß $f_h\left(t_1 - \dfrac{z}{v}\right)$ in positiver z-Richtung um den Abstand vt_1 verschoben. f_h bildet eine Spannungs- und Stromverteilung, die sich mit der Geschwindigkeit v in positiver z-Richtung ausbreitet. Es ist eine hinlaufende Welle. Das Verhältnis von Spannung zu Strom in dieser Welle ist gleich dem **Wellenwiderstand** der Leitung:

$$\frac{u_h}{i_h} = Z$$

Umgekehrt breitet sich die Verteilung $f_r\left(t + \dfrac{z}{v}\right)$ in negativer z-Richtung aus. Sie

Rückblick stellt eine rücklaufende Welle dar. Nimmt man, wie wir das früher auch getan hatten, den Strom in Ausbreitungsrichtung positiv an, so ist auch bei der rücklaufenden Welle das Verhältnis von Spannung zu Strom gleich dem Wellenwiderstand:

$$\frac{u_r}{-i_r} = Z$$

5.2 Anfangs- und Randbedingungen beim Ausgleichsvorgang

Die Verteilung von Strom und Spannung in der vorlaufenden und rücklaufenden Welle ergibt sich aus den Anfangs- und Randbedingungen.

Die **Anfangsbedingungen** bestimmen den Verlauf, wenn zu einer bestimmten *Zeit* (z.B. $t = 0$) Strom- und Spannungsverteilungen entlang der Leitung vorliegen und der Vorgang dann ungestört abläuft. Die **Randbedingungen** bestimmen den Verlauf, wenn an einem bestimmten *Ort* (z.B. $z = 0$) Strom und Spannung als Funktion der Zeit vorliegen, sonst aber im Anfang überall Null sind. Im allgemeinsten Fall können Anfangs- und Randbedingungen zusammen den Ablauf bestimmen.

3 Beispiele Jeder der drei Fälle soll nun an einfachen, aber genügend allgemeinen Beispielen erläutert werden.

5.2.1 Anfangsbedingung: Plötzliche Ladung auf einer Leitung

Wir nehmen an, daß auf einer nach beiden Seiten ausgedehnten Leitung im Augenblick $t = 0$ in der Umgebung der Stelle z plötzlich eine Ladung auftritt (Bild 5.3).

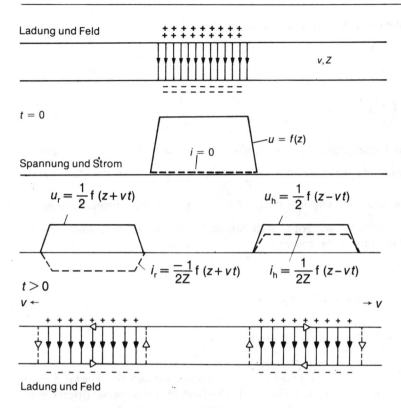

Bild 5.3 Wanderwellen bei plötzlicher Entladung

Solch eine Ladungsverteilung kann z.B. durch atmosphärische Felder influenziert und dann durch Blitzentladung plötzlich frei werden. Die Ladung bedingt eine Spannungsverteilung

$$u = f(z).$$

Im ersten Augenblick fließt kein Strom. Die Anfangsbedingungen für Spannung und Strom zur Zeit $t = 0$ sind also:

$$f_h\left(-\frac{z}{v}\right) + f_r\left(\frac{z}{v}\right) = f(z)$$

$$f_h\left(-\frac{z}{v}\right) - f_r\left(\frac{z}{v}\right) = 0$$

Addition und Subtraktion beider Gleichungen ergibt:

$$f_h\left(-\frac{z}{v}\right) = \frac{1}{2}f(z)$$

$$f_r\left(\frac{z}{v}\right) = \frac{1}{2}f(z)$$

Spannungs- und Stromverteilungen zu späteren Zeiten ($t > 0$) erhält man daraus, wenn in der hinlaufenden Komponente $-\frac{z}{v}$ durch $t - \frac{z}{v}$ und in der rücklaufen- den Komponente entsprechend $\frac{z}{v}$ durch $t + \frac{z}{v}$ ersetzt wird. Anstelle des Argu- mentes z in der Funktion $f(z)$ ergibt sich daraus für die hinlaufende Welle $z - vt$ und für die rücklaufende Welle $z + vt$.

Es ist damit:

$$u = \frac{1}{2}\left[f(z - vt) + f(z + vt)\right]$$

$$i = \frac{1}{2Z}\left[f(z - vt) - f(z + vt)\right]$$

Erläuterung Aus der ursprünglichen Spannungsverteilung $f(z)$ heraus wandert eine Teilwelle nach rechts und eine Teilwelle nach links. Die mit den Teilwellen verbundenen Ströme sind entgegengesetzt, aber jeweils in Ausbreitungsrichtung positiv. Zur Anfangszeit $t = 0$ hatten sie sich gegenseitig aufgehoben. Die ursprüngliche Ladungsverteilung in der Umgebung von z wandert also je zur Hälfte nach links und nach rechts auf der Leitung ab. Der Ladungsfluß innerhalb der Teilwellen bildet die Stromverteilung. An der Stirn und im Rücken der Teilwellen schließen sich die Ströme über den *Verschiebungs- strom* zwischen den Leitern.

5.2.2   Randbedingung: Einschalten einer Leitung

Als Beispiel, bei dem Spannung bzw. Strom an einem bestimmten Ort ($z = 0$) als Funktion der Zeit vorgegeben sind, untersuchen wir den **Einschaltvorgang** auf einer Leitung.

Nach Bild 5.4 wird an den Anfang einer Leitung plötzlich ein Generator mit der Spannungsquelle u_0 und dem Innenwiderstand R gelegt. Von $t = 0$ an besteht somit

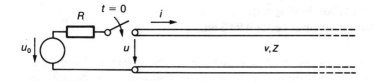

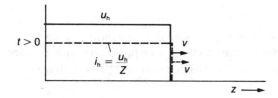

Bild 5.4 Einschalten einer Leitung

eine Spannung u_h zwischen den Anfangsklemmen. Daraus kann nur eine hinlaufende Welle auf der Leitung entstehen, und zwar hat sie

die Spannung $\quad u = \begin{cases} 0 & \text{für } t - \dfrac{z}{v} < 0 \\[2mm] u_h & \text{für } t - \dfrac{z}{v} > 0 \end{cases}$

und den Strom $\quad i = \begin{cases} 0 & \text{für } t - \dfrac{z}{v} < 0 \\[2mm] \dfrac{u_h}{Z} & \text{für } t - \dfrac{z}{v} > 0. \end{cases}$

Es ist $\qquad \dfrac{u}{i} = Z.$

Die Spannung der Einschaltwelle ist damit:

$$u_h = u_0 - i_h R$$

$$u_h = \frac{Z}{R + Z} u_0$$

Die Einschaltwelle läuft als *Sprungfunktion* für Spannung und Strom nach dem Einschalten auf der Leitung in Vorwärtsrichtung. Die Spannungswelle wird also unmittelbar nach dem Einschalten mit dem Wellenwiderstand belastet.

5.2.3 Anfangs- und Randbedingung: Schaltvorgang an einer Leitung im Betrieb

Als drittes Beispiel bestimmen wir die Wanderwellen aus den Anfangs- und Randbedingungen eines Schaltvorganges im Zuge einer Leitung unter Strom und Spannung.

> Wird an einer Leitung, die sich unter Spannung befindet und in der irgendein Betriebsstrom fließt, eine plötzliche Änderung vorgenommen, so überlagert sich der Ausgleichsvorgang dem vorhandenen Zustand.

Die vorwärts- und rückwärtslaufenden Wellen des Ausgleichsvorganges werden dabei mit durch die ursprüngliche Verteilung von Strom und Spannung auf der Leitung bestimmt.

Es wird eine Leitung betrachtet, die an einer bestimmten Stelle plötzlich mit dem Widerstand R überbrückt wird (Bild 5.5). u und i seien Betriebsspannung und -strom vor der Überbrückung. Nach dem Einschalten von R gilt für Spannung und Strom an R:

$$u_R = R i_R$$

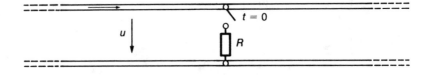

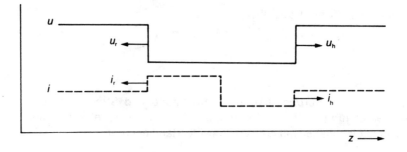

Bild 5.5 Schaltvorgang auf einer Leitung im Betrieb

Von der Überbrückungsstelle aus laufen nach dem Einschalten Wellen nach beiden Seiten. Für Spannung u_r und Strom i_r der nach links rücklaufenden Welle gelten

$$u_R = u + u_r \quad \text{und} \quad -i_r = \frac{u_r}{Z}.$$

Für Spannung u_h und Strom i_h der nach rechts hinlaufenden Welle gelten entsprechend

$$u_R = u + u_h \quad \text{und} \quad i_h = \frac{u_h}{Z}.$$

Für die Ströme an der Überbrückungsstelle ist

$$i + i_r - i - i_h = i_R,$$
$$i_r - i_h = i_R.$$

Aus den Spannungsbeziehungen folgt

$$u_h = u_r, \quad \text{ebenso} \quad i_h = -i_r.$$

Dem Betrage nach sind also die beiden entgegengesetzt laufenden Wellen gleich. Ihre Größe ergibt sich aus der Beziehung für i_R und u_R. Ersetzt man i_R und u_R durch die Ströme und Spannungen der Teilwellen, so folgt

$$u + u_r = \quad 2 R i_r = -2 \frac{R}{Z} u_r$$

$$u_r = -\frac{Z}{2R + Z} u$$

und

$$i_r = \frac{u}{2R + Z}.$$

Besonderes praktisches Interesse hat der Fall eines Kurzschlusses auf der Leitung; **Kurzschluß** dann ist $R = 0$, und es folgt für die Wellen des Ausgleichsvorganges:

$$u_r = u_h = -u$$

$$-i_r = i_h = -\frac{u}{Z}$$

Der Kurzschlußstrom

$$i_K = i_r - i_h = 2 \frac{u}{Z}$$

ist also im Anfang nur durch Betriebsspannung und Wellenwiderstand bestimmt (Bild 5.6).

143

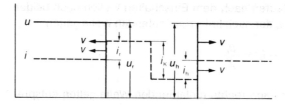

Bild 5.6
Kurzschluß ($R = 0$)
auf einer Leitung im Betrieb

5.3 Reflexion und Brechung

Durch die Anfangsbedingungen bestimmt, breiten sich die Wanderwellen der Ausgleichsvorgänge auf homogenen Leitungen ungestört aus. Bei der verlustfreien Leitung verändern sie dabei ihre Form und Größe nicht. Erst wenn sie auf das Ende der Leitung oder auf Veränderungen in der Leitung treffen, werden neue Vorgänge auftreten.

Wellenwiderstandssprung   Als allgemeines Beispiel wird die Stelle betrachtet, an der eine Leitung des Wellenwiderstandes Z_1 und der Fortpflanzungsgeschwindigkeit v_1 an eine andere Leitung mit dem Wellenwiderstand Z_2 und der Geschwindigkeit v_2 angeschlossen ist. Auf der Leitung 1 soll eine hinlaufende Welle der Spannung

$$u_h = f_h\left(t - \frac{z}{v}\right)$$

und des Stromes

$$i_h = \frac{1}{Z_1} f_h\left(t - \frac{z}{v}\right)$$

auf die Stoßstelle bei $z = l$ (Bild 5.7) treffen.
An der Stoßstelle wird eine reflektierte Welle entstehen, die auf der Leitung 1 zurückläuft, und eine gebrochene Welle, die auf Leitung 2 weiterläuft.

Vor der Stoßstelle bestehen Spannung und Strom aus der *auftreffenden* und der *reflektierten* Welle:

$$u_1 = f_h\left(t - \frac{z}{v_1}\right) + f_r\left(t + \frac{z}{v_1}\right)$$

$$i_1 = \frac{1}{Z_1} f_h\left(t - \frac{z}{v_1}\right) - \frac{1}{Z_1} f_r\left(t + \frac{z}{v_1}\right)$$

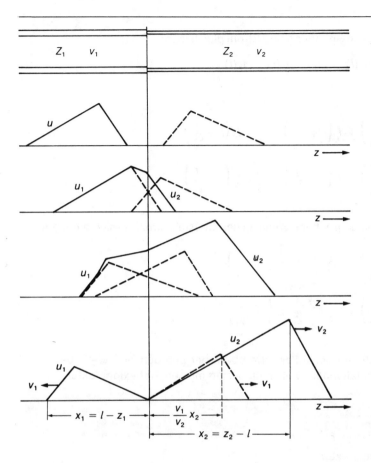

Bild 5.7 Reflexion und Brechung einer Wanderwelle an der Verbindungsstelle zweier Leitungen.
$Z_2 = 7 Z_1$; $r = 0,75$; $v_2 = 2 v_1$; $g = 1,75$

Hinter der Stoßstelle läuft nur die *gebrochene* Welle weiter: Brechung

$$u_2 = f_g\left(t - \frac{z}{v_2}\right)$$

$$i_2 = \frac{1}{Z_2} f_g\left(t - \frac{z}{v_2}\right)$$

145

An der Stoßstelle müssen Spannung und Strom gleich sein:

$$u_1(l) = u_2(l) \quad \text{und} \quad i_1(l) = i_2(l)$$

Also gilt:

$$f_h\left(t - \frac{l}{v_1}\right) + f_r\left(t + \frac{l}{v_1}\right) = f_g\left(t - \frac{l}{v_2}\right)$$

$$f_h\left(t - \frac{l}{v_1}\right) - f_r\left(t + \frac{l}{v_1}\right) = \frac{Z_1}{Z_2} f_g\left(t - \frac{l}{v_2}\right)$$

Die reflektierte und die gebrochene Welle an der Stoßstelle ergeben sich daraus zu:

$$f_r\left(t + \frac{l}{v_1}\right) = \frac{Z_2 - Z_1}{Z_2 + Z_1} f_h\left(t - \frac{l}{v_1}\right)$$

$$f_g\left(t - \frac{l}{v_2}\right) = \frac{2Z_2}{Z_2 + Z_1} f_h\left(t - \frac{l}{v_1}\right)$$

Die Spannungsamplituden der reflektierten bzw. der gebrochenen Welle bei $z = l$ sind also gleich der einfallenden Welle multipliziert mit dem **Reflexionsfaktor**

$$r = \frac{Z_2 - Z_1}{Z_2 + Z_1}$$

bzw. dem **Übertragungsfaktor**

$$g = \frac{2Z_2}{Z_2 + Z_1} \, .$$

Übertragungsfaktor und Reflexionsfaktor stehen zueinander in der Beziehung:

$$g = 1 + r$$

Diese Beziehung folgt unmittelbar aus der Bedingung, daß die Gesamtspannungen auf beiden Leitungen an der Stoßstelle stets gleich sind.

Aus dem zeitlichen Verlauf der beiden neuen Wellen an der Stoßstelle ergibt sich auch ihr Verlauf entlang den Leitungen. Die reflektierte Welle wandert mit v_1 nach links. Im Abstand $x = l - z$ von der Stoßstelle ist darum ihre Amplitude gleich dem r-fachen der Amplitude, welche die einfallende Welle zur Zeit $t - \dfrac{l-z}{v_1}$ an der Stoßstelle hatte. Man braucht also in $r \cdot f_h\left(t - \dfrac{l}{v_1}\right)$ nur t durch $t - \dfrac{l-z}{v_1}$ zu ersetzen, um die reflektierte Welle zur Zeit t bei z zu erhalten:

$$f_r\left(t + \frac{z}{v_1}\right) = r\, f_h\left(t - \frac{2l-z}{v_1}\right)$$

Die gebrochene Welle läuft mit v_2 nach rechts weiter. Im Abstand $x = z - l$ von der Stoßstelle ist ihre Amplitude gleich dem g-fachen der Amplitude, welche die hinlaufende Welle zur Zeit $t - \dfrac{z-l}{v_2}$ an der Stoßstelle hatte. Um die gebrochene Welle zur Zeit t auf der Leitung 2 bei z zu erhalten, braucht man also in $g\, f_h\left(t - \dfrac{l}{v_1}\right)$ nur t durch $t - \dfrac{z-l}{v_2}$ zu ersetzen:

$$f_g\left(t - \frac{z}{v_2}\right) = g\, f_h\left(t - \frac{l - \dfrac{v_1}{v_2}l + \dfrac{v_1}{v_2}z}{v_1}\right)$$

In Bild 5.7 wird veranschaulicht, wie die Spannungsverteilungen auf beiden Leitungen aus der einfallenden, der reflektierten und der gebrochenen Welle zustande kommen. Die zugehörigen Stromverteilungen ergeben sich aus den Spannungsverteilungen, und zwar durch Teilung mit dem Wellenwiderstand bei hinlaufenden Wellen und bei rücklaufenden Wellen durch Teilung mit dem Wellenwiderstand und Vorzeichenwechsel.

Das hier beschriebene Verfahren zur Bestimmung der reflektierten und gebrochenen Welle an der Verbindung von zwei Leitungen läßt sich auch noch anwenden, wenn an der Verbindungsstelle ein Wirkwiderstand R die Leitungen überbrückt. Es muß dann nur in der Knotengleichung für die Ströme an der Verbindungsstelle der Strom durch diesen Überbrückungswiderstand mit berücksichtigt werden. Für den Reflexionsfaktor ergibt sich dann

Zusätzliche Überbrückung

$$r = \frac{Z_3 - Z_1}{Z_3 + Z_1},$$

wobei

$$Z_3 = \frac{Z_2 R}{Z_2 + R}$$

die *Parallelschaltung* von R und Z_2 ist, so wie sie die einfallende Welle sieht. Der

Übertragungsfaktor folgt aus der Bedingung für gleiche Spannung auf beiden Seiten der Verbindung wieder zu

$$g = 1 + r = \frac{2Z_3}{Z_3 + Z_1}.$$

Erst wenn die Überbrückung kein reiner Wirkwiderstand ist oder wenn eine Leitung anders als mit einem einfachen Wirkwiderstand abgeschlossen ist, sind die Zusammenhänge nicht mehr so einfach.

Übungsaufgaben zum Lernzyklus 5.1

1 Wie lautet die Lösung der Wellengleichung im allgemeinen, nicht eingeschwungenen Zustand?   *Ohne Unterlagen*

2 Gelten die Kirchhoffschen Regeln auch in unmittelbarer Umgebung von konzentrierten Elementen, die mit *Leitungen* verbunden sind?

3 Wie nennt man das Verhältnis von Spannungs- zu Stromkomponente einer vorlaufenden Wanderwelle?

4 Auch bei einer Wanderwelle, die sich in $(-z)$-Richtung ausbreitet, wird als positive Stromrichtung zweckmäßig die $(+z)$-Richtung angenommen. Wie groß ist dann das Verhältnis von Spannungskomponente u_r zur Stromkomponente i_r?

5 Wie groß ist der Reflexionsfaktor an einem Wellenwiderstandssprung?

6 Welche Beziehung gilt zwischen dem Reflexionsfaktor und dem Übertragungsfaktor an einem Wellenwiderstandssprung?

7 Ist die Ausbreitungsgeschwindigkeit von Wanderwellen $v = 1/\sqrt{L'C'}$ im Lehrtext   *Unterlagen gestattet*
gleich der Phasengeschwindigkeit oder der Gruppengeschwindigkeit auf Leitungen?

8 Bei zeitlicher Änderung der Spannungs- oder Stromverteilung auf einer Leitung oder der Leitungsbeschaltung entstehen Wanderwellen. Wo genau auf der Leitung entstehen sie,
a) wenn diese Änderung in einem gewissen Streckenbereich gleichzeitig erfolgt;
b) wenn diese Änderung nur an einem Punkt erfolgt?

9 Anschalten eines Wechselspannungsgenerators

Ein 50 Hz-Generator wird im Spannungsmaximum ($t = 0$) an eine Freileitung der Länge $l = 600$ km geschaltet. Der Abschlußwiderstand der Leitung ist doppelt so groß wie der Wellenwiderstand der Leitung. Skizzieren Sie die Spannungsverteilung auf der Leitung nach dem 0,5-, 1- und 1,5-fachen der Laufzeit!

10 Leistungsaufteilung

In der skizzierten Schaltung aus verlustlosen Leitungen fällt eine Wanderwelle mit der reellen Spannungsamplitude U_0 von links auf die Verzweigung.

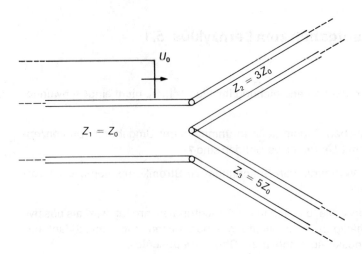

Wie teilt sich die Leistung der einfallenden Welle auf die einzelnen Leitungen auf?

Lernzyklus 5.2

Lernziele

Nach dem Durcharbeiten des Lernzyklus 5.2 sollen Sie in der Lage sein,

- die Reflexion von Wanderwellen an allgemeinen, nicht nur ohmschen Leitungsabschlüssen zu berechnen;

- mit einem grafischen Verfahren Vielfachreflexionen auf beidseitig fehlangepaßten Leitungen zu untersuchen.

5.4 Wellenersatzbild eines Leitungsabschlusses

Trifft die Wanderwelle eines Ausgleichsvorganges auf das Leitungsende, so entsteht im allgemeinen eine Reflexion. Nur wenn die Leitung mit ihrem Wellenwiderstand abgeschlossen ist, werden einfallende Wellen vollkommen absorbiert. Bei einem Abschluß der Leitung durch irgendwelche Einrichtungen können Spannung und Strom am Leitungsende je nach Abschluß und Ausgleichsvorgang irgendwelche Funktionen der Zeit sein:

$$u_e = u_e(t)$$

$$i_e = i_e(t)$$

Eine einfallende Welle f_h wird eine reflektierte Welle f_r zur Folge haben, so daß

$$u_e(t) = f_h\left(t - \frac{l}{v}\right) + f_r\left(t + \frac{l}{v}\right)$$

und   (5.8)

$$Z\,i_e(t) = f_h\left(t - \frac{l}{v}\right) - f_r\left(t + \frac{l}{v}\right)$$

gilt. Addition dieser beiden Gleichungen ergibt:

$$u_e(t) + Z\,i_e(t) = 2f_h\left(t - \frac{l}{v}\right)$$

Man kann nun nach dieser Beziehung $2f_h$ als **elektromotorische Kraft** auffassen, die in einem Kreis wirkt, der aus der Reihenschaltung des Wellenwiderstandes mit dem Abschlußwiderstand gebildet wird. Es gilt also für das Leitungsende die Ersatzschaltung des Bildes 5.8. Danach wird die Leitung am Abschluß durch eine Spannungsquelle mit Leerlaufspannung $2f_h$ und Innenwiderstand Z nachgebildet.

Allgemeiner Abschluß Läßt sich der Abschlußwiderstand durch eine Kombination von ohmschen Widerständen, Induktivitäten und Kapazitäten darstellen, so kann man in bekannter Weise eine *Differentialgleichung* für u_e oder i_e der Ersatzschaltung aufstellen. $2f_h$ bildet dabei den *inhomogenen Anteil*.

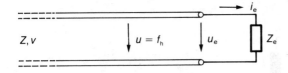

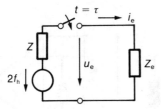

Bild 5.8
Wellenersatzbild
für das Leitungsende

Mit der Lösung dieser Differentialgleichung kann man dann auch die reflektierte Welle berechnen. Es ergibt sich nämlich aus der Subtraktion der beiden Gleichungen (5.8) voneinander:

$$f_r\left(t + \frac{l}{v}\right) = \frac{1}{2}\left(u_e - Z\,i_e\right)$$

Das Verfahren soll an einem einfachen Beispiel erläutert werden. Entsprechend Bild 5.9 ist eine Leitung mit einer Induktivität L abgeschlossen. Eine Spannung u wird zur Zeit $t = 0$ an den Anfang gelegt. Als Spannungs- und Stromverteilung wandert eine Sprungfunktion auf der Leitung und erreicht bei $t = \tau = l/v$ das Leitungsende. Bild 5.9 zeigt auch die Wellenersatzschaltung für das Leitungsende.

Aus der Maschengleichung folgt für den Strom die Differentialgleichung

$$L\,\frac{d i_e}{d t} + Z\,i_e = 2u.$$

Stromverlauf

Die Lösung für die vorliegenden Anfangsbedingungen ist

$$i_e = \frac{2u}{Z}\left(1 - e^{-\frac{Z}{L}(t - \tau)}\right).$$

Dieser Strom induziert aufgrund seiner zeitlichen Änderung die folgende Gegenspannung in der Induktivität:

$$u_e = 2u\,e^{-\frac{Z}{L}(t - \tau)}$$

153

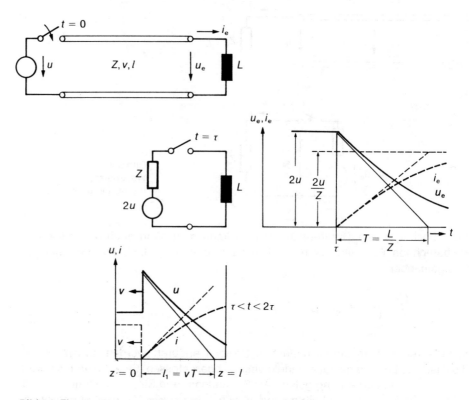

Bild 5.9 Einschaltvorgang bei induktivem Leitungsabschluß

Die Spannung am Ende springt demnach bei $t = \tau$ plötzlich auf $2u$ und verschwindet dann exponentiell mit der Zeitkonstanten $T = L/Z$. Der Strom steigt exponentiell mit derselben Zeitkonstanten auf $2u/Z$.

Von der Zeit $t = \tau$ an läuft auf der Leitung eine Welle zurück. Ihre räumliche Spannungs- und Stromverteilung entspricht dem zeitlichen Verlauf von u_e und i_e am Ende der Leitung. Ähnlich wie u_e und i_e sich mit der Zeit exponentiell ändern, hat die rücklaufende Welle exponentielle Strom- und Spannungsverteilungen, die entlang der Leitung mit der Konstanten $l_1 = vT$ abklingen.

Am Anfang setzt die Induktivität dem schnellen Anstieg des Stromes einen sehr großen Widerstand entgegen. Sie wirkt zuerst wie ein offenes Leitungsende. Später aber steigt der Strom langsamer und die Spannung nimmt ab, so daß die Induktivität schließlich wie ein Kurzschluß wirkt.

Auf der Leitung beginnt bei $t = \tau$ eine Welle zurückzulaufen. Ihr zeitlicher Verlauf am Leitungsende ergibt sich aus $u_e(t)$ und $i_e(t)$ zu

$$f_r\left(t + \frac{l}{v}\right) = u\left(2e^{-\frac{Z}{L}(t-\tau)} - 1\right).$$

Rücklaufende Welle

Um auch ihren Verlauf entlang der Leitung festzustellen, muß man in diesem Ausdruck t durch $t - \frac{(l-z)}{v}$ ersetzen, denn es vergeht die Zeit $\frac{(l-z)}{v}$, bis diese Welle auf der Leitung nach z, also dem Abstand $(l - z)$ vom Leitungsende, zurückgelaufen ist. Als Funktion von Ort und Zeit ist also die rücklaufende Welle:

$$f_r\left(t + \frac{z}{v}\right) = u\left(2e^{-\frac{Z}{Lv}(z - l + vt - v\tau)} - 1\right)$$

Die Spannung $u_r = f_r$ und der Strom $i_r = -f_r/Z$ dieser rücklaufenden Welle überlagern sich den bestehenden Verteilungen von Spannung u und Strom u/Z auf der Leitung. Es ergibt sich eine exponentielle Verteilung, die entlang der Leitung mit der Konstanten $l_1 = vT$ abklingt.

5.5 Vielfachreflexionen beim Ein- und Umschalten von Leitungen

Wenn am Anfang einer Leitung mit einer Gleichspannung eingeschaltet wird, läuft zunächst eine Einschaltwelle nach Bild 5.4 mit Spannung und Strom nach einer Sprungfunktion auf der Leitung in Vorwärtsrichtung. Ist die Leitung am Ende *angepaßt*, also mit ihrem Wellenwiderstand abgeschlossen, so wird dieser Spannungs- und Stromsprung ohne Reflexion absorbiert, und der Einschaltvorgang ist nach einer Zeit von der Dauer der Laufzeit $\tau = l/v$ der Welle auf der Leitung beendet. Spannung und Strom behalten die konstanten Werte entlang der Leitung, auf die sie mit der Einschaltwelle gesprungen waren.

Einschaltvorgang

Wenn das Leitungsende aber *fehlangepaßt*, also anders als mit dem Wellenwiderstand abgeschlossen ist, dann entsteht durch die primäre Sprungwelle eine Reflexion, die sich nach Form und Größe mit Hilfe des Wellenersatzbildes 5.8 berechnen läßt. Diese Reflexion trifft nach abermaliger Laufzeit $\tau = l/v$ auf den Leitungsanfang und wird auch hier wieder zumindest teilweise reflektiert, es sei denn, der Generator ist mit seinem Innenwiderstand an den Wellenwiderstand der Leitung angepaßt.

Bei Fehlanpassungen, sowohl am Leitungsende als auch am Leitungsanfang, laufen damit nach dem Einschalten Reflexionen auf der Leitung hin und zurück, die je nach ihrer Stärke noch nach vielen Hin- und Herläufen bemerkt werden können. Der Ausgleichsvorgang kann damit über ein Vielfaches der Laufzeit auf der Leitung andauern. Ausgleichsvorgänge dieser Art entstehen nicht nur, wenn die Leitung eingeschaltet wird, sondern auch beim Umschalten oder Ausschalten, immer dann nämlich, wenn sich irgendeine elektrische Größe in der Schaltung plötzlich ändert.

Ohmscher Abschluß

Wenn die Abschlüsse auf beiden Seiten sich durch Wirkwiderstände allein, also ohne Induktivitäten oder Kapazitäten darstellen lassen, haben alle Reflexionen die Form von *Sprungfunktionen.* Unter diesen Umständen läßt sich mit dem Wellenersatzbild der Leitungsabschlüsse der Ausgleichsvorgang auf einfache Weise *grafisch* ermitteln. Wir entwickeln dieses Verfahren zunächst am Beispiel des Einschaltens der Leitung in Bild 5.10a, die am Anfang mit R_i und am Ende mit R_e fehlangepaßt ist.

Unmittelbar nach dem Einschalten gilt für den Leitungsanfang die Wellenersatzschaltung im Bild 5.10b, in welcher der Generator mit seinem Innenwiderstand R_i durch den Wellenwiderstand Z belastet wird. Im Diagramm für u_a als Funktion von i_a werden die Verhältnisse dieser Wellenersatzschaltung durch die Widerstandsgerade mit der Neigung $-R_i$ dargestellt, welche die Spannungsachse bei u_i schneidet. Für den Belastungswiderstand Z erscheint in diesem Diagramm die gestrichelte Gerade mit der Neigung Z durch den Ursprung. u_a und i_a stellen sich auf den Schnittpunkt dieser beiden Geraden ein.

Nach der Laufzeit $\tau = l/v$ auf der Leitung erreichen diese Spannungs- und Stromsprünge das Leitungsende. Hier gilt dann die Wellenersatzschaltung in Bild 5.10c, die sich im Diagramm für u_e als Funktion von i_e durch die gestrichelte Generatorkennlinie mit der Neigung $-Z$ und dem Schnittpunkt $2u_{a1}$ mit der Spannungsachse darstellt sowie mit der Geraden der Neigung R_e durch den Ursprung. u_e und i_e springen nach der Zeit τ auf die Werte im Schnittpunkt 2.

Die Reflexion, welche danach auf der Leitung zurückläuft, senkt die Spannung auf der Leitung auf u_{e2} ab. Wenn sie zum Zeitpunkt 2τ den Leitungsanfang erreicht hat, gilt dort nach wie vor die Generatorkennlinie mit der Neigung $-R_i$ und dem Schnittpunkt u_i mit der Spannungsachse. Der leitungsseitige Teil dieser Ersatzschaltung wird jetzt aber durch die gestrichelte Widerstandsgerade mit der Neigung Z durch den Punkt 2 dargestellt. Die Werte $u - u_{e2}$ und $i - i_{e2}$, um die Spannung und Strom nach der Reflexion am Leitungsanfang auf der Leitung springen, bilden Spannung und Strom einer hinlaufenden Sprungwelle, müssen also im Verhältnis des Wellenwiderstandes stehen.

$$u - u_{e2} = Z(i - i_{e2})$$

Das ist aber auch die Gleichung der Geraden der Neigung Z durch den Punkt 2.

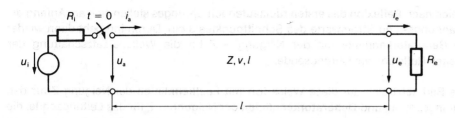

a) Beidseitig fehlangepaßte Leitung

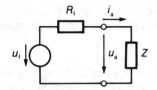

b) Wellenersatzschaltung
   für den Leitungsanfang

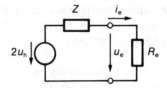

c) Wellenersatzschaltung
   für das Leitungsende

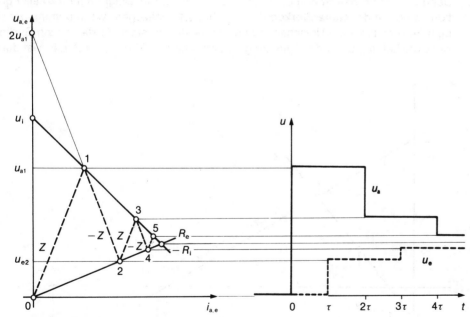

d) Grafische Lösung
   im $u_{a,e}$-$i_{a,e}$-Diagramm

e) Spannungsverlauf
   am Anfang und Ende

Bild 5.10 Einschalten einer Leitung

Gleich nach Reflexion des ersten rücklaufenden Sprunges stellen sich am Anfang die Spannungs- und Stromwerte des Schnittpunktes 3 ein. Durch ihn geht dann wieder die Generatorkennlinie mit der Neigung $-Z$ für die Wellenersatzschaltung der zweiten Reflexion am Leitungsende.

Das Bild setzt sich auf diese Weise fort mit **Lastkennlinien** der Neigung Z für den Leitungsanfang und **Generatorkennlinien** der Neigung $-Z$ für das Leitungsende, die von Schnittpunkt zu Schnittpunkt mit den Kennlinien für äußeren Generator und äußere Last gehen. Nach immer mehr Reflexionen am Ende und Anfang wird schließlich der Schnittpunkt der beiden äußeren Kennlinien erreicht und damit die Endwerte des Ausgleichsvorganges für Spannung und Strom. Bild 5.10e zeigt, wie u_a und u_e zwischen den Schnittpunkten im Bild 5.10d im Laufe der Zeit springen und sich dabei den Endwerten nähern.

Verallgemeinerung Nach dieser Entwicklung des grafischen Verfahrens für den Ausgleichvorgang am Beispiel des Einschaltens einer Leitung, können wir die beiden verschiedenen Schritte, nach denen es abläuft, auch allgemein formulieren.

Leitungsanfang Der erste Schritt betrifft den Leitungsanfang und wird im Diagramm für u_a als Funktion von i_a mit der **Generatorkennlinie** in Bild 5.11 vollzogen: wenn unmittelbar vor dem Einschalten, dem Umschalten oder der Reflexion einer rücklaufenden Sprungwelle die Leitung unter der Spannung u_0 steht und den Strom i_0 führt, dann ist durch

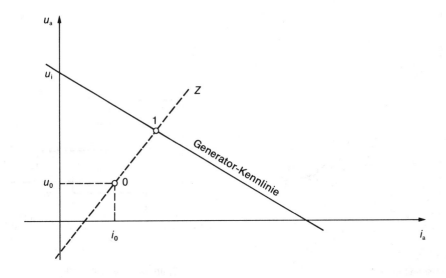

Bild 5.11 Zustand am Leitungsanfang gleich vor (0) und nach (1) einem Schaltvorgang oder der Reflexion einer rücklaufenden Sprungwelle

diesen Punkt die Wellenwiderstandsgerade mit der Neigung Z zu zeichnen. Ihr Schnittpunkt mit der Generatorkennlinie ergibt u_a und i_a gleich nach dem Einschalten, dem Umschalten bzw. nach der Reflexion der Sprungwelle.

Der zweite Schritt betrifft das Leitungsende und wird im Diagramm für u_e als Funktion von i_e mit der Lastkennlinie im Bild 5.12 vollzogen: wenn die Leitung unmittelbar vor dem Einschalten oder Umschalten oder bei der Reflexion einer vorlaufenden Sprungwelle unter der Spannung u_0 steht und den Strom i_0 führt, dann ist durch diesen Punkt die Wellenwiderstandsgerade mit der Neigung $-Z$ zu zeichnen. Ihr Schnittpunkt mit der **Lastkennlinie** ergibt u_e und i_e gleich nach dem Schaltvorgang oder der Reflexion.

Leitungsende

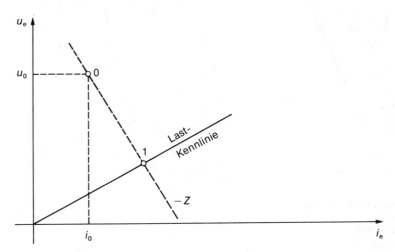

Bild 5.12 Zustand am Leitungsende gleich vor (0) und nach (1) einem Schaltvorgang oder der Reflexion einer Sprungwelle

Wir wollen nun auch noch den Ausgleichsvorgang grafisch ermitteln, der nach dem Ausschalten der Leitung in Bild 5.10a abläuft. Wenn der Schalter am Eingang geöffnet wird, die Leitung dort also leerläuft, geht die Generatorkennlinie in die Spannungsachse über (Bild 5.13). Die Endwerte des Einschaltvorganges sind die Anfangswerte u_0 und i_0 des Ausschaltvorganges. Durch sie ist die Wellenwiderstandsgerade mit der Neigung Z für den Leitungsanfang zu zeichnen. Sie schneidet die Leerlauflinie bei 1, die nächste Widerstandsgerade mit der Neigung $-Z$ für das Leitungsende schneidet die Lastkennlinie bei 2. Im weiteren Verlauf nähern sich die Schnittpunkte auf einer Polygonspirale dem Nullpunkt. Bild 5.13b zeigt den Verlauf von Anfangs- und Endspannung nach dem Abschalten mit den Sprüngen 0, 2τ, 4τ, ... für u_a und bei τ, 3τ, 5τ, ... für u_e.

Ausschaltvorgang

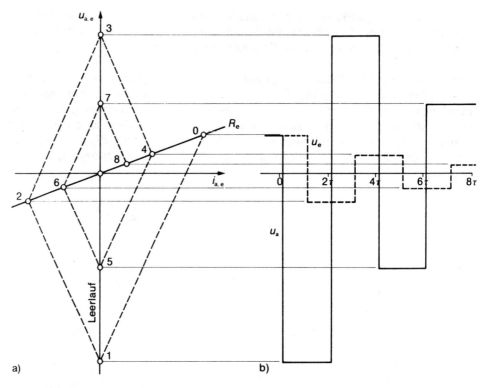

Bild 5.13 Abschalten einer Leitung
a) Grafische Lösung
   im $u_{a,e}$-$i_{a,e}$-Diagramm
b) Spannungsverlauf
   am Anfang und Ende

Elektronische Datenverarbeitung

Eine sehr wichtige praktische Anwendung findet dieses grafische Verfahren zur Ermittlung von Schaltvorgängen in den digitalen Schaltungen von *elektronischen Rechnern.* Die einzelnen Bausteine solcher Schaltungen sind durch Leitungen verbunden, die zwar so kurz wie möglich gehalten werden, deren endliche Laufzeit sich beim schnellen Umschalten aber doch bemerkbar macht und zu störenden Ausgleichsvorgängen führen kann. Typischerweise handelt es sich um *binäre Schaltvorgänge* zwischen nur zwei Zuständen, bei denen der eine die logische Null darstellt und der andere die logische Eins. Der logische Baustein am Anfang einer Verbindungsleitung bildet mit seiner Ausgangscharakteristik für Spannung und Strom die Generatorkennlinie. Sie bildet im allgemeinen aber keine Gerade, sondern ist *nichtlinear.* Außerdem *ändert* diese Kennlinie ihre Form und Lage, wenn der Baustein von dem einen auf den anderen Zustand umschaltet. Die Eingangscharakteristik des logischen Bausteines am Ende der Verbindungsleitung bildet hier die Lastkennlinie. Auch sie ist meistens *nichtlinear*, ändert sich aber beim Umschalten kaum.

Das grafische Verfahren für die Bestimmung des Umschaltvorganges läßt sich ohne weiteres auch auf *nichtlineare Generator- und Lastkennlinien* anwenden. Als Beispiel zeigt Bild 5.14 typische Ausgangs- und Eingangskennlinien von TTL-Gattern, d.h. von logischen Gattern in **T**ransistor-**T**ransistor-**L**ogik. Es erscheinen zwei Ausgangskennlinien für die Zustände 0 und 1 in Bild 5.14a und eine Eingangskennlinie.

Außerdem sind in Bild 5.14a die Wellenwiderstandsgeraden für das Umschalten von 0 auf 1 eingetragen. Der sprunghafte Verlauf der Spannungen am Anfang und Ende der Verbindungsleitungen, der zu diesem Umschalten gehört, ist in Bild 5.14b aufgetragen.

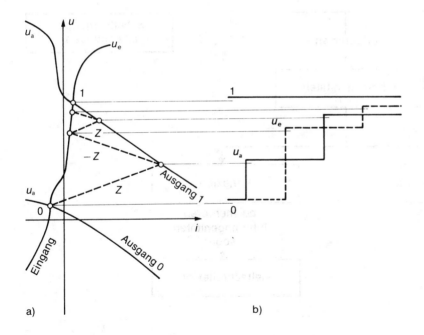

Bild 5.14 Umschalten einer Verbindungsleitung zwischen TTL-Gattern von 0 auf 1
a) Grafische Lösung
   im $u_{a,e}$-$i_{a,e}$-Diagramm
b) Verlauf der Spannungen
   am Anfang und Ende
   der Verbindungsleitung

Übersichtliche Darstellung der Studieninhalte

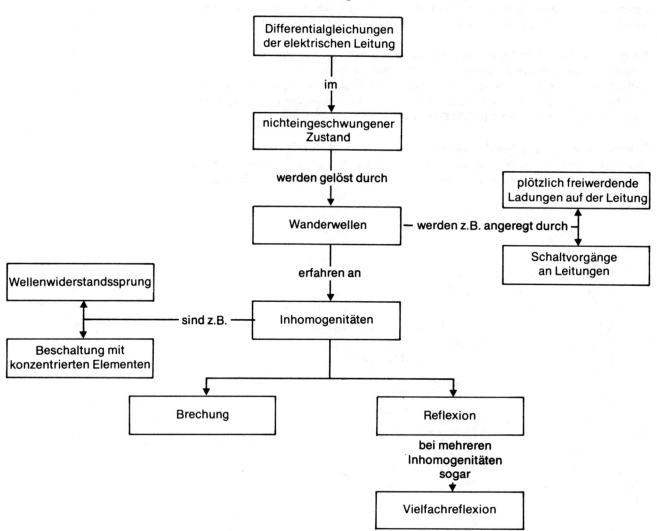

Übungsaufgaben zum Lernzyklus 5.2

1 Vielfachreflexionen

Ohne Unterlagen

Wenn eine Leitung am Anfang und Ende fehlangepaßt ist, treten bei Schaltvorgängen Vielfachreflexionen auf. Wie ist der Zusammenhang der vielen vor- und rücklaufenden Wellen mit den tatsächlichen Strom- und Spannungswerten auf der Leitung?

2 Nichtlinearer Leitungsabschluß

Unterlagen gestattet

Ein Generator speist einen dreieckförmigen Spannungsimpuls in die skizzierte Leitungsanordnung:

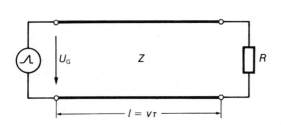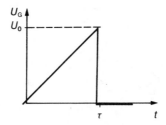

Der Abschlußwiderstand sei in folgender Weise von der anliegenden Spannung abhängig: $R = \left(1 + \dfrac{U}{U_0}\right)Z$. Bestimmen Sie rechnerisch die reflektierte Spannungswelle am Ende der Leitung als Funktion der Zeit für $\tau \leqslant t \leqslant 2\tau$!

163

Lernzyklus 5.3

Lernziele

Nach dem Durcharbeiten des Lernzyklus 5.3 sollen Sie in der Lage sein,

— den Einfluß geringer Verluste auf die Ausbreitung von Wanderwellen
  auf Zweidrahtleitungen in Worten zu beschreiben;

— zu erläutern, wie man mit der LAPLACE-Transformation und der Fouriertrans-
  formation Dämpfungs- und Laufzeitverzerrungen auf Leitungen berechnen kann;

— für einfache Fälle diese Rechnungen durchzuführen.

5.6 Ausgleichsvorgänge auf verlustbehafteten Leitungen

Die Wanderwellen der Ausgleichsvorgänge werden an Stoßstellen und am Leitungsende reflektiert. Sie laufen dann auf der Leitung zurück, bis sie wiederum auf Stoßstellen oder das andere Leitungsende treffen. Es entstehen wieder reflektierte oder gebrochene Wellen. Nach und nach laufen dann immer kompliziertere Teilwellen auf der Leitung hin und her, wie wir sie am Beispiel der Vielfachreflexionen beim Umschalten beidseitig fehlangepaßter Leitungen im vorhergehenden Abschnitt kennengelernt haben. Der Vorgang würde sich unbegrenzt fortsetzen, wenn nicht bei den Reflexionen am Leitungsende sowie auf der Leitung selbst *Energieverluste* auftreten würden. Die in den Wanderwellen enthaltene Energie wird allmählich aufgezehrt und der Ausgleichsvorgang klingt ab.

Der Einfluß der Dämpfung auf verlustbehafteten Leitungen soll zunächst für den Fall kleiner Verluste untersucht werden. Dämpfungs- und Phasenkonstante sind dann näherungsweise bestimmt durch:

Geringe Verluste

$$\alpha = \frac{1}{2}\frac{R'}{Z} + \frac{1}{2}G'Z \qquad \beta = \omega\sqrt{L'C'}.$$

Wenn man hier davon absieht, daß R' durch die Stromverdrängung von der Frequenz abhängt, also mit konstantem Wirkwiderstandsbelag rechnet, so ist auch die Dämpfungskonstante unabhängig von der Frequenz. Die Phasenkonstante dagegen nimmt linear mit der Frequenz zu. Phasen- und Gruppengeschwindigkeit sind unter diesen Umständen einander gleich und ebenfalls unabhängig von der Frequenz.

Dispersionsfrei

Der Ausgleichsvorgang wird durch eine *Fourierdarstellung* in seine Frequenzkomponenten zerlegt. Der Einfachheit halber wird ein periodischer Vorgang angenommen, so daß eine Fourier*reihen*darstellung möglich ist. Nicht-periodische Vorgänge müßten durch Fourier*integrale* dargestellt werden. Die Spannung am Anfang der Leitung bestimmt die vorlaufende Welle. Sie sei in ihrer Zeitabhängigkeit gegeben durch:

$$u(0,t) = \sum_{-\infty}^{+\infty} \underline{U}_n(0)\,e^{jn\omega t}.$$

Die einzelnen spektralen Komponenten werden durch die komplexen Zeiger $\underline{U}_n(0)$ dargestellt und haben die Frequenz $n\omega$. Sie breiten sich auf der Leitung gemäß den Gesetzen des eingeschwungenen Zustandes aus:

$$\underline{U}_n(z) = \underline{U}_n(0)\, e^{-\gamma_n z} = \underline{U}_n(0)\, e^{-\alpha z}\; e^{-jn\omega z/v}$$

Der tatsächliche Spannungsverlauf an der Stelle z ergibt sich aus der Summierung über diese Fourierkomponenten:

$$u(z,t) = \sum_{-\infty}^{+\infty} \underline{U}_n(z)\, e^{jn\omega t}$$

$$u(z,t) = e^{-\alpha z} \sum_{-\infty}^{+\infty} \underline{U}_n(0)\, e^{jn\omega\left(t - \frac{z}{v}\right)}$$

Diese Reihe läßt sich durch den ursprünglichen Verlauf ausdrücken:

$$u(z,t) = e^{-\alpha z}\, u\left(0, t - \frac{z}{v}\right)$$

An der Stelle z tritt also die Spannung der hinlaufenden Welle in gleicher Form wie am Anfang der Leitung auf, nur daß sie um die Laufzeit z/v gegenüber der Spannung am Anfang verzögert ist und ihre Amplitude um den Dämpfungsfaktor $e^{-\alpha z}$ kleiner ist. Für die Stromverteilung gilt Entsprechendes.

> Bei der Ausbreitung entlang einer Leitung mit Verlusten verändert sich die Form eines Ausgleichsvorganges in erster Näherung nicht.

Er wird nur in allen seinen Amplitudenwerten gleichmäßig gedämpft und klingt darum – bestimmt durch die Dämpfungskonstante – exponentiell ab (Bild 5.15).

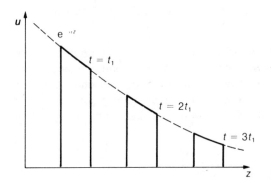

Bild 5.15
Ausbreitung eines Impulses
auf einer verlustbehafteten,
verzerrungsfreien Leitung

Bei den Leitungen der *Starkstromtechnik* ist das Ergebnis dieser Näherung für die meisten Zwecke ausreichend. In der *Nachrichtentechnik* interessiert aber oft die genauere Form der Ausgleichsvorgänge, schon allein, um Aufschluß über die Verzerrung bei der Signalübertragung zu bekommen. Z.B. ist die Sprungfunktion des Einschaltvorganges das Signalelement bei der **Übertragung von Impulsen.** Zur Bemessung eines Übertragungssystems muß man wissen, wie die Sprungfunktion durch Dämpfungs- und Laufzeitverzerrungen beeinflußt wird.

Allerdings interessiert hier nicht der Ausgleichsvorgang für die allgemeinen Rand- und Anfangsbedingungen irgendeiner Strom- und Spannungsverteilung entlang der Leitung. Es kommen nur Randbedingungen, und zwar nur bestimmte zeitliche Verläufe von Strom und Spannung am Anfang der Leitung in Frage. Der Ausgleichsvorgang braucht auch nicht in allen seinen Einzelheiten entlang der Leitung berechnet zu werden. Es interessiert vielmehr nur der zeitliche Verlauf von Strom und Spannung am Ende der Leitung. Es muß also der zeitliche Verlauf einer Ausgangsgröße bestimmt werden, wenn die Eingangsgröße in ihrem zeitlichen Verlauf vorgegeben ist.

Zur Lösung dieser Aufgabe zerlegt man die Zeitfunktion der Eingangsgröße durch Fourierreihen- oder Fourierintegraldarstellungen in ihre Frequenzkomponenten. Mit den Leitungsgleichungen für den eingeschwungenen Zustand berechnet man den Zusammenhang zwischen Eingangs- und Ausgangsgröße für jede Frequenzkomponente hinsichtlich Amplitude und Phase. Man erhält so die Frequenzkomponenten der Ausgangsgröße und damit auch ihren zeitlichen Verlauf. Die Verfahren zur Durchführung dieser Rechnung bedienen sich der FOURIER- oder der LAPLACE-Transformation.

Lösungsverfahren

5.7 Dämpfungs- und Laufzeitverzerrungen

Um die Verzerrungen von Signalen bei der Übertragung auf Leitungen mit der LAPLACE-Transformation zu berechnen, brauchen wir zunächst die **Übertragungsfunktion** $F(p)$ der Leitung. Darunter wird das Verhältnis der Ausgangsgröße zur Eingangsgröße im eingeschwungenen Zustand verstanden, und zwar als Funktion der komplexen Frequenz $p = j\omega$.

Wird beispielsweise in der Leitungsschaltung im Bild 5.16 die Generatorleerlaufspannung als Eingangsgröße aufgefaßt und der Spannungsabfall am Lastwiderstand Z_e als Ausgangsgröße, dann ist

$$F(p) = \frac{U_e}{U_G} = \frac{Z_e}{(Z_G + Z_e)\cosh\gamma l + \left(Z + \dfrac{Z_G Z_e}{Z}\right)\sinh\gamma l} \qquad (5.9)$$

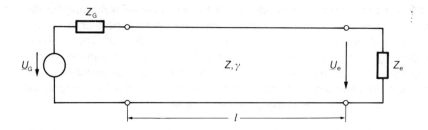

Bild 5.16 Zur Definition der Übertragungsfunktion im eingeschwungenen Zustand

die Übertragungsfunktion. Im allgemeinen hängen in ihr nicht nur Z und γ gemäß Gl. (1.7) und (1.13) von $p = j\omega$ ab, sondern auch der Generatorwiderstand Z_G und der Lastwiderstand Z_e. Etwas einfacher werden die Verhältnisse bei Anpassung. Für $Z_G = Z_e = Z$, also Anpassung am Leitungsanfang und -ende, lautet die Übertragungsfunktion

Übertragungsfunktion der angepaßten Leitung

$$F(p) = \frac{1}{2}\, e^{-\gamma l}. \tag{5.10}$$

Sie wird allein durch die Frequenzabhängigkeit der Ausbreitungskonstante γ bestimmt, und zwar durch die Exponentialfunktion, nach der die vorlaufende Welle sich ausbreitet. Die gleiche einfache Übertragungsfunktion ergibt sich auch bei sehr langer verlustbehafteter Leitung, wenn $|\alpha l| \gg 1$ und außerdem $|Z_G| \ll |Z| \ll Z_e$ gilt.

Neben der Übertragungsfunktion brauchen wir für die Rechnung mit der LAPLACE-Transformation auch noch die LAPLACE-Transformierte des Eingangssignales. Bezeichnen wir dieses Eingangssignal mit $y(t)$, so lautet seine LAPLACE-Transformierte

$$L\big(y(t)\big) = Y(p) = \int_{t=0}^{\infty} y(t)\, e^{-pt}\, dt. \tag{5.11}$$

Dabei ist aber vorausgesetzt, daß $y(t<0) = 0$ ist, das Eingangssignal also erst nach $t = 0$ beginnt. Mit $Y(p)$ und der Übertragungsfunktion $F(p)$ folgt schließlich das Ausgangssignal $x(t)$ in der Form des LAPLACE-Integrales

$$x(t) = \frac{1}{2\pi j} \int_{\sigma-j\infty}^{\sigma+j\infty} F(p)\, Y(p)\, e^{pt}\, dp. \tag{5.12}$$

σ ist dabei eine reelle Größe, mit der die Konvergenz des Integrales sichergestellt wird.

Die **Sprungfunktion**

$$y(t) \;=\; s(t) \;\equiv\; \begin{cases} 0 \; f\ddot{u}r\; t < 0 \\ 1 \; f\ddot{u}r\; t > 0 \end{cases} \qquad\qquad (5.13)$$

hat nach Gl. (5.11) die LAPLACE-Transformierte

$$Y(p) \;=\; \frac{1}{p}. \qquad\qquad (5.14)$$

Sie beschreibt für sich alleine das Einschalten einer Gleichspannungsquelle. Man kann durch Überlagerung von Sprungfunktionen aber auch andere Signalformen erhalten. Beispielsweise stellt die Überlagerung der beiden Sprungfunktionen

$$y(t) \;=\; s(t) \;-\; s(t - T)$$

einen **Rechteckimpuls** dar, der von $t = 0$ bis $t = T$ dauert.

Um die Anwendung der LAPLACE-Transformation auf Leitungsprobleme näher kennenzulernen, wollen wir wieder das Einschalten einer Gleichspannung an einer Leitung berechnen. Mit Gl. (5.14) lautet das Ausgangssignal

Einschaltvorgang

$$x(t) \;=\; \frac{1}{2\pi j} \int\limits_{\sigma - j\infty}^{\sigma + j\infty} F(p)\,\frac{1}{p}\, e^{pt}\, dp. \qquad\qquad (5.15)$$

Für die Übertragungsfunktion wollen wir Bedingungen annehmen, unter denen Gl. (5.10) gilt. Die Ausbreitungskonstante ist gegeben durch

$$\gamma \;=\; \sqrt{(R'(\omega) + j\omega L')\,(G'(\omega) + j\omega C')}.$$

Sowohl Widerstandsbelag als auch Leitwertsbelag hängen von der Frequenz ab. Der Leitwertsbelag ist aber meistens so klein, daß man ihn ganz vernachlässigen kann. Für die Sprungfunktion, deren spektrale Komponenten nach Gl. (5.14) bei niedrigen Frequenzen immer stärker werden, spielt die Stromverdrängung in den Leitern oft eine sekundäre Rolle, so daß wir mit frequenzunabhängigem Widerstandsbelag rechnen können. Schließlich wollen wir auch noch den gegenüber diesem Widerstandsbelag bei genügend niedrigen Frequenzen kleinen Blindwiderstandsbelag $\omega L'$ vernachlässigen. Damit lautet die Ausbreitungskonstante einfach

Näherungen

$$\gamma \;=\; \sqrt{p R' C'} \qquad\qquad (5.16)$$

und die Übertragungsfunktion ist durch

$$F(p) \;=\; \frac{1}{2}\, e^{-l\sqrt{p R' C'}} \qquad\qquad (5.17)$$

gegeben. Das Einschaltproblem, welches wir damit lösen, tritt auch bei Wärmeleitung längs eines Stabes, wie überhaupt bei allen eindimensionalen **Diffusionsvorgängen** auf, die durch eine Sprungfunktion angeregt werden. Die Differentialgleichungen der Leitung beschreiben nämlich mit $L' = 0$ und $G' = 0$ auch die eindimensionale Diffusion.

Verallgemeinerung der Problemstellung

Die Lösung des LAPLACE-Integrals (5.15) mit der Übertragungsfunktion (5.17) entnimmt man am einfachsten einer entsprechenden Formelsammlung für LAPLACE-Integrale. Man findet damit

$$x(t) = \frac{1}{\sqrt{\pi}} \int_{\frac{l}{2}\sqrt{\frac{R'C'}{t}}}^{\infty} e^{-u^2} \, du.$$

Dieses Ergebnis enthält die komplementäre **Fehlerfunktion**

$$\text{erfc}(z) = \frac{2}{\sqrt{\pi}} \int_{z}^{\infty} e^{-u^2} \, du,$$

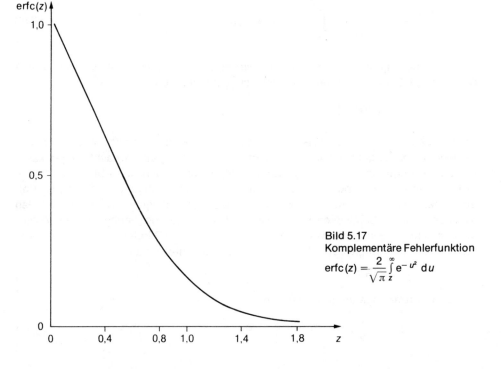

Bild 5.17
Komplementäre Fehlerfunktion
$$\text{erfc}(z) = \frac{2}{\sqrt{\pi}} \int_{z}^{\infty} e^{-u^2} \, du$$

mit der man das Ausgangssignal noch einfacher schreiben kann:

$$x(l, t) = \frac{1}{2}\mathrm{erfc}\left(\frac{l}{2}\sqrt{\frac{R'C'}{t}}\right) \qquad (5.18)$$

Lösung

Die komplementäre Fehlerfunktion ist in Bild 5.17 dargestellt. Da ihr Argument direkt proportional zur Länge l der Leitung ist, gibt die Darstellung unmittelbar ein Bild von der Spannungsverteilung entlang der Leitung zu bestimmten Zeiten $t > 0$. Der zeitliche Verlauf der Spannung folgt aus dieser Verteilung, wenn man l festhält und die Zeit von $t = 0$ an laufen läßt. Man nähert sich dann in Bild 5.17 von den großen Abszissenwerten kommend immer mehr dem Nullpunkt.

Trägt man nach dieser Überlegung die komplementäre Fehlerfunktion über $1/(4z^2)$ $= t/(l^2 R'C')$ auf, so ergibt sich die Antwort des Leitungssystems auf die Sprungfunktion am Eingang. Die Sprungantwort ist in Bild 5.18 dargestellt.

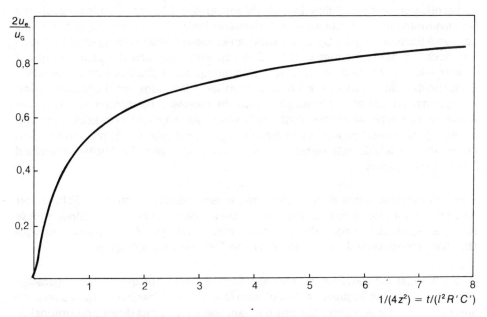

Bild 5.18 Sprungantwort einer Leitung ohne Stromverdrängung, Leitwerts- und Induktivitätsbelag

Sie nähert sich nur sehr langsam ihrem Endwert. Andererseits beobachtet man aber für jede noch so kurze Zeit t und beliebig große Längen l endliche Werte der Sprungantwort. Die Sprungwelle scheint sich also mit unendlich hoher Geschwindigkeit

Diskussion der Lösung

auszubreiten. Diese Abweichung von der Wirklichkeit folgt aus der Vernachlässigung der Längsinduktivität. Erst wenn L' und C' zusammenwirken, breiten sich alle Vorgänge nur mit endlicher Geschwindigkeit aus. Praktisch fallen aber auch in Bild 5.18 die kleinen Anfangswerte nicht ins Gewicht.

Erst wenn $z < 1$ wird, bzw.

$$t > \frac{R'C'l^2}{4},$$ (5.19)

macht sich die Sprungfunktion stärker bemerkbar.

Die Sprungfunktion büßt ihre ursprüngliche Form bei großen Werten von $R'C'l^2$ wegen der Dämpfungs- und Laufzeitverzerrungen durch die Frequenzabhängigkeit der Ausbreitungskonstanten mehr und mehr ein.

Genauere Rechnung Die Berechnung der Sprungantwort mit der Übertragungsfunktion gemäß Gl. (5.17) vernachlässigt nicht nur den Induktivitätsbelag der Leitung, es bleibt auch die Stromverdrängung in den Leitern im Widerstandsbelag R' unberücksichtigt. Für eine genauere Bestimmung der Sprungantwort sollen diese beiden Leitungseigenschaften nun noch mit berücksichtigt werden. Dadurch wird dann erst die Laufzeit auf der Leitung richtig erscheinen, und die Dämpfung der höherfrequenten Spektralkomponenten der Sprungfunktion wird genauer erfaßt. Um den Leiterwiderstand wenigstens bei hohen Frequenzen genau zu erfassen, betrachten wir zunächst wieder den eingeschwungenen Zustand. In einem guten Leiter ist die Leitungsstromdichte $\sigma \underline{E}$ sehr groß gegen die Verschiebungsstromdichte $j\omega\varepsilon\underline{E}$, sie verleiht dem Leiter die Dielektrizitätskonstante $\varepsilon \approx -j\sigma/\omega$ und den Feldwellenwiderstand $Z = \sqrt{\mu/\varepsilon} \approx \sqrt{j\omega\mu/\sigma}$.

Dieser Widerstand bietet sich einem homogenen elektromagnetischen Feld an der ebenen Oberfläche eines unbegrenzt tiefen Leiters. Wenn die **Eindringtiefe** $t = \sqrt{2/(\omega\mu\sigma)}$ klein gegen die Leiterausdehnung ist, gilt $Z = \sqrt{j\omega\mu/\sigma}$ auch als **Oberflächenwiderstand** von Leitern, die in die Tiefe hinein begrenzt sind.

Dies gilt sogar für gekrümmte Leiteroberflächen, wenn nur der Krümmungsradius groß gegen die Eindringtiefe ist. Aus diesem Oberflächenwiderstand ergibt sich dann auch der nunmehr komplexe Längswiderstandsbelag R'. Er ist direkt proportional zu $\sqrt{j\omega\mu/\sigma}$ und kann gemäß

$$R' = r\sqrt{j\omega}$$ (5.20)

geschrieben werden, wobei der Faktor r neben dem $\sqrt{\mu/\sigma}$ aus $Z = \sqrt{j\omega\mu/\sigma}$ nur noch durch Form und Größe der Leiterquerschnitte bestimmt wird. R' stellt mit seinem Realteil $r\sqrt{\omega/2}$ den Wirkwiderstandsbelag dar, wie er mit der gleichen

Frequenzabhängigkeit für das Beispiel des Koaxialkabels bei genügend hohen Frequenzen auch in Tabelle 3.1 erscheint. Sein gleich großer Imaginärteil bildet den Blindwiderstandsbelag durch die innere Induktivität der Leiter. Letztere ist aber wegen der Stromverdrängung extrem klein gegen die äußere Induktivität. Überhaupt ist bei hohen Frequenzen der komplexe Widerstandsbelag R' dem Betrage nach klein gegen $\omega L'$. Die Ausbreitungskonstante kann man darum durch

$$\gamma = p\sqrt{L'C'} + \frac{r}{2}\cdot\sqrt{pC'/L'} \qquad (5.21)$$

annähern und erhält als Übertragungsfunktion aus Gl. (5.10)

$$F(p) = \frac{1}{2}\, e^{-pl\sqrt{L'C'}}\, e^{-lr\sqrt{pC'/L'}\,/2}. \qquad (5.22)$$

Genauere Übertragungsfunktion

Sie unterscheidet sich von Gl. (5.17) durch den Exponentialfaktor $\exp(-pl\sqrt{L'C'})$ und dadurch, daß $r\sqrt{C'/L'}/2$ statt $\sqrt{R'C'}$ im Exponentialfaktor mit $\sqrt{p}$ erscheint.

Ein Exponentialfaktor $\exp(-p\tau)$ bewirkt im LAPLACE-Integral nach der **Verschiebungsregel** nur eine Verschiebung des Zeitmaßstabes um τ. Die Sprungantwort mit Gl. (5.22) als Übertragungsfunktion entspricht also ganz der Sprungantwort von Gl. (5.18), nur daß in Gl. (5.18) die Zeit t durch $t - \dfrac{l}{v}$ mit $v = \dfrac{1}{\sqrt{L'C'}}$ ersetzt werden muß und $\sqrt{R'C'}$ durch $r\sqrt{C'/L'}/2$. Damit erhalten wir:

$$x(l,t) = \frac{1}{2}\,\operatorname{erfc}\left(\frac{l\,r\sqrt{C'/L'}}{4\sqrt{t-\dfrac{l}{v}}}\right) \qquad \text{für } t > \frac{l}{v} \qquad (5.23)$$

Genauere Lösung

Gegenüber der Sprungantwort in Bild 5.18 für die Leitung ohne Stromverdrängung und Induktivitätsbelag verzögert sich hier die Sprungantwort um die Laufzeit $\tau = l/v$ auf der Leitung. Außerdem hat sie statt der Zeitkonstanten $T = l^2 R'C'$ die Zeitkonstante $T = l^2 r^2 C'/(4L')$. Mit dieser Verschiebung und Substitution läßt sich die Sprungantwort der Leitung mit Induktivitätsbelag und mit Stromverdrängung auch aus Bild 5.18 ablesen.

Signale werden auf Leitungen nicht immer unmittelbar im Basisband übertragen. Oft werden sie erst einer harmonischen Schwingung durch Modulation ihrer Amplitude oder Phase aufgeprägt und dann zusammen mit ihr übertragen. Die harmonische Schwingung dient hier als Träger des Signals. Mit dieser sog. **Trägerfrequenztechnik** überträgt man viele Signale gleichzeitig über eine Leitung. Die einzelnen Träger sind in der Frequenz gegeneinander versetzt. Sie speisen mit ihren Signalmodulationen über Frequenzweichen eine Übertragungsleitung und werden am Ende der Leitung über ebensolche Weichen wieder voneinander getrennt. Auf der

Aufmodulierte Signale

Leitung kann eine zu ausgeprägte Frequenzabhängigkeit die Modulation der Träger aber so stark verzerren, daß Signale nicht mehr einwandfrei zu empfangen sind.

Anpassung

Um die Übertragungsverzerrungen solcher trägerfrequenten Signale zu untersuchen, nehmen wir die dafür typischen Verhältnisse an, daß die Leitung am Anfang und Ende angepaßt ist. Es gibt dann nur eine hinlaufende Welle auf der Leitung, deren Spannung am Anfang sich in folgender komplexer Form schreiben läßt:

$$U_h = \sqrt{Z}\, a(t)\, e^{j\omega_T t} \tag{5.24}$$

Dabei ist ω_T die Kreisfrequenz des Trägers und Z der Wellenwiderstand der Leitung. Mit $a(t)$ als komplexe Funktion der Zeit kann man sowohl Amplituden- als auch Phasenmodulation des Trägers erfassen. Wenn $a(t)$ sich gegenüber $\exp(j\omega_T t)$ nur langsam mit der Zeit ändert, stellt $|a(t)|^2$ die über die Trägerperiode gemittelte Leistung der Welle dar. Der Momentanwert der Spannung ist

$$u_h(t) = \sqrt{2}\, \mathrm{Re}(U_h). \tag{5.25}$$

Zeitbegrenztes Signal

Um die spektralen Komponenten zu ermitteln, nehmen wir an, daß $a(t)$ nur während einer begrenzten Zeit von Null verschieden ist, so wie z.B. bei einem Impuls endlicher Dauer. Das **Spektrum** von $a(t)\exp(j\omega_T t)$ ergibt sich dann als seine **Fouriertransformierte**

$$A(\omega) = \int_{-\infty}^{\infty} a(t)\, e^{j(\omega_T - \omega)t}\, dt. \tag{5.26}$$

Bei der Übertragung wird jede Spektralkomponente gemäß der Dämpfungskonstanten α exponentiell gedämpft und gemäß der Phasenkonstanten β in der Phase gedreht, so daß sich am Ende der Leitung der Länge l das Spektrum

$$B(\omega) = A(\omega) e^{-(\alpha + j\beta)l}$$

ergibt. Sein Fourierintegral

$$b(t) = \frac{1}{2\pi} \int_{-\infty}^{\infty} A(\omega)\, e^{j\omega t - (\alpha + j\beta)l}\, d\omega \tag{5.27}$$

stellt das trägerfrequente Ausgangssignal dar.

Annahmen

Wenn $a(t)$ sich gegenüber der Trägerschwingung $\exp(j\omega_T t)$ nur langsam ändert, liegen die Seitenbänder der Modulation alle dicht an ω_T. Innerhalb so schmaler Modulationsbänder ändert sich die Leitungsdämpfung praktisch nur wenig, und man kann α als frequenzunabhängig annehmen. Für die Frequenzabhängigkeit von β genügt unter diesen Bedingungen eine Taylorentwicklung bis zur zweiten Ordnung:

$$\beta = \beta_T + \frac{\partial \beta}{\partial \omega}\bigg|_{\omega_T} (\omega - \omega_T) + \frac{1}{2}\frac{\partial^2 \beta}{\partial \omega^2}\bigg|_{\omega_T} (\omega - \omega_T)^2.$$

Mit diesen Näherungen für α und β erhalten wir aus Gl. (5.27) für das Ausgangssignal folgendes Fourierintegral:

$$b(t) = \frac{e^{-\alpha l}}{2\pi} \int_{-\infty}^{\infty} B_d(\omega)\, e^{j\omega\left(t-\frac{l}{v}\right)} \, d\omega \qquad (5.28)$$

mit

$$B_d(\omega) = A(\omega)\, e^{-jl\beta''(\omega-\omega_T)^2/2}\, e^{-j(\omega-\omega_T)l/v_g}, \qquad (5.29)$$

sowie

$$\beta'' = \partial^2 \beta / \partial \omega^2 \quad \text{und} \quad v_g = 1/\left(\frac{\partial \beta}{\partial \omega}\right).$$

Nach Gl. (5.28) ist der Ausgangsträger gegenüber dem Eingangsträger um $\exp(-\alpha l)$ gedämpft und um $-\beta_T l = -\omega l/v$ in der Phase gedreht. Sein Spektrum $B_d(\omega)$ hat sich gegenüber dem Eingangsspektrum $A(\omega)$ nach Maßgabe der beiden Exponentialfunktionen geändert. Der Exponent des zweiten Faktors ändert sich proportional zu $(\omega - \omega_T)$. Nach der *Verschiebungsregel* bedeutet dieser Faktor für Fourier-Integrale eine Zeitverschiebung, also Laufzeit der Modulation von

$$\tau_g = \frac{l}{v_g}.$$

Im ersten Exponentialfaktor ist der Exponent proportional zu $(\omega - \omega_T)^2$. Dieser Faktor verzerrt die Modulation durch die **Dispersion** $\beta'' l = \partial \tau_g / \partial \omega$ der Laufzeit.

Beispiel

Die Wirkung dieser Laufzeitverzerrung wollen wir an einer Signalform untersuchen, an der sie sich verhältnismäßig einfach bemerkbar macht. Wir wählen dazu eine Impulsmodulation der Trägeramplitude nach der **Gaußschen Funktion**

$$a(t) = \sqrt{\frac{2}{t_0 \sqrt{\pi}}}\, e^{-2(t/t_0)^2}.$$

Durch den Faktor $\sqrt{2/(t_0 \sqrt{\pi})}$ wird dieser Impuls so normiert, daß

$$\int_{-\infty}^{\infty} a^2(t)\, dt = 1$$

ist, der Impuls am Eingang der Leitung also die Energie eins hat. Zu den Zeiten $t = \pm\, t_0/2$ beträgt die Leistung a^2 gerade noch das $(1/e)$-fache der Impulsspitzenleistung. Die Zeitkonstante t_0 heißt darum auch $(1/e)$-Dauer des Impulses oder überhaupt **Impulsdauer**.

Der trägerfrequente Gaußsche Impuls hat das Fourier-Spektrum

Spektrum auch „gaußförmig"

$$A(\omega) = \sqrt{\pi\, t_0}\ \mathrm{e}^{-(\omega_\mathrm{T} - \omega)^2 t_0^2/8}\,,\tag{5.30}$$

also ebenfalls eine Gaußfunktion und zwar in Abhängigkeit von $(\omega_\mathrm{T} - \omega)$. Das Leistungsspektrum hat eine (1/e)-Bandbreite

$$\Delta f = \frac{\Delta\omega}{2\pi} = \frac{2}{\pi t_0}\,.\tag{5.31}$$

Um den Ausgangsimpuls zu bestimmen, wird das Eingangsspektrum $A(\omega)$ gemäß Gl. (5.30) in Gl. (5.29) eingesetzt und das Fourier-Integral (5.28) ausgewertet. Wenn man dabei wieder annimmt, daß $\Delta\omega$ in Gl. (5.31) sehr klein gegen ω_T ist, läßt sich der Ausgangsimpuls folgendermaßen darstellen:

$$b(t) = \sqrt{\frac{2}{t_0\sqrt{\pi}}}\ \frac{\mathrm{e}^{-\alpha l}}{\sqrt[4]{1 + (4\beta'' l/t_0^2)^2}}\ \exp\left\{-\frac{2\left(t - \dfrac{l}{v_\mathrm{g}}\right)^2}{t_0^2\left[1 + (4\beta'' l/t_0^2)^2\right]}\right\}\ \exp\left\{\mathrm{j}\left[\omega_\mathrm{T} t - \varphi(t)\right]\right\}\tag{5.32}$$

Neben einer belanglosen Phasenmodulation gemäß

$$\tan\varphi(t) = \frac{\displaystyle\int_{-\infty}^{\infty} \mathrm{e}^{-\omega^2 t_0^2/8}\cos\left[\omega\left(t - \frac{l}{v_\mathrm{g}}\right) - \frac{\beta'' l\omega^2}{2}\right]\mathrm{d}\omega}{\displaystyle\int_{-\infty}^{\infty} \mathrm{e}^{-\omega^2 t_0^2/8}\sin\left[\omega\left(t - \frac{l}{v_\mathrm{g}}\right) - \frac{\beta'' l\omega^2}{2}\right]\mathrm{d}\omega}\tag{5.33}$$

hat dieser Ausgangsimpuls eine Amplitude, die auch wieder nach der Gaußschen Funktion verläuft. Er hat sich aber auf eine (1/e)-Dauer von

$$t_1 = \sqrt{t_0^2 + (4\beta'' l/t_0)^2}\tag{5.34}$$

verbreitert, während seine Spitzenamplitude gegenüber dem Eingangsimpuls um $\exp(-\alpha l)\cdot\left[1 + (4\beta'' l/t_0^2)^2\right]^{-1/4}$ verkleinert wurde. Der Exponentialfaktor bei dieser Amplitudenverkleinerung stellt die Leitungsdämpfung dar. Der andere Faktor entsteht durch die Impulsverbreiterung, bei der die Spitze in gleichem Maße abgesenkt wird. Verglichen mit $\exp(-\alpha l)$ liegt dieser Faktor aber so viel näher an eins, daß man ihn nicht weiter zu berücksichtigen braucht.

Die Laufzeitdispersion macht sich in erster Linie als Impulsverbreiterung bemerkbar.

Der Impuls verbreitet sich um so mehr,
je größer $|\beta''|$ ist.

Gegenüber t_0 nimmt die Impulsverbreiterung gemäß $4\beta''l/t_0$ auch zu, wenn t_0 abnimmt. Kürzere Eingangsimpulse haben nach Gl. (5.31) ein breiteres Spektrum. Je größer die Frequenzabstände der Spektralkomponenten aber sind, um so mehr verschieben sie sich zeitlich gegeneinander durch die dann ebenfalls größeren Laufzeitdifferenzen.

Übersichtliche Darstellung der Studieninhalte

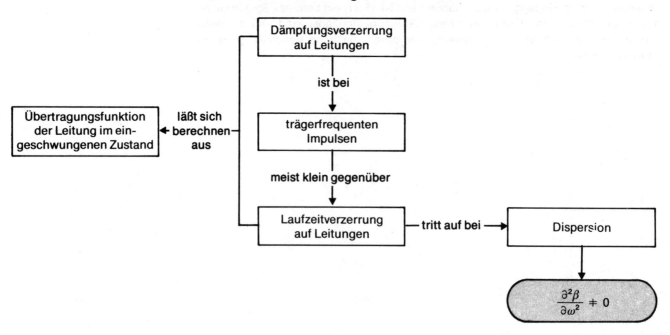

Übungsaufgaben zum Lernzyklus 5.3

1 Wie verändert sich die Form eines Ausgleichsvorgangs auf schwach verlust-behafteten Leitungen?

Ohne Unterlagen

2 Was versteht man unter der *Übertragungsfunktion F(p)* einer Leitung?

3 Wie lautet bei einer angepaßten Leitung die Übertragungsfunktion als Verhältnis von Ausgangs- zu Generatorspannung?

4 Wie hängt der Feldwellenwiderstand eines guten Leiters von der Leitfähigkeit ab?

5 Welches ist der erste Term in der Taylorentwicklung der Phasenkonstanten, der bei der leitungsgebundenen Übertragung Modulationsverzerrungen verursachen kann?

6 Wie heißt die Funktion, durch die sich das Frequenzspektrum eines Impulses am einfachsten darstellen läßt, der von der Zeit gemäß einer Gaußschen Funktion abhängt?

Aufgaben zur Vertiefung 5

Zur Vertiefung

1 Aufgeladenes Kabel

Ein verlustfreies Kabel (siehe Bild) sei statisch auf 100 V aufgeladen. Zur Zeit $t = 0$ wird der Schalter S geschlossen.

a) Zeichnen Sie die Strom- und Spannungsverteilung auf der Leitung zur Zeit $t = 1,3\,\mu s$ und $t = 5\,\mu s$!

b) Welcher Spannungsverlauf in Abhängigkeit von der Zeit ergibt sich am Abschlußwiderstand?

c) Wie groß muß R gewählt werden, damit keine Mehrfachreflexionen auftreten? Skizzieren Sie den Spannungsverlauf an R bei einer derartigen Dimensionierung!

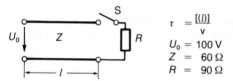

$$\tau = \frac{[(l)]}{v}$$
$$U_0 = 100\,\text{V}$$
$$Z = 60\,\Omega$$
$$R = 90\,\Omega$$

Zur Vertiefung

2 Verzerrung eines Rechteckimpulses

Berechnen Sie die Verzerrung eines Rechteckimpulses der Breite T, der durch eine beidseitig angepaßte Leitung übertragen wird! Betrachten Sie dabei Kapazitätsbelag und Induktivitätsbelag als frequenzunabhängig und vernachlässigen Sie den Leitwertsbelag! Berücksichtigen Sie aber die Stromverdrängung in den Leitern durch einen frequenzabhängigen Widerstandsbelag $R' = r \cdot \sqrt{j\omega}$!

a) Geben Sie eine Formel für den Impulsverlauf am Ende der Leitung an!

b) Stellen Sie diesen Impulsverlauf grafisch über

$$4\left(t - \frac{l}{v}\right) / (l^2 r^2 C'/L') \quad \text{mit} \quad 4T/(l^2 r^2 C'/L') = 0,5;\ 2;\ 5 \text{ dar!}$$

6   Mehrfachleitungen

Lernzyklus 6.1

Lernziele

Nach dem Durcharbeiten des Lernzyklus 6.1 sollen Sie in der Lage sein,

- die Wellengleichung für eine Leitung mit mehr als zwei Leitern hinzuschreiben und die Bedeutung der Symbole zu erläutern;

- eine Transformation für die Leiterspannungen zu beschreiben, mit der ihre gegenseitige Beeinflussung aufgehoben werden kann;

- die Besonderheiten dieser Transformation für eine symmetrische Dreifachleitung und ein Drehstromkabel zu erörtern;

- die in der Starkstromtechnik für die Drehstromleitung übliche Darstellungsweise dieser Transformation zu beschreiben.

6 Mehrfachleitungen

Beispiele Viele Leitungssysteme in der Elektrotechnik bestehen aus mehr als zwei Leitern. Die Drehstromleitung der *Starkstromtechnik* hat vier Leiter, wenn die Erde als Rückleitung mit berücksichtigt wird. In der *Nachrichtentechnik* werden oft viele Doppelleitungen ohne gegenseitige Abschirmung in einem gemeinsamen Mantel untergebracht. Es treten dann Kopplungen zwischen den Leitungen auf, deren störende Auswirkungen (Nebensprechen) durch besondere Gestaltung genügend klein gehalten werden müssen. Parallel laufende Doppelleitungen werden aber auch durch paarweise Kombination mehrfach ausgenutzt (Viererleitungen).

Auch die vielen räumlich parallel laufenden Verbindungsleitungen in *Datenverarbeitungsanlagen* haben für schnelle Impulsfolgen Leitungseigenschaften mit Verzögerungszeiten. Die Übertragungseigenschaften müssen also auch hier auf der Grundlage einer Leitungstheorie untersucht werden.

Weiterer Zusammenhang Sowohl für die Starkstromtechnik als auch für die Nachrichtentechnik ist darum eine Theorie der Mehrfachleitungen erforderlich. Diese Theorie soll hier so entwickelt werden, daß der Anschluß an die normale Leitungstheorie hergestellt wird.

6.1 Die Leitungsgleichungen der Mehrfachleitung

Dreifachleitung und Verallgemeinerung Wir nehmen als Beispiel für eine Mehrfachleitung ein System aus drei Leitern 0, 1, 2 an, wollen aber parallel dazu die Beziehungen auf ein System mit $n + 1$ Leitern verallgemeinern. Für die Verallgemeinerung benutzen wir eine abgekürzte Schreibweise mit Vektoren und Matrizen. Von den $n + 1$ Leitern wählen wir einen als Bezugsleiter 0 und numerieren die anderen von 1 bis n. Wenn das Mehrfachleitungssystem einen Erdleiter auf dem Potential null hat, wählt man diesen am einfachsten als Bezugsleiter 0. Die Spannung zwischen dem Leiter n und dem Bezugsleiter sei $\underline{U}_n$. Der Strom im Leiter n sei $\underline{I}_n$. Im Bezugsleiter fließt darum die Summe aller Ströme $\underline{I}_n$ zurück. Die elektrischen Eigenschaften der Mehrfachleitungen werden durch die Leitungsbeläge beschrieben. Das Leiterpaar $(0, i)$ habe den Längsimpedanzbelag

$$Z'_{ii} = R'_i + j\omega L'_i.$$

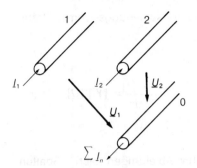

Bild 6.1
Dreifachleitung

Das *magnetische Feld* des Leiterpaares $(0, k)$ durchsetzt das Leiterpaar $(0, i)$. M'_{ik} sei der **Gegeninduktivitätsbelag** zwischen beiden Leiterpaaren. Wir definieren daraus den Längsimpedanzbelag

Verkopplung der Leiterpaare

$$Z'_{ik} = j\omega M'_{ik}.$$

Der Queradmittanzbelag des Leiterpaares $(0, i)$ sei:

$$Y'_i = G'_i + j\omega C'_i.$$

Das *elektrische Feld* des Leiterpaares $(0, k)$ influenziert Ströme und Ladungen im Leiterpaar $(0, i)$. G'_{ik} sei der Leitwertsbelag und C'_{ik} der Kapazitätsbelag zwischen den Leitern i und k. Es wird der Queradmittanzbelag

$$- Y'_{ik} = G'_{ik} + j\omega C'_{ik}$$

wirksam.

Wir haben ihn mit einem negativen Vorzeichen versehen, um im folgenden bei der Zusammenfassung dieser Leitungsbeläge ohne ein solches Vorzeichen auszukommen.

Definition

Die Beziehungen zwischen Strömen und Spannungen werden wie bei der Doppelleitung wieder für einen infinitesimalen Abschnitt der Mehrfachleitung formuliert. Durch Spannungsabfall an der Längsimpedanz ändern sich die Spannungen entlang der Leitung.

Spannungsumlauf

Bei drei Leitern ist:

$$-\frac{dU_1}{dz} = Z'_{11}I_1 + Z'_{12}I_2$$

$$-\frac{dU_2}{dz} = Z'_{21}I_1 + Z'_{22}I_2$$

Bei $n + 1$ Leitern gilt die Vektorgleichung:

$$-\frac{d[U]}{dz} = [Z'][I] \qquad (6.1)$$

Stromsumme

Durch die Queradmittanzen fließen Leitungs- und Verschiebungsströme. Darum ändern sich die Ströme entlang der Leitung:

$$-\frac{d\underline{I}_1}{dz} = Y_1' \underline{U}_1 + Y_{12}'(\underline{U}_2 - \underline{U}_1)$$

$$-\frac{d\underline{I}_2}{dz} = Y_{21}'(\underline{U}_1 - \underline{U}_2) + Y_2' \underline{U}_2$$

$$-\frac{d[\underline{I}]}{dz} = [Y'][\underline{U}] \qquad (6.2)$$

„Vektor" im mathematischen Sinn

In der Vektorschreibweise bilden $[\underline{U}]$ und $[\underline{I}]$ und ihre Ableitungen nach z Spaltenvektoren im n-dimensionalen Raum. $[Z']$ und $[Y']$ sind *symmetrische Matrizen*, denn es gilt für ihre Elemente

$$Z_{ik}' = Z_{ki}'; \qquad Y_{ik}' = Y_{ki}'.$$

Der Stellung in der Matrix entsprechend werden folgende Bezeichnungen benutzt

Abkürzungen

$$Y_{11}' = Y_1' - Y_{12}'$$

$$Y_{22}' = Y_2' - Y_{21}'$$

$$Y_i = \sum_k Y_{ik}'$$

Durch Gl. (6.1) wird die Spannungsänderung längs einer Leitung des Systems mit den Strömen aller anderen Leitungen verkoppelt. Ebenso wird durch Gl. (6.2) die Stromänderung längs einer Leitung mit den Spannungen aller anderen Leitungen verkoppelt. Zur Lösung dieser Gleichungssysteme geht man zunächst wie bei der Doppelleitung vor. Man bildet die Ableitung von Gl. (6.1) nach z und setzt für $d[\underline{I}]/dz$ aus Gl. (6.2) ein:

$$\frac{d^2\underline{U}_1}{dz^2} = a_{11}\underline{U}_1 + a_{12}\underline{U}_2$$

$$\frac{d^2\underline{U}_2}{dz^2} = a_{21}\underline{U}_1 + a_{22}\underline{U}_2$$

$$\frac{d^2[\underline{U}]}{dz^2} = [A][\underline{U}] \qquad (6.3)$$

Die neue Matrix $[A]$ ist das Produkt von $[Z']$ und $[Y']$:

$$[A] = \begin{bmatrix} Z_{11}'Y_{11}' + Z_{12}'Y_{21}' & Z_{12}'Y_{22}' + Z_{11}'Y_{12}' \\ Z_{21}'Y_{11}' + Z_{22}'Y_{21}' & Z_{22}'Y_{22}' + Z_{21}'Y_{12}' \end{bmatrix} \qquad [A] = [Z'][Y'] \qquad (6.4)$$

$[A]$ ist im allgemeinen nicht symmetrisch.

Gleichung (6.3) ist die **Wellengleichung der Mehrfachleitung**. In ihr ist die Spannung einer Leitung mit den Spannungen aller anderen Leitungen verkoppelt. Im Gegensatz dazu ist die Wellengleichung der Doppelleitung eine einfache Differentialgleichung 2. Ordnung ohne Verkopplung. Um auch für die Mehrfachleitung unverkoppelte Wellengleichungen zu erhalten, führen wir durch lineare Transformation des Spannungsvektors $[\underline{U}]$ ein neues System von Spannungen $[\underline{w}]$ ein:

Aufheben der Verkopplung

$$\underline{U}_1 = v_{11}\underline{w}_1 + v_{12}\underline{w}_2$$

$$[\underline{U}] = [v][\underline{w}] \qquad (6.5)$$

$$\underline{U}_2 = v_{21}\underline{w}_1 + v_{22}\underline{w}_2$$

Die Matrix $[v]$ dieser linearen Transformation wählen wir so, daß beim Einsetzen von Gl. (6.5) in Gl. (6.3) sich für den neuen Spannungsvektor $[\underline{w}]$ ungekoppelte Differentialgleichungen ergeben:

$$\frac{d^2\underline{w}_1}{dz^2} = \gamma_1^2\,\underline{w}_1$$

$$\frac{d^2[\underline{w}]}{dz^2} = [\gamma^2][\underline{w}] \qquad (6.6)$$

$$\frac{d^2\underline{w}_2}{dz^2} = \gamma_2^2\,\underline{w}_2$$

$[\gamma^2]$ soll also eine *Diagonalmatrix* sein. Bei einer Diagonalmatrix sind nur die Elemente der Hauptdiagonalen von Null verschieden.

$$[\gamma^2] = \begin{bmatrix} \gamma_1^2 & 0 \\ & \ddots \\ 0 & \gamma_2^2 \end{bmatrix}$$

$[\gamma^2]$ mit den Elementen

$$\gamma_{ik}^2 = \delta_{ik}\,\gamma_i^2 \qquad (6.7)$$

δ_{ik} ist das *Kronecker-Symbol.* Es wird durch

$$\delta_{ik} = \begin{cases} 1 & \text{für } i = k \\ 0 & \text{für } i \neq k \end{cases}$$

definiert.

Daß solch eine lineare Transformation immer möglich ist, sehen wir am leichtesten ein, wenn wir ihre Matrix $[v]$ und die resultierende Diagonalmatrix $[\gamma^2]$ selbst berechnen.

Berechnung der Transformationsmatrix

Wir setzen dazu Gl. (6.5) in Gl. (6.3) ein und multiplizieren von links mit der inversen Matrix $[v]^{-1}$.

$$\frac{d^2[\underline{w}]}{dz^2} = [v]^{-1}[A][v][\underline{w}] \qquad (6.8)$$

185

Die *inverse Matrix* ist definiert durch

$$[v]^{-1} [v] = [1].$$

Diese Gleichung kann man auch in der Form

$$[v] [v]^{-1} = [1]$$

schreiben.

[1] ist die *Einheitsmatrix*:

$$[1] = \begin{bmatrix} 1 & 0 & \dots & 0 \\ 0 & 1 & \dots & 0 \\ \cdot & \cdot & \dots & \cdot \\ \cdot & \cdot & \dots & \cdot \\ \cdot & \cdot & \dots & \cdot \\ 0 & 0 & \dots & 1 \end{bmatrix}$$

Damit die lineare Transformation durch [v] auch tatsächlich zu einer Entkopplung bzw. **Diagonalisierung** führt, müssen wir in Gl. (6.8) fordern:

$$[v]^{-1} [A] [v] = [\gamma^2]$$

Von links mit [v] multipliziert, lautet die Forderung

$$[A] [v] = [v] [\gamma^2]$$

oder

$$[A] [v] - [v] [\gamma^2] = 0. \tag{6.9}$$

Wenn wir die Elemente der Matrizengleichung (6.9) ausschreiben

$$\begin{bmatrix} (a_{11} - \gamma_1^2) v_{11} + a_{12} v_{21} & (a_{11} - \gamma_2^2) v_{12} + a_{12} v_{22} \\ a_{21} v_{11} + (a_{22} - \gamma_1^2) v_{21} & a_{21} v_{12} + (a_{22} - \gamma_2^2) v_{22} \end{bmatrix} = 0$$

$$\sum_k (a_{ik} - \gamma_j^2 \, \delta_{ik}) \, v_{kj} = 0, \tag{6.10}$$

Lineare Gleichungssysteme

erkennen wir, daß es sich hier um Systeme von linearen Gleichungen zur Bestimmung der Transformationselemente v_{kj} handelt. Jedes System ist durch einen Index j gekennzeichnet. Das System j bestimmt die Elemente der Spalte j in der Transformationsmatrix [v]. Die Systeme sind *homogen*; für eine nichttriviale Lösung muß also die *Koeffizientendeterminante* jeweils *verschwinden*:

Det = 0

$$\begin{vmatrix} a_{11} - \gamma^2 & a_{12} \\ a_{21} & a_{22} - \gamma^2 \end{vmatrix} = 0 \qquad |a_{ik} - \gamma^2 \delta_{ik}| = 0 \tag{6.11}$$

Dieses ist die sog. **charakteristische oder Eigenwert-Gleichung** der Transformation zur Diagonalisierung bzw. die *charakteristische Gleichung der Mehrfachleitung.* Sie ist ein Polynom n-ten Grades in γ^2 mit den Lösungen:

$$\gamma_1^2 = \frac{a_{11} + a_{22}}{2} + \sqrt{\frac{(a_{11} - a_{22})^2}{4} + a_{12} a_{21}}$$

$$\gamma_j^2 \quad \text{mit } j = 1, \dots, n$$

$$\gamma_2^2 = \frac{a_{11} + a_{22}}{2} - \sqrt{\frac{(a_{11} - a_{22})^2}{4} + a_{12} a_{21}}$$

Die n Lösungen für γ^2 ergeben $2n$ Lösungen für γ, von denen sich jeweils zwei Lösungen nur durch das Vorzeichen unterscheiden. Für den Wert γ_j^2 ergeben sich als Lösung des homogenen Gleichungssystems die Elemente der Spalte j in der Matrix $[v]$:

$\gamma = \gamma_1$:

$$v_{11} = \frac{a_{22} - \gamma_1^2}{\sqrt{(a_{22} - \gamma_1^2)^2 + a_{21}^2}}$$

$$v_{21} = \frac{-a_{21}}{\sqrt{(a_{22} - \gamma_1^2)^2 + a_{21}^2}}$$

$$v_{kj} = \frac{q_{ik}^{(i)}}{\sqrt{\sum_k [q_{ik}^{(i)}]^2}} \qquad (6.12)$$

$\gamma = \gamma_2$:

$$v_{12} = \frac{a_{22} - \gamma_2^2}{\sqrt{(a_{22} - \gamma_2^2)^2 + a_{21}^2}}$$

$$v_{22} = \frac{-a_{21}}{\sqrt{(a_{22} - \gamma_2^2)^2 + a_{21}^2}}$$

Die allgemeine Form der Elemente v_{kj} folgt aus der *Cramerschen Regel.* In ihr ist $q_{ik}^{(i)}$ die *Adjunkte* zum Element (i, k) in der Koeffizientendeterminante Gl. (6.11). Der Index i ist beliebig, aber er muß natürlich für die Berechnung aller Elemente v_{kj} einer Spalte j derselbe sein.

Die Elemente v_{kj} einer Spalte j sind als Lösungen von Gl. (6.10) eigentlich nur bis auf einen gemeinsamen Faktor bestimmt. Wenn die Elemente v_{kj} einer Spalte j als Komponenten eines Spaltenvektors $[v_j]$ aufgefaßt werden, ist also nur die Richtung dieses Vektors $[v_j]$ festgelegt. Wir haben in Gl. (6.12) diesen Faktor so gewählt, daß die $[v_j]$ Einheitsvektoren sind.

Normierung

Die Vektoren $[v_j]$ werden auch **Eigenvektoren** der Matrix $[A]$ genannt, und die aus ihnen gebildete Transformationsmatrix $[v]$ ist die Eigenvektormatrix von $[A]$. Zu jedem Eigenvektor $[v_j]$ gehört nach Gl. (6.10) bzw. (6.12) ein bestimmter Lösungswert γ_j der charakteristischen oder Eigenwert-Gleichung (6.11). Diese Lösungswerte γ_j sind die sogenannten **Eigenwerte** der Matrix $[A]$.

Zu jeder Matrix $[A]$ gibt es eine *Eigenvektormatrix* $[v]$ entsprechend Gl. (6.12), die den Spannungsvektor $[\underline{U}]$ nach Gl. (6.5) in einen neuen Spannungsvektor $[\underline{w}]$ transformiert. Dabei wird das verkoppelte System von Wellengleichungen Gl. (6.3) *diagonalisiert*.

> Für jede Komponente des transformierten Spannungsvektors $[\underline{w}]$ gilt eine einfache Wellengleichung wie bei der Doppelleitung. Die einzelnen Komponenten von $[\underline{w}]$ sind voneinander unabhängig.

Die Komponenten $\underline{w}_j$ des Vektors $[\underline{w}]$ werden sinngemäß **Eigenwellen** der Mehrfachleitungen genannt. Die Ausbreitungskonstante der Eigenwelle $\underline{w}_j$ ist der Eigenwert γ_j. Eine Mehrfachleitung mit $n + 1$ Leitern hat n Eigenwellen $\underline{w}_j$ mit n im allgemeinen verschiedenen Ausbreitungskonstanten γ_j.

Da für jede Eigenwelle eine Wellengleichung wie bei der Doppelleitung gilt, gelten für sie auch dieselben Ausbreitungsgesetze wie bei der Doppelleitung. Die allgemeine Lösung der Wellengleichung enthält eine hinlaufende und eine rücklaufende Welle:

Allgemeine Lösung
$$[\underline{w}(z)] = [e^{-\gamma z}]\,[\underline{w}_h(0)] + [e^{\gamma z}]\,[\underline{w}_r(0)]\,. \tag{6.13}$$

Die Symbole $[e^{-\gamma z}]$ und $[e^{\gamma z}]$ sind dabei als Abkürzung von Diagonalmatrizen entsprechend

$$[e^{\gamma z}] = \begin{bmatrix} e^{\gamma_1 z} & & & 0 \\ & e^{\gamma_2 z} & \cdot & \\ & & \cdot & \cdot \\ 0 & & & e^{\gamma_n z} \end{bmatrix}$$

aufzufassen.

Die *Ströme und Spannungen* der einzelnen Leiter sind die Komponenten der Vektoren:

$$[\underline{U}(z)] = [v]\,[\underline{w}(z)]; \qquad [Z']\,[\underline{I}(z)] = -[v]\,\frac{d[\underline{w}(z)]}{dz} \tag{6.14}$$

Für den *Leitungsanfang* ist

$$[\underline{U}(0)] = [v] \quad \{[\underline{w}_h(0)] + \quad [\underline{w}_r(0)]\} \, ,$$

$$[Z'][\underline{I}(0)] = [v] \{[\gamma][\underline{w}_h(0)] - [\gamma][\underline{w}_r(0)]\} \, .$$

Die Bestandteile der Eigenwellen am Leitungsanfang ergeben sich daraus zu

$$[\underline{w}_h(0)] = \frac{1}{2} \{[v]^{-1}[\underline{U}(0)] + [\gamma]^{-1}[v]^{-1}[Z'][\underline{I}(0)]\} \, ,$$

$$[\underline{w}_r(0)] = \frac{1}{2} \{[v]^{-1}[\underline{U}(0)] - [\gamma]^{-1}[v]^{-1}[Z'][\underline{I}(0)]\} \, . \tag{6.15}$$

Faßt man die Gleichungen (6.13), (6.14) und (6.15) zusammen, so erhält man die Leitungsgleichungen für die Mehrfachleitung und zwar mit den Spannungen und Strömen am Leitungsanfang:

$$[\underline{U}(z)] = \frac{1}{2}[v] \left([e^{-\gamma z}]\{[v]^{-1}[\underline{U}(0)] + [\gamma]^{-1}[v]^{-1}[Z'][\underline{I}(0)]\} \right.$$
$$\left. + [e^{\gamma z}]\{[v]^{-1}[\underline{U}(0)] - [\gamma]^{-1}[v]^{-1}[Z'][\underline{I}(0)]\} \right)$$

$$[Z'][\underline{I}(z)] = \frac{1}{2}[v][\gamma] \left([e^{-\gamma z}]\{[v]^{-1}[\underline{U}(0)] + [\gamma]^{-1}[v]^{-1}[Z'][\underline{I}(0)]\} \right.$$
$$\left. - [e^{\gamma z}]\{[v]^{-1}[\underline{U}(0)] - [\gamma]^{-1}[v]^{-1}[Z'][\underline{I}(0)]\} \right)$$

(6.16) Analog zu Gl. (1.9)

Durch diese Vektorgleichungen sind Ströme und Spannungen entlang der Mehrfachleitungen als Funktion ihrer Anfangswerte bestimmt.

Zusammenfassend wird noch einmal festgestellt, welche physikalischen Vorgänge eigentlich durch den etwas abstrakten Vektor- und Matrixformalismus beschrieben werden: *Zusammenfassung*

Eine Mehrfachleitung mit $n + 1$ Leitern hat n Eigenwellen. Diese Eigenwellen breiten sich unabhängig voneinander mit ihren Ausbreitungskonstanten γ_i aus. Die Spannungen und Ströme, die zu einer bestimmten Eigenwelle gehören, ergeben sich aus der linearen Transformation mit der Eigenvektormatrix $[v]$.

Bestimmte Ströme und Spannungen am Anfang der Mehrfachleitung werden im allgemeinen alle Eigenwellen anregen. Bestimmte Widerstände am Ende der Mehrfachleitung werden im allgemeinen eine Wechselwirkung zwischen allen Eigenwellen verursachen. Eine hinlaufende Eigenwelle wird also bei der Reflexion am Leitungsende rücklaufende Komponenten aller anderen Eigenwellen erzeugen. Für die einzelne Eigenwelle gelten aber entlang der Leitung die allgemeinen Gesetze der Leitungstheorie. Insbesondere breiten sich die Eigenwellen längs der Mehrfachleitung unabhängig voneinander aus. *Randbedingungen*

Übersichtliche Darstellung der Studieninhalte

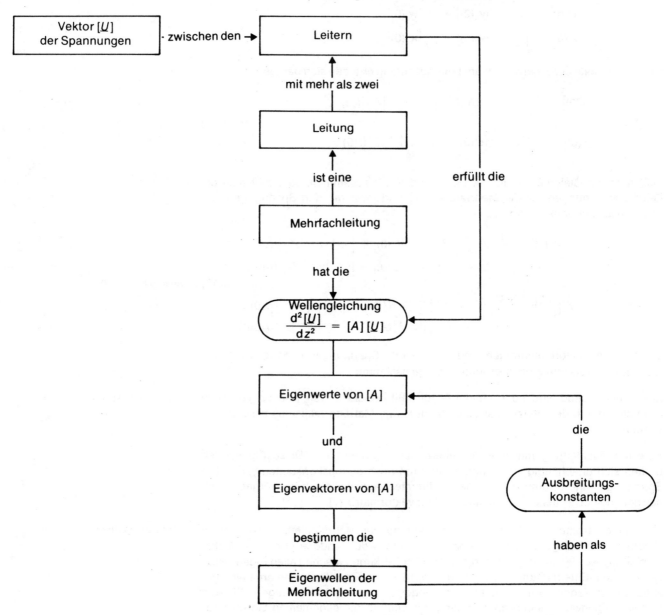

6.2 Symmetrische Komponenten in Mehrphasensystemen

Als **Mehrphasensystem** bezeichnet man Wechselstromschaltungen, in denen der Generator nicht nur eine Spannung an *einem* Klemmenpaar erzeugt, sondern an mehr als zwei Klemmen *mehrere frequenzsynchrone*, aber in der Phase gegeneinander verschobene Wechselspannungen bereitstellt. Zur Verbindung solcher Mehrphasensysteme und zur Energieübertragung in ihnen dienen entsprechende Mehrfachleitungen. Das bekannteste Beispiel eines Mehrphasensystemes ist das **Drehstromsystem** mit drei Wechselspannungen und Vierfachleitungen zur Verbindung und Energieübertragung.

Starkstromtechnik

In Mehrphasensystemen werden Ströme und Spannungen zur Vereinfachung der Rechnung oft in **symmetrische Komponenten** zerlegt. Es soll hier gezeigt werden, daß die symmetrischen Komponenten die Eigenwellen der dazugehörigen Mehrfachleitungen sind. Zur genauen Berechnung von Leitungsproblemen in Mehrphasensystemen ist es darum sehr vorteilhaft, die symmetrischen Komponenten einzuführen.

Das **Zweiphasensystem** ist das einfachste Beispiel eines Mehrphasensystemes. Es wird von drei Leitern gebildet. Gewöhnlich bildet die Erde oder Masse einen der Leiter, und das Leitungssystem ist symmetrisch wie z.B. in Bild 6.2.

1. Beispiel

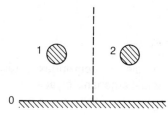

Bild 6.2
Symmetrische Dreifachleitung

Wegen dieser Symmetrie sind die Matrizen der Längsimpedanz- und Queradmittanzbeläge symmetrisch bezüglich beider Diagonalen:

$$[Z'] = \begin{bmatrix} Z'_{11} & Z'_{12} \\ Z'_{12} & Z'_{11} \end{bmatrix} ; \qquad [Y'] = \begin{bmatrix} Y'_{11} & Y'_{12} \\ Y'_{12} & Y'_{11} \end{bmatrix}$$

$Z'_{11} = Z'_{22}$; $Y'_{11} = Y'_{22}$
wegen symmetrischer
Leiteranordnung

Die Matrix der Wellengleichung hat die gleiche Symmetrie:

$$[A] = \begin{bmatrix} a_{11} & a_{12} \\ a_{12} & a_{11} \end{bmatrix}; \qquad \begin{aligned} a_{11} &= Z'_{11} Y'_{11} + Z'_{12} Y'_{12} \\ a_{12} &= Z'_{12} Y'_{11} + Z'_{11} Y'_{12} \end{aligned}$$

Die *Eigenwerte* sind die Lösung der charakteristischen Gleichung (6.11)

$$\gamma_1^2 = a_{11} + a_{12} = (Z'_{11} + Z'_{12}) Y'_1$$

$$\gamma_2^2 = (Z'_{11} - Z'_{12})(Y'_{11} - Y'_{12}).$$

Aus Gl. (6.12) ergibt sich die Eigenvektormatrix zu

$$[v] = \begin{bmatrix} -\dfrac{1}{\sqrt{2}} & \dfrac{1}{\sqrt{2}} \\ -\dfrac{1}{\sqrt{2}} & -\dfrac{1}{\sqrt{2}} \end{bmatrix}.$$

Ihre Elemente sind ganz und gar unabhängig von den Längsimpedanz- und Quer-admittanzbelägen. Die Komponenten $\underline{w}_1$ und $\underline{w}_2$ des Eigenwellenvektors $[\underline{w}]$ bilden eine **Gleichtakt- und Gegentaktwelle**, denn mit

$$[\underline{U}] = [v] \cdot [\underline{w}]$$

sind die Leiterspannungen, die zu $\underline{w}_1$ gehören

Gleichphasig $\qquad (\underline{U}_1)_\mathrm{S} = -\dfrac{1}{\sqrt{2}}\,\underline{w}_1 \qquad (\underline{U}_2)_\mathrm{S} = -\dfrac{1}{\sqrt{2}}\,\underline{w}_1 ,$

in Phase, also im gleichen Takt. Wir bezeichnen sie mit dem Index S für *Symmetrie*. Die Leiterspannungen zu $\underline{w}_2$

Gegenphasig $\qquad (\underline{U}_1)_\mathrm{G} = \dfrac{1}{\sqrt{2}}\,\underline{w}_2 \qquad (\underline{U}_2)_\mathrm{G} = -\dfrac{1}{\sqrt{2}}\,\underline{w}_2$

sind in Gegenphase, also im Gegentakt. Wir bezeichnen sie mit dem Index G für *Gegensymmetrie*. Die resultierenden Leiter*spannungen* selbst ergeben sich aus:

Tatsächliche Spannungen $\qquad (\underline{U}_1)_\mathrm{S} + (\underline{U}_1)_\mathrm{G} = \underline{U}_1 \qquad (\underline{U}_2)_\mathrm{S} + (\underline{U}_2)_\mathrm{G} = \underline{U}_2 .$

Die zugehörigen *Ströme* werden aus

$$[Z'][\underline{I}] = -[v]\,\frac{\mathrm{d}}{\mathrm{d}z}[\underline{w}]$$

Vorwärts laufende Wellen $\qquad$ berechnet. Für Wellen, die in positiver z-Richtung wandern, ist

$$\frac{\mathrm{d}}{\mathrm{d}z}[\underline{w}] = -[\gamma][\underline{w}] .$$

Nach Multiplikation von links mit $[Z']^{-1}$ ist

$$[\underline{I}] = [Z']^{-1} [v] [\gamma] [\underline{w}] .$$

Mit $[v] [\gamma]^2 = [A] [v]$ aus Gl. (6.9) ist

$$[\underline{I}] = [Y'] [v] [\gamma]^{-1} [\underline{w}] .$$

Zu der vorwärts laufenden *Gleichtaktwelle* gehören demnach die Leiterströme

$$(\underline{I}_1)_S = - \frac{1}{\sqrt{2}\,\gamma_1} (Y'_{11} + Y'_{12}) \, \underline{w}_1$$

$$(\underline{I}_2)_S = - \frac{1}{\sqrt{2}\,\gamma_1} (Y'_{11} + Y'_{12}) \, \underline{w}_1 .$$

Die Leiterströme der *Gegentaktwelle* sind

$$(\underline{I}_1)_G = \frac{1}{\sqrt{2}\,\gamma_2} (Y'_{11} - Y'_{12}) \, \underline{w}_2$$

$$(\underline{I}_2)_G = - \frac{1}{\sqrt{2}\,\gamma_2} (Y'_{11} - Y'_{12}) \, \underline{w}_2 .$$

Die resultierenden Ströme im Leiter ergeben sich aus

$$(\underline{I}_1)_S + (\underline{I}_1)_G = \underline{I}_1 \qquad (\underline{I}_2)_S + (\underline{I}_2)_G = \underline{I}_2 . \qquad \text{Tatsächliche Ströme}$$

In Anlehnung an den Wellenwiderstand der Doppelleitung lassen sich auch hier **Wellenwiderstände** definieren. Der Wellenwiderstand der *Gleichtaktwelle* ist

$$Z_S = \frac{(\underline{U}_1)_S}{(\underline{I}_1)_S} = \frac{(\underline{U}_2)_S}{(\underline{I}_2)_S} = \frac{\gamma_1}{Y'_{11} + Y'_{12}} = \sqrt{\frac{Z'_{11} + Z'_{12}}{Y'_1}} . \qquad (6.18)$$

Der Wellenwiderstand der *Gegentaktwelle* ist

$$Z_G = \frac{(\underline{U}_1)_G - (\underline{U}_2)_G}{2\,(\underline{I}_1)_G} = \sqrt{\frac{Z'_{11} - Z'_{12}}{Y'_{11} - Y'_{12}}} . \qquad (6.19)$$

Gleich- und Gegentaktwelle sind die symmetrischen Komponenten eines Zweiphasensystems. Ist das System symmetrisch, dann sind die beiden symmetrischen Komponenten unabhängig voneinander, und für jede Komponente gilt ein einphasiges Ersatzbild. Nur bei Symmetriefehlern tritt Wechselwirkung zwischen Gleich- und Gegentaktwelle auf. Z.B. wird ein *unsymmetrischer Verbraucher* an einer symmetrischen Zweiphasenleitung bei Einfall einer Gleichtaktwelle im allgemeinen eine Gleich- und eine Gegentaktwelle reflektieren. Die symmetrischen Komponenten der Reflexion kann man für einen Verbraucher mit der Widerstandsmatrix

Symmetrisches System

Unsymmetrisches System

Leitungsabschluß

$$[Z] = \begin{bmatrix} Z_{11} & Z_{12} \\ Z_{12} & Z_{22} \end{bmatrix}$$

mit $[\underline{U}] = [Z] \, [\underline{I}]$ am Leitungsende durch Elimination von $[\underline{U}]$ und $[\underline{I}]$ aus Gl. (6.14) bestimmen.

2. Beispiel Wir wollen jetzt die Eigenwellen einer *symmetrischen Dreiphasenleitung* bestimmen, wie sie z.B. als Drehstromkabel vorkommt. Es handelt sich hier um eine Vierfachleitung.

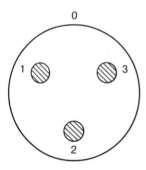

Bild 6.3
Symmetrische Vierfachleitung

Wegen der Symmetrie sind die Matrizen der Längsimpedanz- und Queradmittanzbeläge symmetrisch bezüglich beider Diagonalen:

$$[Z'] = \begin{bmatrix} Z'_{11} & Z'_{12} & Z'_{12} \\ Z'_{12} & Z'_{11} & Z'_{12} \\ Z'_{12} & Z'_{12} & Z'_{11} \end{bmatrix} \qquad [Y'] = \begin{bmatrix} Y'_{11} & Y'_{12} & Y'_{12} \\ Y'_{12} & Y'_{11} & Y'_{12} \\ Y'_{12} & Y'_{12} & Y'_{11} \end{bmatrix}$$

Auf die Matrix der Wellengleichung überträgt sich diese Symmetrie:

$$[A] = [Z'] \, [Y'] = \begin{bmatrix} a_{11} & a_{12} & a_{12} \\ a_{12} & a_{11} & a_{12} \\ a_{12} & a_{12} & a_{11} \end{bmatrix} \tag{6.20}$$

mit

$$a_{11} = Z'_{11} Y'_{11} + 2 Z'_{12} Y'_{12}$$

$$a_{12} = Z'_{11} Y'_{12} + Z'_{12} (Y'_{11} + Y'_{12}).$$

Die **charakteristische Gleichung** dieser Matrix ist

$$(a_{11} - \gamma^2)^3 - 3 a_{12}^2 (a_{11} - \gamma^2) + 2 a_{12}^3 = 0.$$

Es ist eine *reduzierte Gleichung 3. Grades* in $x = (a_{11} - \gamma^2)$:

$$x^3 - 3px + 2q = 0 \quad \text{mit} \quad p = a_{12}^2 \quad \text{und} \quad q = a_{12}^3 \,.$$

Da $p^3 = q^2$, ist eine Lösung $x_1 = -2a_{12}$ und

$$\gamma_1^2 = a_{11} + 2a_{12}$$

$$= (Z'_{11} + Z'_{12})(Y'_{11} + Y'_{12}) + 3Z'_{12}Y'_{12} + Z'_{11}Y'_{12} + Z'_{12}Y'_{11} \,, \qquad (6.21)$$

während die anderen beiden Lösungen eine *Doppelwurzel* bilden:

$$x_{2,3} = a_{12}$$

und

$$\gamma_{2,3}^2 = a_{11} - a_{12} = (Z'_{11} - Z'_{12})(Y'_{11} - Y'_{12}).$$

Die erste Spalte der Eigenvektormatrix ergibt sich aus Gl. (6.12)

$$v_{11} = v_{21} = v_{31} = \frac{1}{\sqrt{3}} \,. \qquad (6.22)$$

Die zugehörigen Leiterspannungen und -ströme sind nach Betrag und Phase einander gleich. Sie bilden also eine Gleichtaktwelle.

Die beiden anderen Spalten werden aber durch Gl. (6.12) nicht vollständig bestimmt. Da nämlich die Lösungen $\gamma_{2,3}$ der charakteristischen Gleichung eine Doppelwurzel bilden, ist die Matrix $[A] - [\gamma_{2,3}^2]$ nur vom *Rang* $3 - 2 = 1$. Das homogene Gleichungssystem für den Eigenvektor $[v_j]$ hat unendlich viele Lösungen, die alle nur der Bedingung

Unbestimmtes Gleichungssystem

$$v_{1j} + v_{2j} + v_{3j} = 0 \qquad \text{für } j = 2 \text{ und } 3 \qquad (6.23)$$

zu genügen brauchen.

> Jede Verteilung von Leiterspannungen und Strömen,
> deren Summe verschwindet, bildet eine Eigenwelle auf der Leitung.

In Anlehnung an die Darstellungsweise von Drehströmen, zerlegen wir die allgemeine Verteilung in *symmetrische Komponenten*. Wir fordern neben Gl. (6.23), daß

$$|v_{1j}| = |v_{2j}| = |v_{3j}| \qquad \text{für } j = 2 \text{ und } 3 \qquad (6.24)$$

v_{kj} sind komplex

ist. Beide Bedingungen, Gl. (6.23) und die Forderung (6.24), führen dazu, daß die Komponenten der beiden Eigenvektoren $[v_2]$ und $[v_3]$ in der *Gaußschen Zahlenebene* als komplexe Größen ein gleichseitiges Dreieck bilden, so wie es Bild 6.4a zeigt.

Auch die Quadrate dieser je drei Komponenten bilden dann gleichseitige Dreiecke.

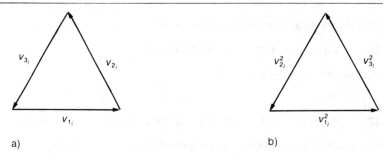

a)   b)

Bild 6.4 Darstellung der Komponenten eines der Eigenvektoren aus den Bedingungen (6.23) und (6.24) als komplexe Größen in der Gaußschen Zahlenebene

Es gilt also unter den Bedingungen (6.23) und (6.24)

$$v_{1j}^2 + v_{2j}^2 + v_{3j}^2 = 0 \qquad \text{für } j = 2 \text{ und } 3. \tag{6.25}$$

Damit lassen sich die Eigenvektoren nun aber nicht mehr so wie in Gl. (6.12) normieren. Sie können also in ihrem Vektorraum keine Einheitsvektoren mehr sein. Statt dessen normieren wir so, daß

$$[v_j]\,[v_j]^* = 1 \tag{6.26}$$

ist für $j = 2$ und 3, daß also die Beträge dieser Eigenvektoren eins sind. Das heißt, wir fordern

$$v_{1j}\,v_{1j}^* + v_{2j}\,v_{2j}^* + v_{3j}\,v_{3j}^* = 1 \tag{6.27}$$

für $j = 2$ und $j = 3$. Diese Bedingung bestimmt die *Beträge der komplexen Komponenten der Eigenvektoren*, also die Seitenlänge des gleichseitigen Dreiecks in Bild 6.4a, und zwar zu

$$|v_{kj}| = \frac{1}{\sqrt{3}} \qquad \text{für} \qquad \begin{array}{l} k = 1, 2, 3 \\[4pt] j = 2, 3. \end{array} \tag{6.28}$$

Bis auf die Phasenlage des Dreiecks in der komplexen Ebene liegen die Komponenten der beiden Eigenvektoren damit fest. Der Einfachheit halber lassen wir sowohl v_{12} als auch v_{13} reell sein.

Die beiden anderen Komponenten von $[v_3]$ nämlich v_{23} und v_{33} wählen wir so wie im Bild 6.4a, so daß wir

$$v_{13} = \frac{1}{\sqrt{3}}; \qquad v_{23} = \frac{a}{\sqrt{3}}; \qquad v_{33} = \frac{a^2}{\sqrt{3}} \tag{6.29}$$

mit $a = e^{j2\pi/3}$

erhalten. Die beiden restlichen Komponenten von $[v_2]$ vertauschen wir gegenüber den entsprechenden Komponenten von $[v_3]$ und erhalten damit

$$v_{12} = \frac{1}{\sqrt{3}} ; \qquad v_{22} = \frac{a^2}{\sqrt{3}} ; \qquad v_{32} = \frac{a}{\sqrt{3}} . \tag{6.30}$$

Mit dieser Vertauschung der beiden letzten Komponenten erfüllen die beiden Eigenvektoren v_2 und v_3 die *Orthogonalitätsbedingung*

$$v_{12} v_{13}^* + v_{22} v_{23}^* + v_{32} v_{33}^* = 0. \tag{6.31}$$

Unter dieser Bedingung verschwinden bei der Berechnung der Scheinleistung aus $|\underline{U}|\,|\underline{I}^*|$ die Summen aller Kreuzprodukte von Komponenten; die gesamte Scheinleistung ist dann einfach gleich der Summen der Scheinleistungen der einzelnen Eigenwellen. Im übrigen ist die hier gewählte Reihenfolge der Bezeichnung in der Drehstromtechnik üblich.

Die Eigenvektoren in den Gln. (6.22), (6.29) und (6.30) können nun zur Eigenvektormatrix zusammengefaßt werden:

$$[v] = \frac{1}{\sqrt{3}} \begin{bmatrix} 1 & 1 & 1 \\ 1 & a^2 & a \\ 1 & a & a^2 \end{bmatrix} . \tag{6.32}$$

In der Drehstromtechnik werden die so bestimmten Eigenvektoren als *symmetrische Komponenten* bezeichnet. Im einzelnen heißt die erste Spalte das **Nullsystem**; auf der Leitung bildet sie eine Gleichtaktwelle. Die zweite Spalte ist das **Mitsystem**; das Feld der dazugehörigen Leitungswelle ist ein Drehfeld und rotiert im positiven Sinne. Die dritte Spalte ist das **Gegensystem**; das Drehfeld seiner Leitungswelle rotiert im negativen Sinne. Zur Veranschaulichung dieser Drehfelder ist die Phasenlage der symmetrischen Komponenten in der komplexen Ebene in Bild 6.5 skizziert.

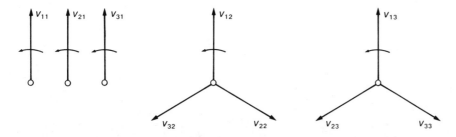

Bild 6.5 Die komplexen Zeiger der symmetrischen Komponenten eines Dreiphasensystems. Angedeutet ist, wie sich die zugehörigen komplexen Leiterspannungen mit zunehmender Zeit in der Gaußschen Zahlenebene drehen.

Symmetrisches System

Unsymmetrisches System

In einem symmetrischen System sind die symmetrischen Komponenten vollkommen unabhängig voneinander. Das System kann dann durch eine einphasige Ersatzschaltung für jede symmetrische Komponente dargestellt werden. Bei *unsymmetrischer Erregung* oder bei einem *unsymmetrischen Verbraucher* treten aber die einzelnen symmetrischen Komponenten miteinander in Wechselwirkung. Immerhin ist es auch unter diesen Bedingungen vorteilhaft, mit symmetrischen Komponenten zu rechnen, denn sie sind Eigenwellen der symmetrischen Dreiphasen-Leitung, und es gelten für sie die Gesetze der Doppelleitungstheorie.

Übersichtliche Darstellung der Studieninhalte

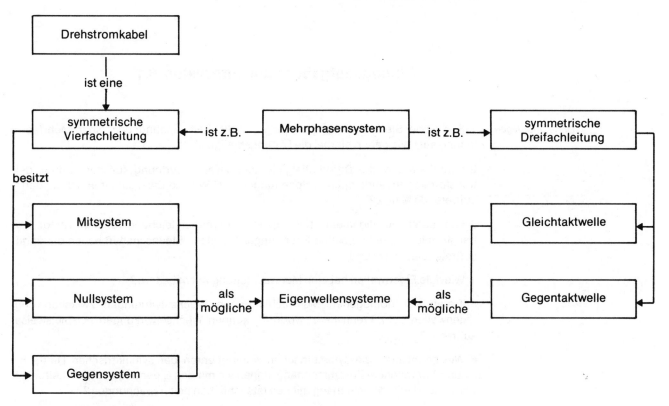

Übungsaufgaben zum Lernzyklus 6.1

Ohne Unterlagen

1 Schreiben Sie die Wellengleichung für die Leiterspannungen einer Mehrfachleitung auf! Wie gehen hierbei die Leitungsbeläge ein?

2 Schreiben Sie die Differentialgleichung zweiter Ordnung für den Vektor der transformierten, entkoppelten Spannungen auf! Welche Eigenschaften hat die darin auftretende Matrix?

3 Wie lautet die allgemeine Lösung der Differentialgleichung für den Vektor der transformierten, entkoppelten Spannungen? Welche Eigenschaften haben die darin auftretenden Matrizen?

4 Wieviele Eigenwellen hat eine Mehrfachleitung mit m Leitern?

5 Treten auf homogenen Mehrfachleitungen Wechselwirkungen zwischen den Eigenwellen auf? Wenn nein: wodurch können Wechselwirkungen beispielsweise auftreten?

6 Wie nennt man die symmetrischen Komponenten der symmetrischen Dreifachleitung? In welchem Zusammenhang stehen sie mit den Eigenwellen dieser Leitung? Wie lautet der Zusammenhang mit den tatsächlichen Leiterspannungen?

7 Wie sind die Wellenwiderstände für die Gleichtaktwelle und die Gegentaktwelle der symmetrischen Dreifachleitung definiert?

8 Welchen einfachen Bedingungen müssen die Leiterspannungen und -ströme der symmetrischen Vierfachleitung genügen, um Eigenwellen zu bilden?

9 Wie nennt man die symmetrischen Komponenten eines Drehstromkabels? Schreiben Sie die Transformationsmatrix auf, die den Zusammenhang dieser Eigenwellen mit den Leiterspannungen angibt!

10 Symmetrische Dreifachleitung mit Abschlußnetzwerk

Unterlagen gestattet

Gemäß nachstehender Skizze sei eine symmetrische Dreifachleitung, die die Wellenwiderstände Z_S und Z_G für die Gleichtakt- und die Gegentaktwelle hat, mit einem Netzwerk aus den Impedanzen Z_1, Z_2 und Z_q abgeschlossen. Die Verkopplungen und Reflexionen von Gleich- und Gegentaktwelle sind zu berechnen!

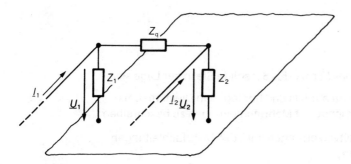

a) Bestimmen Sie die Elemente der Widerstandsmatrix $[Z]$, die am Ende der Leitung den Spannungsvektor $[\underline{U}] = \begin{bmatrix} \underline{U}_1 \\ \underline{U}_2 \end{bmatrix}$ und den Stromvektor $[\underline{I}] = \begin{bmatrix} \underline{I}_1 \\ \underline{I}_2 \end{bmatrix}$ miteinander verknüpft!

b) Bestimmen Sie die rücklaufenden Komponenten $\underline{U}_{Sr}$ und $\underline{U}_{Gr}$ von Gleich- und Gegentaktwelle am Leitungsende, wenn dort entsprechende vorlaufende Komponenten $\underline{U}_{Sh}$ und $\underline{U}_{Gh}$ auf das Abschlußnetzwerk einfallen! Geben Sie die Zusammenhänge in Abhängigkeit von den Elementen von $[Z]$ an!

c) Vereinfachen Sie die Ergebnisse von b) für den Fall eines symmetrischen Abschlusses, d.h. für $Z_1 = Z_2$!

d) Geben Sie die Reflexionsfaktoren für Gleich- und Gegentaktwelle r_S und r_G für den Fall $Z_1 = Z_2$ und $Z_q \to \infty$ in Abhängigkeit von Z_1 und den Wellenwiderständen an!

Trotz der etwas umfangreichen, aber nicht sehr schwierigen Rechnungen wird Ihnen die Aufgabe 10 nahegelegt. Zumindest aber sollten Sie die Lösung nachvollziehen.

Hinweis

Lernzyklus 6.2

Lernziele

Nach dem Durcharbeiten des Lernzyklus 6.2 sollen Sie in der Lage sein,

- den Einfluß idealen Leitermaterials und homogenen Dielektrikums
  auf die Ausbreitungsvorgänge auf Mehrfachleitungen zu beschreiben;

- Dämpfungs- und Laufzeitverzerrungen auf TEM-Mehrfachleitungen
  qualitativ zu beschreiben;

- unerwünschte Kopplungen zwischen parallel verlaufenden Leiteranordnungen
  zu berechnen;

- Leitungen so zueinander anzuordnen, daß Wellen auf ihnen in gewünschter
  Weise miteinander in Wechselwirkung treten.

6.3 Mehrfachleitungen aus vollkommenen Leitern mit homogenem Dielektrikum

Die allgemeinen Leitungsgleichungen der Mehrfachleitungen vereinfachen sich wesentlich, wenn alle Leiter als vollkommen, also mit unbegrenzt hoher Leitfähigkeit angenommen werden können und wenn das Dielektrikum zwischen den Leitern homogen ist, also überall im Querschnitt die gleichen Materialkonstanten μ und ε hat. Unter diesen Bedingungen haben die einfachen Leitungswellen ähnlich wie auf der Doppelleitung, nun aber auf Mehrfachleitungen, nur rein transversale Felder. Es sind **TEM-Wellen**, deren Feldlinien alle in Querschnittsebenen verlaufen. Angenähert behalten die Leitungswellen ihren TEM-Charakter auch bei endlicher aber noch hoher Leitfähigkeit, wie sie metallische Leiter normalerweise haben. Die folgenden Vereinfachungen gelten darum mit guter Näherung auch für praktische Leitungen, solange die genannten Voraussetzungen nur einigermaßen erfüllt sind.

Ideal leitend

Homogenes Dielektrikum

Jede Eigenwelle einer Mehrfachleitung ist dann eine TEM-Welle. Für die Felder jeder dieser TEM-Wellen gelten die einheitlichen Wellengleichungen (3.3). Danach breiten sich alle TEM-Wellen mit der gleichen einheitlichen **Ausbreitungskonstanten**

$$\gamma = j\omega\sqrt{\mu\varepsilon} \qquad (6.33)$$

aus. Diese Ausbreitungskonstante wird allein durch die Materialkonstanten μ und ε des Dielektrikums bestimmt, sie ist unabhängig von der Leiterzahl und von der Querschnittsform der Leiter. Die einheitlichen Wellengleichungen gelten nun aber nicht nur für die Felder einzelner TEM-Wellen, sondern auch für jede Feldverteilung, zu der sich verschiedene oder alle TEM-Wellen je nach ihrer Anregung überlagern.

Überlagerung von TEM-Wellen

> Jede Kombination von TEM-Wellen breitet sich danach mit einheitlicher Phasengeschwindigkeit $v = \omega/\mathrm{Im}(\gamma)$ und Dämpfung $\alpha = \mathrm{Re}(\gamma)$ aus.

In jedem Querschnitt entlang der Mehrfachleitung überlagert sich diese Kombination von TEM-Wellen wieder zu der gleichen Feldverteilung, die gegenüber ihrer ursprünglichen Verteilung nur nach Maßgabe der Phasengeschwindigkeit v verzögert und gemäß α gedämpft ist.

Was nun für die Felder der TEM-Wellen gilt, gilt auch für die Leiterspannungen und -ströme, die zu ihnen gehören. Auch die Leiterspannungen und -ströme erfüllen die einheitliche Wellengleichung (3.3). Wenn sie für jede der gemäß Bild 6.1 definierten Leiterspannungen ausgeschrieben wird und wir alle diese Gleichungen zu einer Vektorgleichung für den Spaltenvektor der Leiterspannungen zusammenfassen, erhalten wir

$$\frac{d^2[\underline{U}]}{dz^2} = \gamma^2 [\underline{U}] \ . \tag{6.34}$$

Durch Vergleich mit der allgemeinen Wellengleichung (6.3) der Mehrfachleitung stellen wir fest, daß unter den Bedingungen für TEM-Charakter der Felder und Wellen sich die Matrix $[A] = [Z'] \ [Y']$ der Mehrfachleitung folgendermaßen vereinfacht

$$[Z'] \ [Y'] = \gamma^2 \ [1] \ . \tag{6.35}$$

Es ist die *Einheitmatrix* multipliziert mit γ^2.

Fazit   Anstatt der Wellengleichung (6.3), die als Differentialgleichungssystem im allgemeinen alle Leiterspannungen miteinander verkoppelt, ergeben sich unter den TEM-Bedingungen unabhängige aber einheitliche Wellengleichungen für jede der Leiterspannungen.

Erläuterung   Um für eine allgemeine Mehrfachleitung aus dem Gleichungssystem (6.3) die voneinander unabhängigen Wellengleichungen (6.6) zu erhalten, haben wir mit der Eigenvektormatrix $[v]$ die Leiterspannungen $[\underline{U}]$ auf einen neuen Spannungsvektor $[\underline{w}]$ transformiert und damit die Matrix $[A]$ diagonalisiert.

Im allgemeinen ergeben sich dabei *verschiedene Ausbreitungskonstanten* γ_i für die verschiedenen Eigenwellen.

Im Gegensatz dazu erhalten wir unter den *TEM-Bedingungen* von vornherein unabhängige Wellengleichungen unmittelbar für die Leiterspannungen. Eine Transformation mit der Eigenvektormatrix $[v]$ auf Eigenwellen erübrigt sich damit. Wir können vielmehr in den allgemeinen Lösungen von Gln. (6.14), (6.15) und (6.16) für diese Transformationsmatrix die Einheitsmatrix setzen, also mit $[v] = [1]$ die Leiterspannungen selbst als Eigenwellenspannungen auffassen. Außerdem sind in den diagonalen Matrizen $[\gamma]$ und $[e^{\gamma z}]$ dieser Gleichungen alle *Ausbreitungskonstanten* einander *gleich*, so daß auch sie sich entsprechend

Wesentliche Vereinfachung

$$[\gamma] \quad = \gamma \ [1]$$
$$[e^{\gamma z}] = e^{\gamma z} \ [1] \tag{6.36}$$

vereinfachen. Die allgemeine Lösung (6.16) für Spannungen und Ströme entlang der Mehrfachleitung als Funktion ihrer Anfangswerte geht damit in folgende Form über

$$[\underline{U}(z)] = \frac{1}{2} e^{-\gamma z} \{[\underline{U}(0)] + \frac{1}{\gamma} [Z'] [\underline{I}(0)]\}$$

$$+ \frac{1}{2} e^{\gamma z} \{[\underline{U}(0)] - \frac{1}{\gamma} [Z'] [\underline{I}(0)]\}$$

$$[\underline{I}(z)] = \frac{1}{2} e^{-\gamma z} \{[\underline{I}(0)] + \frac{1}{\gamma} [Y'] [\underline{U}(0)]\}$$

$$+ \frac{1}{2} e^{\gamma z} \{[\underline{I}(0)] - \frac{1}{\gamma} [Y'] [\underline{U}(0)]\} .$$

(6.37) Entspricht Gl. (1.9)

In ihr sind mit dem einheitlichen Exponentialfaktor $\exp(-\gamma z)$ alle hinlaufenden Wellen zusammengefaßt und mit $\exp(\gamma z)$ alle rücklaufenden Wellen. Diese Exponentialfaktoren lassen sich nun auch durch Hyperbelfunktionen ausdrücken und damit die Leitungsgleichungen noch einfacher schreiben:

$$[\underline{U}(z)] = [\underline{U}(0)] \cosh \gamma z - \frac{1}{\gamma} [Z'][\underline{I}(0)] \sinh \gamma z$$

$$[\underline{I}(z)] = [\underline{I}(0)] \cosh \gamma z - \frac{1}{\gamma} [Y'][\underline{U}(0)] \sinh \gamma z$$

(6.38) Entspricht Gl. (1.10)

Wenn auf der Mehrfachleitung nur TEM-Wellen vorlaufen, kann man die Differentiation nach z in Gl. (6.1) durch $d/dz = -\gamma$ ersetzen und erhält

$$[\underline{U}] = \frac{1}{\gamma} [Z'][\underline{I}] .$$

(6.39)

Die Koeffizienten Z'_{ik}/γ in den Gleichungen geben das Verhältnis von Spannung zu Strom von Wellen in bestimmten Leitern an. Sie haben darum die Bedeutung von **Wellenwiderständen**. Insbesondere ist

$$Z_{ii} = \frac{Z'_{ii}}{\gamma}$$

(6.40)

der eigene Wellenwiderstand des Leiters i, während

$$Z_{ik} = \frac{Z'_{ik}}{\gamma} \qquad \text{für } i \neq k$$

(6.41)

gegenseitiger Wellenwiderstand zwischen dem Leiter i und dem Leiter k genannt wird. Diese Wellenwiderstände sind direkt proportional den entsprechenden Längsimpedanzbelägen der Mehrfachleitung. Für hinlaufende TEM-Wellen am Anfang einer Mehrfachleitung, wie überhaupt in jedem Querschnitt entlang der Mehrfachleitung, stehen Leiterspannungen und Ströme der hinlaufenden TEM-Welle im gleichen Verhältnis wie an den Knoten eines Netzwerkes, das $[Z] = [Z']/\gamma$ als Widerstandsmatrix hat. Schließt man insbesondere die Mehrfachleitung mit einem Netzwerk

$(n+1)$-Pol

Anpassung

dieser Widerstandsmatrix ab, so werden hinlaufende TEM-Wellen ohne Reflexion absorbiert, die Mehrfachleitung ist damit am Ende angepaßt.

Impulsverzerrungen

Die einheitliche Ausbreitungskonstante γ für alle TEM-Wellen bedeutet, daß bei Dispersion auch alle Wellen die gleichen Dämpfungs- und Laufzeitverzerrungen erfahren. Sprungfunktionen und Impulse oder andere Zeitfunktionen werden bei der Ausbreitung also in allen TEM-Wellen *gleichartig* verformt. Ihre Verzerrungen lassen sich mit dem einheitlichen γ in der Übertragungsfunktion (5.10) genauso berechnen wie bei Doppelleitungen.

Ganz *ohne Verzerrungen* breiten sich beliebige Zeitfunktionen in den TEM-Wellen aus, wenn die Dämpfungskonstante $\alpha = \mathrm{Re}(\gamma)$ und die Phasengeschwindigkeit $v = \omega/\mathrm{Im}(\gamma)$ von der Frequenz unabhängig sind.

Bei einem verlustfreien Dielektrikum zwischen den vollkommenen Leitern ist $\alpha = 0$ und $v = 1/\sqrt{\mu\varepsilon}$. Wenn unter diesen Bedingungen noch μ und ε frequenzunabhängig sind, wandern beliebige Zeitfunktionen längs der Mehrfachleitung nicht nur ohne Verzerrung, sie ändern dann auch ihre *Größe* nicht.

Übersichtliche Darstellung der Studieninhalte

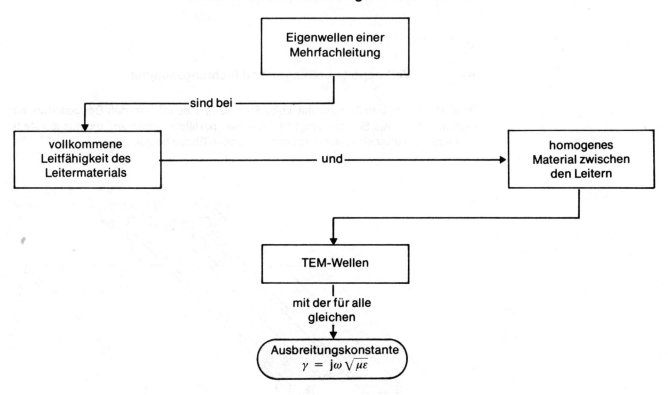

6.4 Verkoppelte Leitungen und Richtungskoppler

In elektrischen Schaltungen mit Leitungen kommt es oft vor, daß Doppelleitungen parallel laufen. Als Beispiel zeigt Bild 6.6 zwei parallele Leitungen, die aus je einem Leiterstreifen über einer gemeinsamen, leitenden Ebene bestehen.

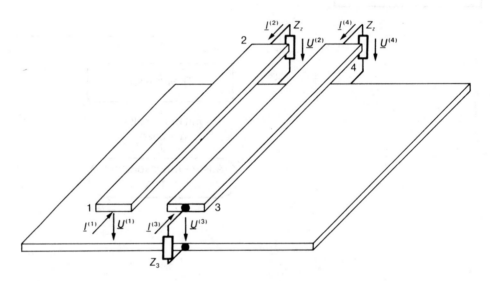

Bild 6.6 Gekoppelte Streifenleitungen

Um in den Schaltungen eine hohe *Packungsdichte* zu erzielen, muß man die Leiter möglichst nahe zusammenrücken; elektrisch dürfen sie sich normalerweise nicht zu sehr gegenseitig beeinflussen. In bestimmten Fällen ist man jedoch gerade an dieser gegenseitigen Beeinflussung interessiert, um Signale von einer Leitung auf eine andere zu übertragen. Ob erwünscht oder unerwünscht, in beiden Fällen muß die Beeinflussung berechnet werden, damit sich das Leitungssystem richtig bemessen läßt. In Schaltungen mit einheitlichem Aufbau handelt es sich wie in Bild 6.6 um zwei

Zweiphasensystem gleiche Leiter im gleichen Abstand von der leitenden Ebene, also um die symmetrische Dreifachleitung in Bild 6.2. Ihre Spannungs- und Stromverteilung läßt sich in eine **Gleich-** und eine **Gegentaktwelle** trennen mit jeweils hin- und rücklaufenden Anteilen. Wir wollen dafür TEM-Wellen annehmen, die eine einheitliche Ausbreitungskonstante haben, und auch ihre Verluste vernachlässigen.

Für die *Gleichtaktwelle* gilt unter diesen Bedingungen   TEM, verlustlos

$$\underline{U}_S(z) = \underline{U}_{Sh}(0)\, e^{-j\beta z} + \underline{U}_{Sr}(0)\, e^{j\beta z}$$

$$\underline{I}_S(z) = \underline{I}_{Sh}(0)\, e^{-j\beta z} + \underline{I}_{Sr}(0)\, e^{j\beta z} \tag{6.42}$$

mit $\quad \dfrac{\underline{U}_{Sh}(z)}{\underline{I}_{Sh}(z)} = - \dfrac{\underline{U}_{Sr}(z)}{\underline{I}_{Sr}(z)} = Z_S$

als Wellenwiderstand der Gleichtaktwelle. Wenn jeder der Streifenleiter bei $z = l$ mit Z_z abgeschlossen ist, wird bei $z = l$ wegen der Symmetrie des Abschlusses keine Gegentaktwelle angeregt. Und es ergibt sich als Reflexionsfaktor für die Gleichtaktwelle

$$\frac{\underline{U}_{Sr}(0)\, e^{j\beta l}}{\underline{U}_{Sh}(0)\, e^{-j\beta l}} = - \frac{\underline{I}_{Sr}(0)\, e^{j\beta l}}{\underline{I}_{Sh}(0)\, e^{-j\beta l}} = \frac{Z_z - Z_S}{Z_z + Z_S} = r_S. \tag{6.43}$$

Damit lautet die Spannungs- und Stromverteilung der Gleichtaktwelle

$$\underline{U}_S(z) = \underline{U}_{Sh}(0)\, (e^{-j\beta z} + r_S\, e^{j\beta z}\, e^{-j2\beta l})$$

$$\underline{I}_S(z) = \frac{\underline{U}_{Sh}(0)}{Z_S}\, (e^{-j\beta z} - r_S\, e^{j\beta z}\, e^{-j2\beta l}). \tag{6.44}$$

Für die *Gegentaktwelle* gelten entsprechende Beziehungen. Ihre Spannungs- und Stromverteilungen sind

$$\underline{U}_G(z) = \underline{U}_{Gh}(0)\, (e^{-j\beta z} + r_G\, e^{j\beta z}\, e^{-j2\beta l})$$

$$\underline{I}_G(z) = \frac{\underline{U}_{Gh}(0)}{Z_G}\, (e^{-j\beta z} - r_G\, e^{j\beta z}\, e^{-j2\beta l}) \tag{6.45}$$

mit $\quad Z_G = \dfrac{\underline{U}_{Gh}}{\underline{I}_{Gh}} = - \dfrac{\underline{U}_{Gr}}{\underline{I}_{Gr}}$

als Wellenwiderstand der Gegentaktwelle und

$$r_G = \frac{Z_z - Z_G}{Z_z + Z_G} \tag{6.46}$$

als Reflexionsfaktor bei Abschluß beider Streifen bei $z = l$ mit Z_z. Die Spannungen und Ströme am Anfang und Ende der parallel laufenden Streifen setzen sich aus den entsprechenden Anfangs- und Endwerten von Gleich- und Gegentaktwelle wie folgt zusammen:

$$U^{(1)} = U_S(0) + U_G(0); \qquad I^{(1)} = \quad I_S(0) + I_G(0)$$

$$U^{(2)} = U_S(l) + U_G(l); \qquad I^{(2)} = -I_S(l) - I_G(l)$$

$$U^{(3)} = U_S(0) - U_G(0); \qquad I^{(3)} = \quad I_S(0) - I_G(0)$$

$$U^{(4)} = U_S(l) - U_G(l). \qquad I^{(4)} = -I_S(l) + I_G(l).$$

(6.47)

Wird nun der eine Streifen am Anfang mit der Spannung $U^{(1)}$ angeregt und der Anfang des anderen Streifens mit dem Widerstand Z_3 belastet, so gilt für die Anfangsspannung von Gleich- und Gegentaktwelle folgendes Gleichungssystem

Spannung am Pol 1

$$U_{Sh}(0)\{1 + r_S\, e^{-j2\beta l}\} + U_{Gh}(0)\,\{1 + r_G\, e^{-j2\beta l}\} = U^{(1)} \qquad (6.48)$$

Aus Stromsumme am Pol 3

$$U_{Sh}(0)\left\{1 + \frac{Z_3}{Z_S} + r_S\, e^{-j2\beta l}\left(1 - \frac{Z_3}{Z_S}\right)\right\}$$

$$- U_{Gh}(0)\left\{1 + \frac{Z_3}{Z_G} + r_G\, e^{-j2\beta l}\left(1 - \frac{Z_3}{Z}\right)\right\} = 0.$$

(6.49)

Mit den Spannungswerten aus diesem System ergibt sich gemäß

$$U^{(3)} = U_{Sh}(0)\,(1 + r_S\, e^{-j2\beta l}) - U_{Gh}(0)\,(1 + r_G\, e^{-j2\beta l}) \qquad (6.50)$$

die Spannung $U^{(3)}$, welche $U^{(1)}$ am Anfang des Streifens induziert.

Um den Einfluß der einen Leitung auf die andere an diesem Beispiel noch etwas deutlicher zu erkennen, beschränken wir uns jetzt auf den einfachen Fall, in dem

Reflexionsfreier Abschluß bei 2 und 4

$r_S = r_G = 0$ sind, irgendwelche Reflexionen in Gleich- und Gegentaktwelle am Anfang der Leitungen also nicht wirksam sind. Dafür wird

Nachvollziehen !

$$U^{(3)} = \frac{Z_S - Z_G}{Z_S + Z_G + \dfrac{2Z_S Z_G}{Z_3}}\; U^{(1)}. \qquad (6.51)$$

Wenn hier die Wellenwiderstände nach Gl. (6.18) und Gl. (6.19) durch die Queradmittanzbeläge ausgedrückt werden und diese wiederum durch die Kapazitätsbeläge entsprechend

$$Y'_{11} = j\omega\,(C'_1 + C'_{12}) \qquad\qquad Y'_{12} = -j\omega C'_{12},$$

so ergibt sich die Spannung am Anfang der zweiten Leitung zu

$$U^{(3)} = \frac{C'_{12}}{C'_1 + C'_{12} + \dfrac{\sqrt{\mu\varepsilon}}{Z_3}}\; U^{(1)}. \qquad (6.52)$$

In solchen Fällen, bei denen die Spannung stört, muß man den Kapazitätsbelag C'_{12} zwischen den beiden Streifen so klein halten, und C'_1 dabei so groß, daß $\underline{U}^{(3)}$ die zulässige Größe nicht überschreitet. Man kann dazu auch den Widerstand Z_3 verkleinern, meistens liegt dieser aber von der Schaltfunktion her fest. Die höchste Spannung $\underline{U}^{(3)}$ wird unter diesen Bedingungen von $\underline{U}^{(1)}$ induziert, wenn Z_3 sehr groß ist, die Leitung am Anfang also offen. Wir erhalten dann

$$\underline{U}^{(3)} = \frac{C'_{12}}{C'_1 + C'_{12}}\, \underline{U}^{(1)}. \tag{6.53}$$

Der Faktor

$$\varkappa = \frac{C'_{12}}{C'_1 + C'_{12}}, \tag{6.54}$$

nach dem die Spannung auf der einen Leitung mit der Spannung auf der anderen Leitung hier verkoppelt ist, heißt **Kopplungsfaktor**. Damit die verkoppelten Leitungen sich nur wenig gegenseitig beeinflussen, sollte der Kopplungsfaktor möglichst klein sein. Der Kopplungsfaktor hängt nicht von der Frequenz ab. Auch die Spannungskopplung nach Gl. (6.52) ist unabhängig von der Frequenz, vorausgesetzt Z_3 ist ein Wirkwiderstand. Wenn nun $U^{(1)}$ nicht eine Sinusschwingung ist, sondern mit einer allgemeinen Zeitfunktion angeregt wird, so koppeln alle Spektralkomponenten dieser Zeitfunktion in gleicher Weise auf die andere Leitung; insgesamt wird deshalb dort der gleiche zeitliche Verlauf der Spannung induziert, wie er, bis auf seine Größe, primär angeregt wird. Wenn beispielsweise $U^{(1)}$ die Sprungfunktion eines Einschaltvorgangs bildet, so wird auch $U^{(3)}$ als gleichzeitige Sprungfunktion induziert, und eine Sprungwelle mit der Spannung $U^{(3)}$ läuft auf der rechten Leitung in Bild 6.6 zusammen mit der Sprungwelle auf der linken Leitung vor. Erst wenn Reflexionen in Gleich- und Gegentaktwelle vom Ende der verkoppelten Leitungen zurückkommen, kann sich der zeitliche Verlauf von $U^{(3)}$ gegenüber dem von $U^{(1)}$ ändern.

Frequenzunabhängig

$r_S, r_G \neq 0$

Am Ende der verkoppelten Leitungen gibt es im eingeschwungenen Zustand im allgemeinen sowohl eine Spannung $U^{(2)}$ am Ende der angeregten Leitung als auch eine Spannung $U^{(4)}$, die auf der verkoppelten Leitung induziert wird. Diese induzierte Endspannung läßt sich nach den Gln. (6.44), (6.45) und (6.47) aus

$$\underline{U}^{(4)} = \{\underline{U}_{Sh}(0)\,(1 + r_S) - \underline{U}_{Gh}(0)\,(1 + r_G)\}\, e^{-j\beta l} \tag{6.55}$$

berechnen. Unter der Bedingung

$$\frac{\underline{U}_{Sh}(0)}{\underline{U}_{Gh}(0)} = \frac{1 + r_G}{1 + r_S} = \frac{Z_z + Z_S}{Z_z + Z_G} \tag{6.56}$$

verschwindet diese Spannung. Um festzustellen, ob sich diese Bedingung erfüllen läßt, führen wir sie in Gl. (6.49) ein und prüfen, wie die Widerstände Z_z und Z_3 gewählt werden müssen, damit Gl. (6.49) unabhängig von βl aufgeht. Das Ergebnis ist:

$$Z_z = Z_3 = \sqrt{Z_S\, Z_G} \tag{6.57}$$

Abschlußwiderstände

211

Wenn also drei Zugänge der verkoppelten Leitungen, die nicht angeregt werden, mit dem geometrischen Mittel aus Z_S und Z_G abgeschlossen werden, dann bleibt $\underline{U}^{(4)} = 0$ für jede Anregungsspannung $\underline{U}^{(1)}$. Trotz der Verkoppelung wird unter diesen *Abschlußbedingungen* nichts vom Zugang 1 zum Zugang 4 übertragen. Vor- und rücklaufende Komponenten von Gleich- und Gegentaktwelle überlagern sich in diesem Falle so, daß sie sich am Ende 4 der gekoppelten Leitungen gerade aufheben. Die Kopplung von der einen auf die andere Leitung hat dabei eine ausgesprochene Richtwirkung, und zwar von 1 nach 3, aber nicht von 1 nach 4. Die Anordnung wirkt als **Richtungskoppler**.

Der **Eingangswiderstand**, den diese Anordnung am angeregten Zugang hat, errechnet sich aus

$$Z_1 = \frac{\underline{U}^{(1)}}{\underline{I}^{(1)}} = \frac{\underline{U}_{Sh}(0)\,(1 + r_S\,e^{-j2\beta l}) + \underline{U}_{Gh}(0)\,(1 + r_G\,e^{-j2\beta l})}{\dfrac{\underline{U}_{Sh}(0)}{Z_S}\,(1 - r_S\,e^{-j2\beta l}) + \dfrac{\underline{U}_{Gh}(0)}{Z_G}\,(1 - r_G\,e^{-j2\beta l})}\,.$$

Wenn entsprechend Gl. (6.57) so abgeschlossen wird, daß die Anordnung als Richtkoppler wirkt, ergibt sich

Eingangswiderstand
$$Z_1 = \sqrt{Z_S\,Z_G}\,, \tag{6.58}$$

also der gleiche Widerstand, mit dem die anderen Zugänge abgeschlossen sind. Bei Abschlußwiderständen der Größe $\sqrt{Z_S\,Z_G}$ an allen 4 Zugängen sind demnach die gekoppelten Leitungen an allen diesen Zugängen angepaßt, außerdem wirken sie als Richtkoppler, und zwar nicht nur von 1 nach 3 ohne Übertragung nach 4, sondern in entsprechender Weise auch mit jedem anderen Zugang als Eingang.

Das Spannungsverhältnis, mit dem der Richtungskoppler vom Ende einer der gekoppelten Leitungen zum benachbarten Ende der anderen Leitung überträgt, errechnet sich mit Gl. (6.47) aus

$$\frac{\underline{U}^{(3)}}{\underline{U}^{(1)}} = \frac{\underline{U}_{Sh}(0)\,(1 + r_S\,e^{-j2\beta l}) - \underline{U}_{Gh}(0)\,(1 + r_G\,e^{-j2\beta l})}{\underline{U}_{Sh}(0)\,(1 + r_S\,e^{-j2\beta l}) + \underline{U}_{Gh}(0)\,(1 + r_G\,e^{-j2\beta l})}\,. \tag{6.59}$$

Unter der Abschlußbedingung (6.57) für den Richtungskoppler erhält man daraus:

$$\frac{\underline{U}^{(3)}}{\underline{U}^{(1)}} = \frac{j\varkappa\sin\beta l}{\sqrt{1 - \varkappa^2}\cdot\cos\beta l + j\sin\beta l} \tag{6.60}$$

In Abhängigkeit von der Kopplerlänge wird die höchste Spannung bei $\beta l = \pi/2$ induziert. Bei dieser *maximalen Kopplung* ist

$$\underline{U}^{(3)} = \varkappa\cdot\underline{U}^{(1)}. \tag{6.61}$$

Es ist dies die gleiche maximale Spannung, wie sie auch induziert wird, wenn bei $r_S = 0$ und $r_G = 0$ der Widerstand Z_3 gegen ∞ geht. In beiden Fällen bestimmt nur der Kopplungsfaktor $\varkappa$ unmittelbar diese Spannung.

Im Gegensatz zu Gl. (6.52) ist die Kopplung nach Gl. (6.60) frequenzabhängig. Allgemeine Zeitfunktionen für $U^{(1)}$ werden darum bei der Übertragung im Richtkoppler durch die frequenzabhängige Kopplung ihrer verschiedenen spektralen Komponenten verzerrt.

Übersichtliche Darstellung der Studieninhalte

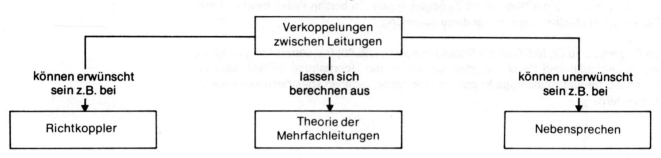

Übungsaufgaben zum Lernzyklus 6.2

1 Wie hängen die Ausbreitungskonstanten von TEM-Wellen auf Mehrfachleitungen von den Materialkonstanten μ und ε ab? *Ohne Unterlagen*

2 Wie hängt der Kopplungsfaktor, der die Leiterspannungen der verlustlosen, symmetrischen TEM-Dreifachleitung miteinander verkoppelt, von den Leitungsbelägen ab?

3 Wie lauten die Abschlußbedingungen für den Richtkoppler?

4 In einen Richtkoppler mit TEM-Leitungen falle an einem Zugang in $(+z)$-Richtung eine Welle ein. In welche Richtung läuft die übergekoppelte Welle aus dem Richtkoppler heraus?

5 Verkopplung zweier Fernsprech-Freileitungen
Unterlagen gestattet

Die Verkopplung zweier Fernsprech-Freileitungen in gleicher Höhe über dem Erdboden kann näherungsweise an dem Modell der symmetrischen, ideal leitenden Dreifachleitung mit homogenem Dielektrikum untersucht werden.

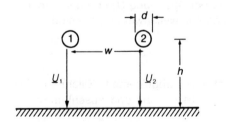

Leitungsquerschnitt am Anfang
$h = 5\,\text{m}$
$d = 2\,\text{mm}$
$w = 50\,\text{cm}$

Bestimmen Sie für den in der Skizze gezeigten Fall die *Nebensprechdämpfung*
$\dfrac{a}{\text{dB}} = 20 \log \left| \dfrac{U_1}{U_2} \right|$, die die Überkopplung von der Leitung 1 in Rückwärtsrichtung auf die Leitung 2 angibt! Nehmen Sie an, daß die Leitungen am Ende mit ihrem Wellenwiderstand abgeschlossen sind ($r_S = r_G = 0$) und die Leitung 2 am Anfang mit dem Wellenwiderstand der entsprechenden Einphasenleitung abgeschlossen ist! Für die Kapazitätsbeläge der Anordnung gilt

$$C_1' = C_2' \approx \frac{2\pi\varepsilon}{\left\{\ln\dfrac{4h}{d}\sqrt{1+\left(\dfrac{2h}{w}\right)^2}\right\}}$$

$$C_{12}' \approx \frac{2\pi\varepsilon\ln\dfrac{b}{w}}{\left(\ln\dfrac{4h}{d}\right)^2-\left(\ln\dfrac{b}{w}\right)^2} \quad \text{mit } b = \sqrt{4h^2+w^2}.$$

6 Symmetrische Dreifachleitung mit symmetrischer Beschaltung

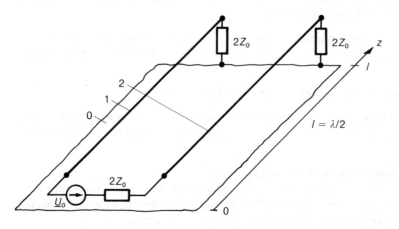

Eine verlustlose, symmetrische Dreifachleitung mit homogenem Dielektrikum sei in der skizzierten Weise durch einen Generator mit der Spannung $\underline{U}_0$ und dem Innenwiderstand $2Z_0$ angeregt. Die Gleichtakt- und Gegentaktwellenwiderstände sind

$$Z_S = 2Z_0 \qquad Z_G = \frac{2}{3}Z_0 \,.$$

a) Zunächst werde angenommen, der Generator sei abgeklemmt. Zeichnen Sie dafür das einphasige Ersatzschaltbild, bestehend aus Leitung und Abschlußwiderstand, für die Gleichtaktwelle!
Wie groß ist ihr Reflexionsfaktor r_S am Leitungsende? Zeichnen Sie das entsprechende Ersatzschaltbild für die Gegentaktwelle! Wie groß ist r_G?
b) Wie groß ist der Eingangswiderstand R_a einer mit R_e abgeschlossenen einphasigen, verlustlosen $\lambda/2$-Leitung?
c) Auch die Länge der skizzierten Zweiphasenleitung sei $l = \lambda/2$. Der Generator sei jetzt angeschlossen: Bestimmen Sie die Leiterspannungen $\underline{U}_1(0)$, $\underline{U}_2(0)$ und die Leiterströme $\underline{I}_1(0)$, $\underline{I}_2(0)$ am Leitungsanfang!
d) Bestimmen Sie die Leiterspannungen $\underline{U}_1(l)$, $\underline{U}_2(l)$ und die Leiterströme $\underline{I}_1(l)$, $\underline{I}_2(l)$ am Leitungsende!

Aufgaben zur Vertiefung 6

1 Symmetrische Komponenten im Drehstromkabel

Zur Vertiefung

Skizzieren Sie in der umseitigen Vorlage qualitativ die elektrischen Feldlinien der symmetrischen Komponenten im Querschnitt einer symmetrischen Drehstromleitung zu Zeiten mit $\omega t = 0$, $120°$ und $240°$! Berechnen Sie dazu die Leiterspannungen und schätzen Sie den Feldverlauf wie im statischen Fall ab!

2 Vergleich zweier Eigenwellensysteme

Im Lehrtext wird gezeigt, daß bei der Mehrfachleitung aus vollkommenen Leitern und mit homogenem Dielektrikum die Leiterspannungen selbst als Eigenwellenspannung aufgefaßt werden können.

Bei der ideal leitenden, symmetrischen Dreifachleitung wird jedoch oft weiterhin mit den symmetrischen Komponenten *Gleichtaktwelle* und *Gegentaktwelle*, die ein anderes verwendbares Eigenwellensystem bilden, gerechnet. Den Gleichtakt- und Gegentaktspannungen können nämlich einfach Gleichtakt- und Gegentaktströme zugeordnet werden. Entsprechendes ist bei den Leiterspannungen nicht möglich. Zeigen Sie dieses am Beispiel der vorlaufenden Wellen!

Nullsystem   Mitsystem   Gegensystem

$\omega t = 0$:

$\omega t = 120°$:

$\omega t = 240°$:

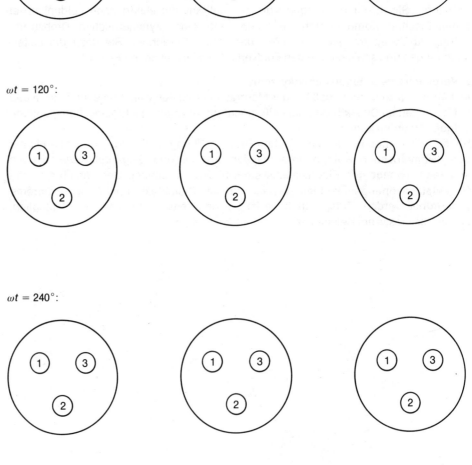

7 Hohlleiter und optische Wellenleiter

Lernzyklus 7.1

Lernziele

Nach dem Durcharbeiten des Lernzyklus 7.1 sollen Sie in der Lage sein,

- mit Worten zu erläutern, wie man sich Wellen im Rechteckhohlleiter
  aus einer homogenen, ebenen Welle entstanden denken kann;

- analog zu der Doppelleitung auch beim Rechteckhohlleiter
  mit Leitungsgleichungen zu rechnen;

- die Feldverteilungen einfacher Wellen im Rechteckhohlleiter zu skizzieren;

- im Prinzip zu skizzieren, wie man Wellen in einem Rechteckhohlleiter
  anregen kann.

7 Hohlleiter und optische Wellenleiter

Um elektromagnetische Wellen zu führen, braucht man nicht unbedingt zwei oder noch mehr voneinander isolierte, parallel laufende Leiter wie bei den Doppel- oder Mehrfachleitungen. Elektromagnetische Wellen breiten sich vielmehr auch an oder zwischen den Grenzschichten verschiedener Stoffe aus. Ein einfaches und praktisch sehr wichtiges Beispiel ist der **Rechteckhohlleiter** (vgl. Bild 7.1), ein metallisches Rohr mit rechteckigem Querschnitt. Das Rohr führt die Wellen durch Reflexion an seinen Innenwänden.

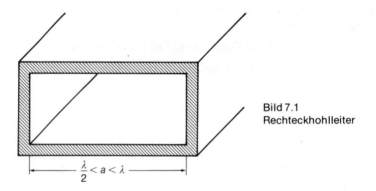

Bild 7.1
Rechteckhohlleiter

$$\frac{\lambda}{2} < a < \lambda$$

Rechteckhohlleiter, ebenso wie manchmal auch Hohlleiter anderer Querschnittsform, übernehmen im Bereich der **Mikrowellen,** nämlich für Schwingungsfrequenzen von 1 bis 300 GHz die Aufgaben, welche Doppelleitungen bei niedrigen Frequenzen *Anwendungen* erfüllen. Sie dienen als *Übertragungs- und Verbindungsleitungen* für Mikrowellen ebenso wie als Führungselement in den Komponenten und Schaltungen der Mikrowellentechnik.

Dielektrische Wellenleiter (wie z.B. die **Glasfaser** mit einem Querschnitt wie in Bild 7.2) führen Wellen durch Totalreflexion an Grenzflächen zwischen Stoffen mit unterschiedlichen Dielektrizitäts- oder Brechzahlen. Die Glasfaser in Bild 7.2 hat einen Kern mit etwas höherer Brechzahl als der Mantel. Solche dielektrischen Wellenleiter dienen in erster Linie zur Führung von Licht und heißen, wenn sie für Licht-

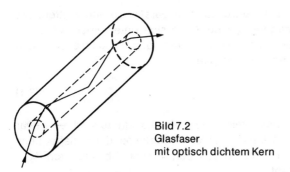

Bild 7.2
Glasfaser
mit optisch dichtem Kern

führung bemessen werden, auch **optische Wellenleiter.** In der optischen Nachrichtentechnik übertragen Glasfasern optische Signale über sehr große Entfernungen, während mit anderen optischen Wellenleitern in Form von dielektrischen Filmen und Streifen auf transparenten Substraten Komponenten und Schaltungen für die optische Nachrichtenübertragung aufgebaut werden.

7.1 Die Quasioptik des Rechteckhohlleiters

Um die Wellenausbreitung im Hohlleiter **quasioptisch** mit Reflexion an seinen metallischen Innenwänden zu erklären, behandeln wir als ein einfaches aber praktisch auch wichtiges Beispiel den Rechteckhohlleiter in Bild 7.3, der inneren Breite *a* und der inneren Höhe *b*.

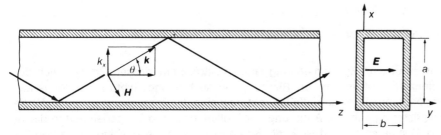

Bild 7.3 Rechteckhohlleiter mit Zick-Zackweg einer homogenen, ebenen Welle, die an beiden Seitenwänden reflektiert wird

Zunächst nehmen wir an, daß er sehr breit ist bzw. überhaupt keine Seitenwände hat. Boden und Decke des Hohlleiters bilden dann eine *Doppelleitung* in Form von zwei Platten im Abstand *b*. Die Leitungswelle zwischen diesen Platten hat die Felder einer *homogenen, ebenen Welle* mit dem elektrischen Feld senkrecht zu den Platten und

Ohne Seitenwände

221

dem magnetischen Feld im rechten Winkel dazu, also parallel zu den Platten. Wir wollen annehmen, daß diese homogene, ebene Welle sich unter einem Winkel θ gegen die Achse des Hohlleiters ausbreitet. In dieser durch den Winkel θ bestimmten Richtung wandert sie mit der Phasengeschwindigkeit

$$v = c = \frac{1}{\sqrt{\mu\varepsilon}}, \tag{7.1}$$

wobei μ und ε die magnetische bzw. die dielektrische Feldkonstante sind, und zwar des Stoffes, der den Hohlleiter füllt. Wenn die Felder der Welle bei der Kreisfrequenz ω eingeschwungen sind, haben sie in der durch den Winkel θ bestimmten Ausbreitungsrichtung die Phasenkonstante

Phasenkonstante
der homogenen, ebenen Welle

$$\beta_\theta = \frac{\omega}{v} = \omega\sqrt{\mu\varepsilon}. \tag{7.2}$$

Das ist die *Wellenzahl des Stoffes* bei der Kreisfrequenz ω. Diese **Stoffwellenzahl** wird auch mit

$$k = \omega\sqrt{\mu\varepsilon} \tag{7.3}$$

bezeichnet. Pro Längeneinheit in Ausbreitungsrichtung ändert sich die Phase der homogenen, ebenen Welle um $k = \beta_\theta$. In allen anderen Richtungen ändert sie sich aber pro Längeneinheit nur weniger, senkrecht zur Ausbreitungsrichtung sogar überhaupt nicht. In dieser Richtung ist also die Phasenkonstante null. In Querschnittsrichtung des Hohlleiters, gegenüber der ja die Ausbreitungsrichtung der Welle um den Winkel $\pi/2 - \theta$ geneigt ist, ändert sich die Phase der Welle pro Längeneinheit um

Phasenkonstante in *x*-Richtung

$$k_x = k\sin\theta. \tag{7.4}$$

k heißt darum die *Phasenkonstante der Welle in x-Richtung.*

Man führt in diesem Zusammenhang einen Vektor $\boldsymbol{k}$ ein, dessen Größe gleich der Stoffwellenzahl k ist und der als Richtung die Ausbreitungsrichtung der Welle hat. Die Komponenten dieses sog. **Wellenvektors $\boldsymbol{k}$** sind die Phasenkonstanten der Welle in dieser Richtung, d.h. die Änderung der Wellenphase pro Längeneinheit in dieser Richtung. Dementsprechend ist k_x die Komponente des Wellenvektors $\boldsymbol{k}$ in Bild 7.3 in *x*-Richtung.

Mit Seitenwänden

Wir führen nun die beiden Seitenwände des Hohlleiters im Abstand a wieder ein und untersuchen, unter welchen Bedingungen die homogene, ebene Welle sich auf *Zick-Zackwegen* mit Reflexion an den Seitenwänden im Hohlleiter ausbreiten kann. Nach je einer Reflexion an der linken und an der rechten Seitenwand läuft die Welle wieder in ursprünglicher Richtung und überlagert sich der ursprünglichen Welle.

Sie muß sich aber mit *gleicher Phase* überlagern; bei Phasendifferenz würde sie *destruktiv* interferieren und sich auslöschen. Zur phasenrichtigen Überlagerung muß die Phasendifferenz gegenüber der ursprünglichen Welle nach zweimaliger Reflexion ein ganzzahliges Vielfaches von 2π betragen.

Konstruktive Interferenz

In Querschnittsrichtung gesehen verschiebt sich die Phase in Bild 7.3 auf dem Wege von unten nach oben und von oben nach unten nach Maßgabe der Phasenkonstanten k_x um

$$-2k_x a = -2ka \cdot \sin\theta. \tag{7.5}$$

Diese Phasenverschiebung zusätzlich zu den Phasenverschiebungen von zweimal π bei den beiden Reflexionen an den Seitenwänden muß zur phasenrichtigen Überlagerung ein ganzzahliges Vielfaches m von 2π sein. Es muß also gelten:

$$ka\sin\theta = m\pi \tag{7.6}$$

Nur unter dieser Bedingung überlagert sich die von oben nach unten laufende Welle mit der nach der Reflexion von unten nach oben laufenden zu einer in Querschnittsrichtung rein **stehenden Welle** mit elektrischen Feldstärkeknoten an den gut leitenden Seitenwänden. Mit $\lambda = 2\pi/k$ als Wellenlänge der homogenen, ebenen Welle im Stoff, der den Hohlleiter füllt, lautet Gl. (7.6)

$$\sin\theta = \frac{m\lambda}{2a}. \tag{7.7}$$

Bei einer bestimmten Frequenz f bzw. der Wellenlänge $\lambda = c/f$ kann sich die homogene, ebene Welle im Rechteckhohlleiter der Breite a nur unter solchen Winkeln θ ausbreiten, die Gl. (7.7) erfüllen. Nur unter diesen Winkeln überlagern sich ihre beiden hin- und herreflektierten Teile zu einer Hohlleiterwelle, deren Felder dann in Querschnittsrichtung transversal zur Hohlleiterachse rein stehende Wellen bilden mit elektrischen Feldstärkeknoten an den Seitenwänden.

Solche Hohlleiterwellen gibt es nach Gl. (7.7) nur bei genügend hohen Frequenzen bzw. kurzen Wellenlängen $\lambda = c/f$. Es muß

$$\lambda \leq \lambda_{c1} = 2a \tag{7.8}$$

sein, damit sich aus Gl. (7.7) wenigstens *ein* reeller Winkel θ ergibt. Bei $\lambda = \lambda_{c1}$ bzw. $f = f_{c1} = c/\lambda_{c1}$ ist $\theta = \pi/2$; unter dieser Bedingung wird die homogene, ebene Welle nur zwischen den beiden Seitenwänden hin- und herreflektiert, ohne daß sie in axialer Richtung fortschreitet. λ_{c1} ist die **Grenzwellenlänge** bzw. f_{c1} die **Grenzfrequenz** des Hohlleiters oder genauer der mit steigender Frequenz ersten ausbreitungsfähigen Hohlleiterwelle; für sie ist $m = 1$.

Bei
$$f = f_{cm} = \frac{mc}{2a}$$
(7.9)

„Höhere Wellen"   werden jeweils noch weitere Hohlleiterwellen ausbreitungsfähig. Während die Hohlleiterwelle mit $m = 1$ eine Feldverteilung über die Breite des Hohlleiters in Form *einer* Sinushalbwelle hat, sind es bei der Hohlleiterwelle mit $m > 1$ jeweils m solche Sinushalbwellen. Die Hohlleiterwelle mit $m = 1$ heißt **Grundwelle** des Hohlleiters, weil sie die niedrigste Grenzfrequenz hat. Die Hohlleiterwelle nächst höherer Ordnung mit $m = 2$ hat die doppelte Grenzfrequenz.

Feldverteilung   Die homogene, ebene Welle, aus der diese Hohlleiterwellen durch Überlagerung der hin- und herreflektierten Teile entstehen, hat eine Komponente des magnetischen Feldes in Richtung der Hohlleiterachse; wenn ihre Teile sich zu einer der Hohlleiter-

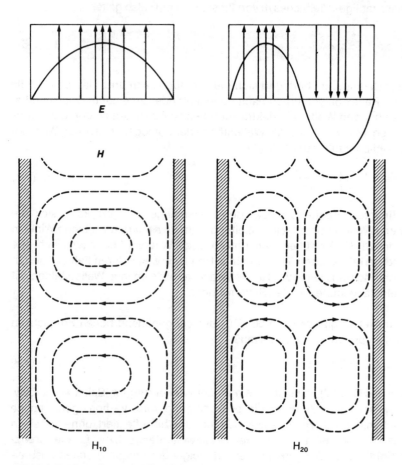

Bild 7.4 Feldverteilung und Feldlinien der H_{10}- und H_{20}-Welle im Rechteckhohlleiter

wellen überlagern, ergeben sich *magnetische Feldlinienschleifen* so, wie es Bild 7.4 in Längsschnitten für die Wellen mit $m = 1$ und $m = 2$ zeigt.

Im Gegensatz zu den Wellen auf Doppel- und Mehrfachleitungen, die ja bei idealen Leitern und homogenem Dielektrikum zwischen den Leitern nur *transversale* Feldkomponenten haben, also reine **TEM-Wellen** sind, haben die hier gefundenen Hohlleiterwellen ein magnetisches Feld auch in Ausbreitungsrichtung. Das elektrische Feld ist allerdings bei diesen Hohlleiterwellen rein transversal. Darum nennt man sie auch *H-Wellen* oder *TE-Wellen*, für **t**ransversal **e**lektrisch.

Bezeichnung von Hohlleiterwellen

Außer den H- oder TE-Wellen gibt es in Hohlleitern mit ideal leitenden Wänden und homogener Füllung auch *E- oder TM-Wellen*, die nur eine Komponente des elektrischen Feldes in Ausbreitungsrichtung haben, also **t**ransversal **m**agnetisch sind. Sie entstehen durch Wandreflexionen und Überlagerung von homogenen, ebenen Wellen, die mit solcher **Polarisation** und unter solch einem Winkel zur Hohlleiterachse wandern, daß nur ihr elektrisches Feld eine Komponente in axialer Richtung hat.

Um bei der Bezeichnung der Hohlleiterwellen auch ihre *Ordnung* mit zu erfassen, versieht man sie mit zwei Indizes. So heißen die oben gefundenen H-Wellen genauer auch H_{m0}- bzw. TE_{m0}-Wellen. Der erste Index zählt die Zahl der stehenden Halbwellen in Querschnittsrichtung parallel zur Breitseite, der zweite die Zahl dieser Halbwellen parallel zur Schmalseite. Die oben gefundenen H-Wellen haben Feldverteilungen, die sich über den Querschnitt parallel zur Schmalseite nicht ändern; dementsprechend ist der zweite Index $n = 0$.

Der Ausbreitungswinkel θ der homogenen, ebenen Welle bestimmt nach Bild 7.5 die **Phasen- und Gruppengeschwindigkeit** der daraus entstehenden Hohlleiterwelle.

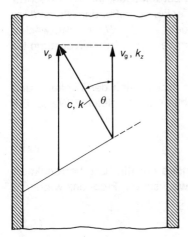

Bild 7.5
Geschwindigkeiten und Phasenkonstanten
von Wellen in Hohlleitern

Die homogene, ebene Welle wandert in Richtung von θ mit der Geschwindigkeit $c = 1/\sqrt{\mu\varepsilon}$.

Entlang des Hohlleiters kommt dabei die Welle nur mit der Geschwindigkeit

Gruppengeschwindigkeit
$$v_g = c \cdot \cos\theta \tag{7.10}$$

voran. Dieses ist dann auch die Geschwindigkeit, mit der die Energie in der Hohlleiterwelle wandert, d.h. ihre Gruppengeschwindigkeit. Für die Phasengeschwindigkeit der Hohlleiterwelle ist zu bedenken, daß die Phasenkonstante in axialer Richtung bei der homogenen, ebenen Welle unter dem Winkel θ nur

$$k_z = k \cdot \cos\theta \tag{7.11}$$

beträgt. Dieses ist dann auch die Phasenkonstante β der Hohlleiterwelle, welche daraus entsteht. Mit $\beta = k_z$ ist dann ihre Phasengeschwindigkeit:

$$v_p = \frac{\omega}{\beta} = \frac{\omega}{k_z} \tag{7.12}$$

Wir erhalten darum mit $k = \omega/c$ eine Phasengeschwindigkeit

Phasengeschwindigkeit
$$v_p = \frac{c}{\cos\theta}, \tag{7.13}$$

die nicht nur größer als die Gruppengeschwindigkeit sondern auch größer als c ist. Dieses leuchtet sofort ein, wenn wir bedenken, wie die Nulldurchgänge der homogenen, ebenen Welle bei der Reflexion an der Seitenwand entlang streichen: wenn sie dabei in Richtung von θ eine bestimmte Strecke zurücklegen, ist ihr Fortschritt entlang der Wand um so größer gegenüber dieser Strecke, je größer der Winkel θ ist. Wenn θ gegen $\pi/2$ geht, und damit die Welle senkrecht auf die Wand trifft, wächst diese Phasengeschwindigkeit sogar über alle Grenzen, denn jetzt trifft ein bestimmter Nulldurchgang überall gleichzeitig auf die Wand.

Frequenzabhängigkeit
Mit relativ zur Grenzfrequenz wachsender Frequenz ändern sich der Winkel θ und die Ausbreitungsgeschwindigkeiten von Hohlleiterwellen alle in gleicher Weise. Bei $f = f_{cm}$ bzw. $\lambda = \lambda_{cm} = 2a/m$ ist

$$\theta = \frac{\pi}{2}, \qquad v_g = 0, \qquad v_p \to \infty. \tag{7.14}$$

Die homogene, ebene Welle wird zwischen den Wänden nur hin- und herreflektiert und kommt entlang des Hohlleiters nicht voran. Mit wachsender Frequenz werden θ kleiner, v_g größer und v_p kleiner. Bei $f \gg f_{cm}$ wird

$$\theta \to 0, \qquad v_g \approx v_p \approx c. \tag{7.15}$$

Hier breitet sich die Hohlleiterwelle wie im freien Raum mit den Stoffeigenschaften der Hohlleiterfüllung aus.

Im Hohlleiter mit ideal leitenden Wänden und verlustloser Füllung wandern die Wellen oberhalb der Grenzfrequenz ungedämpft. Praktisch werden sie jedoch bei endlicher Leitfähigkeit durch die Stromwärmeverluste der Wand gedämpft. Dämpfung durch Verluste im Hohlleiterinneren fällt demgegenüber nur ins Gewicht, wenn der Hohlleiter nicht leer sondern mit Material gefüllt ist. Stromwärmeverluste in Boden und Decke entsprechen bei den H_{m0}-Wellen denen in einer Parallelplattenleitung, denn die homogene, ebene Welle wird auf ihrem Zick-Zackweg wie von einer solchen Doppelleitung geführt. An den Seitenwänden entstehen Verluste bei der Reflexion. Beide Verluste sind nahe der Grenzfrequenz verhältnismäßig hoch, weil bei θ nahe $\pi/2$ gemäß Bild 7.6a nicht nur der Zick-Zackweg viel länger als der direkte Weg ist, sondern die Welle auch oft reflektiert wird.

Dämpfung

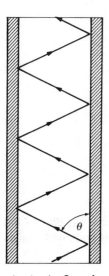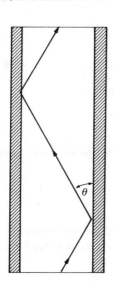

a) nahe der Grenzfrequenz,   b) weiter oberhalb der Grenzfrequenz

Bild 7.6 Zick-Zackwege der homogenen, ebenen Teilwellen einer Rechteckhohlleiterwelle

Mit steigender Frequenz nimmt θ ab, der Zick-Zackweg nähert sich in der Länge dem direkten Weg und die Welle wird nicht mehr so oft reflektiert. Darum werden die Hohlleiterwellen zunächst auch weniger gedämpft. Mit weiter steigender Frequenz steigt dann schließlich aber auch die Dämpfung, weil durch den **Skineffekt** die Wandströme immer weniger in den Leiter eindringen und sich dadurch der Wandwiderstand erhöht. Die Dämpfung der Hohlleiterwellen nimmt darum schließlich proportional zu $\sqrt{\omega}$ zu, ähnlich wie bei den Leitungswellen auf Doppel- und Mehrfachleitungen auch. Bild 7.7 zeigt als praktisch wichtigstes Beispiel die Dämpfungskonstante eines Rechteckhohlleiters der Breite a und des üblichen Seitenverhältnisses $a/b = 2$ bezogen auf die Frequenz als Funktion des Frequenzverhältnisses f/f_{c1}. Bild 7.7 gilt für Innenwände des Rechteckhohlleiters, die mindestens bis zur Eindringtiefe der Ströme verkupfert sind oder überhaupt aus Kupfer bestehen.

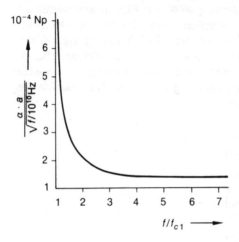

Bild 7.7 Dämpfung der H_{10}-Welle in einem Rechteckhohlleiter aus Kupfer
$a = 2b$; f in Einheiten von 10^{10} Hz

Für andere Metalle ergibt sich die Dämpfungskonstante, indem man α aus Bild 7.7 mit dem Faktor $\sqrt{\sigma_{Cu}/\sigma_M}$ aus der Leitfähigkeit σ_{Cu} von Kupfer und σ_M des anderen Metalles umrechnet.

7.2 Die Leitungsgleichungen für die Grundwelle des Rechteckhohlleiters

Es lassen sich für jede der Hohlleiterwellen ebenso wie überhaupt für elektromagnetische Wellen auf Wellenleitern oder in Medien, die sich in Ausbreitungsrichtung nicht ändern, Differentialgleichungen aus den Maxwellschen Gleichungen ableiten, die den Differentialgleichungen (1.2) der Doppelleitung im eingeschwungenen Zustand voll entsprechen. Diese Differentialgleichungen haben dann die gleichen Lösungen wie jene für die Doppelleitungen, so daß die ganze Theorie der Doppelleitung sich damit auch auf Hohlleiterwellen ebenso wie auf Wellen in anderen Wellenleitern und Medien anwenden läßt.

Rückführung auf Bekanntes

Wir wollen diese Differentialgleichungen hier für das Beispiel der Grundwelle des Rechteckhohlleiters ableiten, weil diese Hohlleiterwelle praktisch die größte Bedeutung hat.

Der Rechteckhohlleiter in Bild 7.8a entsteht aus der Parallelplattenleitung in Bild 7.8b, wenn man die Platten auf beiden Seiten mit leitenden Wänden schließt.

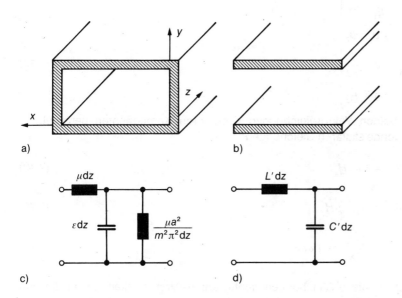

Bild 7.8 Rechteckhohlleiter (a) und Bandleitung (b) mit Leitungsersatzbildern (c) und (d)

In der quasi-optischen Betrachtungsweise ging die H_{10}-Welle ebenso wie alle anderen H_{m0}-Wellen aus der homogenen, ebenen Welle hervor, die auf Zick-Zackwegen wandert. Ihre Felder ändern sich in y-Richtung der rechtwinkligen Koordinaten von Bild 7.8a nicht. Am ideal leitend angenommenen Boden des Rechteckhohlleiters muß sowohl das dazu tangentiale elektrische Feld als auch die Normalkomponente des magnetischen Feldes verschwinden. Es müssen also bei $y = 0$ sowohl E_x und E_z als auch H_y Null sein, ebenso wie an der Decke bei $y = b$. Wenn sie sich aber mit y nicht ändern dürfen, dann müssen diese Feldkomponenten überall gleich Null sein.

Die **Maxwellschen Gleichungen** im bei der Kreisfrequenz ω eingeschwungenen Zustand lauten für die Vektoren der elektrischen und magnetischen Feldphasoren

$$\text{rot } \underline{\boldsymbol{E}} = -\,j\omega\mu\underline{\boldsymbol{H}} \qquad \text{rot } \underline{\boldsymbol{H}} = j\omega\varepsilon\underline{\boldsymbol{E}}. \tag{7.16}$$

Unter den Bedingungen $\dfrac{\partial}{\partial y} = 0$ und $\underline{E}_x = \underline{E}_z = \underline{H}_y = 0$ vereinfachen sie sich folgendermaßen

$$\begin{vmatrix} \boldsymbol{u}_x & \boldsymbol{u}_y & \boldsymbol{u}_z \\[4pt] \dfrac{\partial}{\partial x} & 0 & \dfrac{\partial}{\partial z} \\[6pt] 0 & \underline{E}_y & 0 \end{vmatrix} = -\,j\omega\mu(\underline{H}_x\,\boldsymbol{u}_x + \underline{H}_z\,\boldsymbol{u}_z) \tag{7.17}$$

$$\begin{vmatrix} \boldsymbol{u}_x & \boldsymbol{u}_y & \boldsymbol{u}_z \\[4pt] \dfrac{\partial}{\partial x} & 0 & \dfrac{\partial}{\partial z} \\[6pt] \underline{H}_x & 0 & \underline{H}_z \end{vmatrix} = j\omega\varepsilon\underline{E}_y\,\boldsymbol{u}_y. \tag{7.18}$$

Werden diese beiden Vektorgleichungen nach ihren Komponenten getrennt, so erhalten wir folgende skalaren Gleichungen

$$\frac{\partial \underline{E}_y}{\partial z} = j\omega\mu\underline{H}_x \tag{7.19}$$

$$\frac{\partial \underline{E}_y}{\partial x} = -\,j\omega\mu\underline{H}_z \tag{7.20}$$

$$\frac{\partial \underline{H}_x}{\partial z} - \frac{\partial \underline{H}_z}{\partial x} = j\omega\varepsilon\underline{E}_y. \tag{7.21}$$

Um die Lösung für diese Gleichungen richtig anzusetzen, denken wir an die rein *stehende Welle* in x-Richtung, die sich für die Feldverteilungen bei der Überlagerung der auf ihrem Zick-Zackweg hin- und herreflektierten homogenen, ebenen Welle ergibt. Gleichzeitig berücksichtigen wir die Randbedingungen an den Seitenwänden, daß nämlich bei $x = 0$ und bei $x = a$ sowohl das tangentiale elektrische Feld, also $\underline{E}_y$, als auch die Normalkomponente des magnetischen Feldes, also $\underline{H}_x$, verschwinden müssen. Im Hinblick darauf setzen wir für die Transversalkomponenten der Felder $\underline{E}_y$ und $\underline{H}_x$ an

Lösungsansatz

$$\underline{E}_y = \underline{U}(z)\sqrt{\frac{2}{ab}}\,\sin\frac{m\pi x}{a} \tag{7.22}$$

$$\underline{H}_x = -\underline{I}(z)\sqrt{\frac{2}{ab}}\,\sin\frac{m\pi x}{a}$$

mit m als ganzer Zahl. Die Sinusfunktionen bilden die gewünschten stehenden Wellen in x-Richtung; und mit $m = 1, 2, 3 \ldots$ verschwinden $\underline{E}_y$ und $\underline{H}_x$ nicht nur bei $x = 0$ sondern auch bei $x = a$.

Der Feldansatz in Gl. (7.22) entspricht in seiner Abhängigkeit von den Querschnittskoordinaten x und y den H_{m0}-Wellen, wie wir sie durch Überlagerung der homogenen, ebenen Wellen auf Zick-Zackwegen gefunden hatten. Mit den Faktoren $\sqrt{2/(ab)}$ hat $\underline{U}(z)$ in diesem Ansatz die Dimension der elektrischen Spannung und $\underline{I}(z)$ die des elektrischen Stromes. Daß diese noch unbestimmten Funktionen von z nicht nur die Dimension von Spannung bzw. Strom haben, sondern sich wegen der geeigneten Wahl der Faktoren aus ihnen auch die vom Feld transportierte Leistung genau so berechnet wie aus den Spannungs- und Stromphasoren in elektrischen Netzwerken, erkennen wir aus einer Berechnung der Leistung. Die momentane Leistungsflußdichte ergibt sich als **Poyntingvektor** $\boldsymbol{S} = \boldsymbol{E} \times \boldsymbol{H}$ aus den Momentanwerten $\boldsymbol{E}(t)$ und $\boldsymbol{H}(t)$. Im eingeschwungenen Zustand errechnet sich der zeitliche Mittelwert der Leistungsflußdichte aus den Vektoren der elektrischen und magnetischen Feldphasoren gemäß

Leistungsberechnung

$$\boldsymbol{S}_\mathrm{m} = \frac{1}{2}\,(\underline{\boldsymbol{E}} \times \underline{\boldsymbol{H}}^* + \underline{\boldsymbol{E}}^* \times \underline{\boldsymbol{H}}), \tag{7.23}$$

ähnlich wie sich der zeitliche Mittelwert der Leistung in einem Zweipol aus den Spannungs- und Stromphasoren gemäß

$$P = \frac{1}{2} \cdot [\underline{U}\underline{I}^* + \underline{U}^*\underline{I}] \tag{7.24}$$

errechnet.

Um nun den zeitlichen Mittelwert der insgesamt von dem Feld in Gl. (7.22) in axialer Richtung des Hohlleiters geführten Leistung zu ermitteln, müssen wir die z-Komponente des Poyntingvektors nach Gl. (7.23) über den Hohlleiterquerschnitt integrieren.

$$P = \int\limits_0^a \int\limits_0^b (\boldsymbol{S}_\mathrm{m})_z\,\mathrm{d}x\,\mathrm{d}y = -\frac{1}{2} \int\limits_0^a \int\limits_0^b (\underline{E}_y\underline{H}_x^* + \underline{E}_y^*\underline{H}_x)\,\mathrm{d}x\,\mathrm{d}y \tag{7.25}$$

Mit den Ansätzen aus Gl. (7.22) folgt daraus

$$P = \frac{1}{2}\left[\underline{U}(z)\underline{I}^*(z) + \underline{U}^*(z)\underline{I}(z)\right]. \tag{7.26}$$

Die Spannungs- und Stromfunktionen im Feldansatz haben also auch hinsichtlich der Leistung die gleiche Bedeutung wie Spannungs- und Stromphasoren auf einer Doppelleitung.

Berechnung von $\underline{U}(z)$ und $\underline{I}(z)$ Aus Gl. (7.20) folgt mit dem Ansatz (7.22) für das longitudinale magnetische Feld

$$\underline{H} = \mathrm{j}\,\frac{m\pi}{\omega\mu a} \cdot \sqrt{\frac{2}{ab}}\,\underline{U}(z) \cdot \cos\frac{m\pi x}{a}\,. \tag{7.27}$$

Wird nun der Ansatz (7.22) auch noch in die beiden anderen Komponenten (7.19) und (7.21) der Maxwellschen Gleichungen eingeführt, so ergibt sich für die noch unbekannten Spannungs- und Stromfunktionen folgendes System von gewöhnlichen Differentialgleichungen

$$\frac{\mathrm{d}\underline{U}}{\mathrm{d}z} = -\mathrm{j}\omega\mu\underline{I} \tag{7.28}$$

$$\frac{\mathrm{d}\underline{I}}{\mathrm{d}z} = -\left(\mathrm{j}\omega\varepsilon + \frac{m^2\pi^2}{\mathrm{j}\omega\mu a^2}\right)\underline{U}\,. \tag{7.29}$$

Dieses System hat die gleiche Form wie die Differentialgleichungen für Spannung und Strom auf einer Doppelleitung. Die Spannungs- und Stromfunktionen $\underline{U}(z)$ und $\underline{I}(z)$ einer jeden H_{m0}-Welle des Rechteckhohlleiters ergeben sich als Lösungen dieser Differentialgleichungen ebenso wie Spannung und Strom auf der entsprechenden Doppelleitung.

Leitungsbeläge Die äquivalente Doppelleitung hat den Längsimpedanzbelag

$$Z' = \mathrm{j}\omega\mu \tag{7.30}$$

und den Queradmittanzbelag

$$Y' = \mathrm{j}\omega\varepsilon + \frac{m^2\pi^2}{\mathrm{j}\omega\mu a^2}\,. \tag{7.31}$$

Für einen Abschnitt der infinitesimalen Länge dz läßt sich damit auch eine Leitungsersatzschaltung gemäß Bild 7.8 angeben mit $\mu\,\mathrm{d}z$ als Längsinduktivität und $\varepsilon\,\mathrm{d}z$ als Querkapazität. Anders als bei gewöhnlichen Doppelleitungen liegt parallel zu dieser Querkapazität noch die Querinduktivität $\mu\,a^2/(m^2\pi^2\,\mathrm{d}z)$.

Die verschiedenen Hohlleiterwellen breiten sich unabhängig voneinander aus. Für jede von ihnen läßt sich eine *äquivalente Doppelleitung* angeben. Im Falle der H_{m0}-Wellen, die wir hier nur ins Auge gefaßt haben, haben alle ihre **Leitungsersatzbilder** die gleiche Form. Sie unterscheiden sich je nach ihrer Ordnung m nur in ihrem Querinduktivitätsbelag $\mu a^2/(m\pi)^2$. Für die Grundwelle des Hohlleiters mit $m = 1$ läßt sich das Leitungsersatzbild einfach physikalisch interpretieren: Der Hohlleiter besteht für diese einfachste Wellenform aus einer Parallelplattenleitung, die gemäß Bild 7.9 auf beiden Seiten mit leitenden Wänden überbrückt wird. Die

Parallelplattenleitung hat nur Längsinduktivität und Querkapazität; die Seitenwände bilden die Querinduktivität.

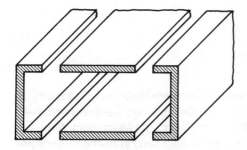

Bild 7.9
Rechteckhohlleiter aus Bandleitung mit seitlichen Überbrückungen zur Erklärung des Leitungsersatzbildes 7.8c für die Grundwelle

Die **Ausbreitungskonstante** einer Leitungswelle folgt aus Längsimpedanzbelag Z' und Queradmittanzbelag Y' der Leitung gemäß

$$\gamma = \sqrt{Z'Y'} \tag{7.32}$$

und ist für H_{m0}-Wellen

$$\gamma = \sqrt{j\omega\mu\left(j\omega\varepsilon + \frac{m^2\pi^2}{j\omega\mu a^2}\right)} \tag{7.33}$$

$$= j\omega\sqrt{\mu\varepsilon}\sqrt{1 - \left(\frac{f_{cm}}{f}\right)^2}\ .$$

Dabei bildet

$$f_{cm} = \frac{mc}{2a} \tag{7.34}$$

mit $c = 1/\sqrt{\mu\varepsilon}$ die Grenzfrequenz, von der an sich die betreffende H_{m0}-Welle im Hohlleiter ausbreitet.

Der **Wellenwiderstand** der äquivalenten Doppelleitung ergibt sich aus dem Verhältnis von Längsimpedanzbelag zu Queradmittanzbelag gemäß

$$z = \sqrt{\frac{Z'}{Y'}}\ . \tag{7.35}$$

Er lautet für H_{m0}-Wellen

$$Z = \sqrt{\frac{j\omega\mu}{j\omega\varepsilon + \dfrac{m^2\pi^2}{j\omega\mu a^2}}}$$

$$= \sqrt{\frac{\mu}{\varepsilon}}\ \frac{1}{\sqrt{1 - \left(\dfrac{f_{cm}}{f}\right)^2}}. \tag{7.36}$$

Dieser Wellenwiderstand stellt ganz allgemein das Verhältnis von Spannung zu Strom in einer laufenden Welle dar. Bei H_{m0}-Wellen mit den transversalen Feldkomponenten in Gl. (7.22) ist dieses Verhältnis von $\underline{U}(z)$ zu $\underline{I}(z)$ gleich dem Verhältnis von $\underline{E}_y$ zu $\underline{H}_x$. Z nach Gl. (7.35) bildet also für diese Wellen den **Feldwellenwiderstand** gemäß $Z = \underline{E}_y/(-\underline{H}_x)$.

$f > f_{cm}$ Für Frequenzen f, die größer als die Grenzfrequenz f_{cm} einer H_{m0}-Welle sind, ergibt sich aus Gl. (7.33) eine rein imaginäre Ausbreitungskonstante

$$\gamma = j\beta.$$

$f = f_{cm}$ Für solche Frequenzen breitet sich die betreffende H_{m0}-Welle ohne Dämpfung aus und hat einen rein reellen Wellenwiderstand. Bei $f = f_{cm}$ verschwindet γ, während Z gegen unendlich strebt. Im Leitungsersatzbild für den infinitesimalen Abschnitt kommen Querkapazität und Querinduktivität bei dieser Frequenz gerade in Resonanz, so daß ihr Leitwert verschwindet. Damit kann sich auf der äquivalenten Leitung keine Welle mehr ausbreiten.

$f < f_{cm}$ Unterhalb der Grenzfrequenz, für $f < f_{cm}$ überwiegt im Leitungsersatzbild der betreffenden Hohlleiterwelle in Bild 7.8c der induktive Queradmittanzbelag den kapazitiven; insgesamt ist dann der Queradmittanzbelag überhaupt induktiv und die Ersatzleitung bildet einen *kontinuierlichen induktiven Spannungsteiler*. An solch einem induktiven Spannungsteiler breitet sich die Welle nicht mehr aus, sie wird vielmehr *aperiodisch gedämpft*. Die betreffende H_{m0}-Welle hat dementsprechend auch eine rein reelle Ausbreitungskonstante

$$\gamma = \alpha = 2\pi\frac{f_{cm}}{c}\cdot\sqrt{1 - \left(\frac{f}{f_{cm}}\right)^2}. \tag{7.37}$$

Ihre Felder nehmen also dann mit der Dämpfungskonstanten α exponentiell ab.

Der Wellenwiderstand ist bei Frequenzen unterhalb der Grenzfrequenz rein imaginär. Daran erkennt man auch, daß die Welle sich nicht ausbreitet, sondern in ihren aperiodisch abnehmenden Feldern nur Blindenergie speichert. Um zu entscheiden, ob dieser rein imaginäre Wellenwiderstand positiv oder negativ imaginär ist, d.h. induktiv oder kapazitiv wirkt, bedenken wir wieder, daß die Ersatzleitung unterhalb der Grenzfrequenz einen induktiven Spannungsteiler bildet. Dafür ist der Wellenwiderstand induktiv, also positiv imaginär.

Bild 7.10 zeigt, wie der Wellenwiderstand sowie Dämpfungs- und Phasenkonstante von H_{m0}-Wellen im verlustlosen Rechteckhohlleiter von der Frequenz abhängen. Wenn die *endliche Leitfähigkeit* der Hohlleiterwände mit in Rechnung gesetzt würde, wäre die Dämpfungskonstante oberhalb der Grenzfrequenz nicht mehr null, sondern hätte endliche Werte, so wie sie Bild 7.7 für die Grundwelle im Kupferhohlleiter zeigt.

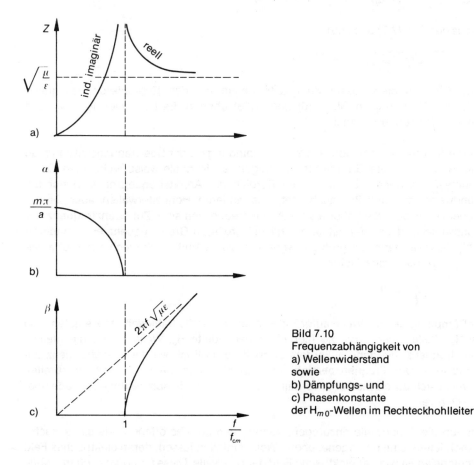

Bild 7.10
Frequenzabhängigkeit von
a) Wellenwiderstand
sowie
b) Dämpfungs- und
c) Phasenkonstante
der H_{m0}-Wellen im Rechteckhohlleiter

Gegenüber der hohen Dämpfungskonstanten im Sperrbereich unterhalb der Grenzfrequenz nach Bild 7.10 b sind diese Werte aber sehr klein.

235

Aus der Phasenkonstanten für $f > f_{cm}$ nach Gl. (7.33) ergibt sich als **Phasengeschwindigkeit**

$$v_p = \frac{\omega}{\beta} = \frac{c}{\sqrt{1 - \left(\frac{f_{cm}}{f}\right)^2}} \tag{7.38}$$

und als **Gruppengeschwindigkeit**

$$v_g = \frac{d\omega}{d\beta} = c \sqrt{1 - \left(\frac{f_{cm}}{f}\right)^2}. \tag{7.39}$$

Da aus den Gln. (7.7) und (7.9)

$$\frac{f_{cm}}{f} = \sin\theta$$

folgt, stimmen diese Geschwindigkeitsformeln mit den Ergebnissen der quasi-optischen Rechnung in Gl. (7.10) und (7.13) überein. Es ist immer $v_g < v_p$ und daher die **Dispersion** normal.

Abmessungen von Hohlleitern

Für die Anwendung des Hohlleiters als Verbindungs- oder Übertragungsleitung muß man wissen, wie die Grundwelle anzuregen ist. Normalerweise wählt man Querschnittsabmessungen, bei denen im Bereich der Arbeitsfrequenzen sich nur die Grundwelle im Hohlleiter ausbreitet, alle anderen Hohlleiterwellen aber Grenzfrequenzen haben, die höher als die Arbeitsfrequenzen sind. Zur Grenzfrequenz der Grundwelle wird das Verhältnis der nächst größeren Grenzfrequenz einer anderen Hohlleiterwelle dann am größten, wenn die Querschnittsbreite sich zur -höhe wie $a/b \geqslant 2$ verhält. Dabei ist für

$$\frac{a}{b} = 2$$

die Dämpfung der H_{10}-Welle aufgrund endlicher Wandleitfähigkeit am kleinsten, und die H_{20}-Welle, aber auch die hier nicht behandelte H_{01}-Welle haben die gleiche Grenzfrequenz, die dann außerdem doppelt so groß ist wie die Grenzfrequenz der Grundwelle. Der Frequenzbereich, in dem sich nur die Grundwelle ausbreitet, erstreckt sich für dieses Seitenverhältnis der Querschnittsabmessungen gerade über eine *Oktave*.

Anregung der Grundwelle

Um nun die Grundwelle anzuregen, könnte man auf das offene Ende eines Rechteckhohlleiters eine homogene, ebene Welle einfallen lassen, deren elektrisches Feld so polarisiert ist wie das elektrische Feld der H_{10}-Welle. Diese *homogene, ebene Welle* würde zwar auch noch andere Hohlleiterwellen anregen; wenn diese anderen Hohlleiterwellen aber noch unterhalb ihrer Grenzfrequenz sind, breiten sie sich nicht aus, sondern ihre Felder nehmen in den Hohlleiter hinein sehr schnell exponentiell ab, dringen also nur wenig in den Hohlleiter ein. In diesem Betrieb bildet das Hohlleiterende eine *Empfangsantenne,* die aus der einfallenden, homogenen, ebenen Welle einen Teil der Leistung empfängt und sie in der Grundwelle weiterleitet. Um den Empfang zu verbessern, weitet man das Hohlleiterende auf und empfängt dann einen entsprechend größeren Teil der Leistung in der homogenen, ebenen Welle.

Oft will man auch die Hochfrequenzleistung, die von einem Sender beispielweise an eine *Koaxialleitung* abgegeben wird, in der Grundwelle des Rechteckhohlleiters weiterleiten; man braucht dann einen Übergang von der Koaxialleitung auf den Rechteckhohlleiter, der möglichst ohne Reflexion die ganze einfallende Leistung von der Koaxialleitung auf den Hohlleiter überträgt. Eine Möglichkeit, diesen Übergang auszuführen, zeigt Bild 7.11.

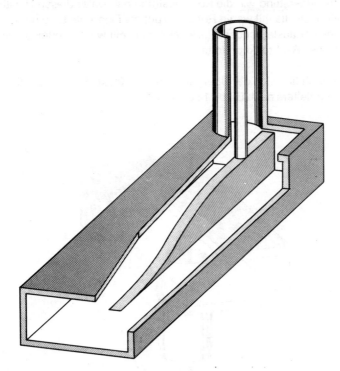

Bild 7.11 Allmählicher Übergang von einer Koaxialleitung auf die Grundwelle des Rechteckhohlleiters mit einer Flossenleitung

Der Außenleiter der Koaxialleitung endet als Öffnung in einer Breitseite des Hohlleiters; der Innenleiter wird etwas weiter fortgesetzt und mit einer leitenden Flosse verbunden, die senkrecht auf der anderen Breitseite des Hohlleiters steht. Im Spalt zwischen Flossenkante und der freien Breitseite regt die Koaxialleitungswelle eine Welle an, die eine ähnliche Feldverteilung hat wie die Leitungswelle auf einer Doppelleitung mit der entsprechenden Querschnittsform. Nach der einen Seite ist der Hohlleiter metallisch geschlossen und damit auch die **Flossenleitung** kurzgeschlossen, und zwar in einem Abstand einer viertel Wellenlänge von dem Innenleiter der Koaxialleitung. Nach dieser Seite hat also die Flossenleitung einen sehr großen Eingangswiderstand. Nach der anderen Seite läuft die Flosse allmählich in den Rechteckhohlleiter aus. Längs dieser auslaufenden Flosse geht die Flossenleitungswelle allmählich in die Grundwelle des Rechteckhohlleiters über.

Man wählt nun die Flosse so dick und den Spalt zwischen ihr und der freien Breitseite des Hohlleiters so groß, daß die Doppelleitung, welche dieser Spalt bildet, den gleichen Wellenwiderstand wie die Koaxialleitung hat. Unter diesen Umständen geht die Koaxialleitungswelle mit wenig Reflexion auf die Flossenleitung über und wandelt sich dann längs der auslaufenden Flosse ebenfalls mit wenig Reflexion allmählich in die Grundwelle des Rechteckhohlleiters.

Viel einfacher noch läßt sich der Übergang von der Koaxialleitung auf die Grundwelle des Rechteckhohlleiters nach Bild 7.12 ausführen.

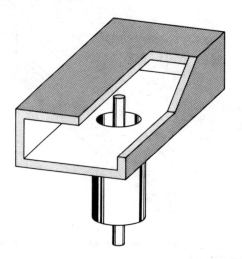

Bild 7.12 Koaxial-Rechteckhohlleiter-Übergang mit dem Innenleiter der Koaxialleitung als Antenne zur Anregung der H_{10}-Welle

Hier endet der Außenleiter auch in einer Breitseite des Rechteckhohlleiters, während der Innenleiter verlängert ist und in den Hohlleiter hineinragt. Hier wirkt er wie eine **Antenne**, die senkrecht auf der einen Breitseite steht, aber die andere Breitseite nicht berührt. Mit seinem Strahlungsfeld regt er zwar nicht nur die Grundwelle des Rechteckhohlleiters an sondern auch andere Hohlleiterwellen; wenn diese aber unterhalb der Grenzfrequenz sind, speichern ihre Felder nur Blindenergie und alle Wirkleistung aus der Koaxialleitung geht auf die Grundwelle über. Mit der Länge des Innenleiters und seinem Abstand von kurzgeschlossenem Hohlleiterende lassen sich der Blindwiderstand am Ende der Koaxialleitung für jeweils die Arbeitsfrequenz zu Null machen und gleichzeitig der Wirkwiderstand an den Wellenwiderstand der Koaxialleitung anpassen.

Übersichtliche Darstellung der Studieninhalte

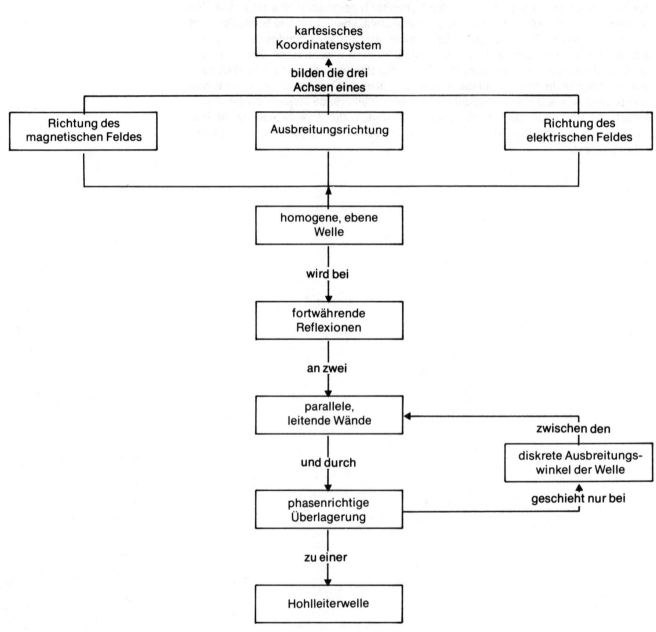

Übungsaufgaben zum Lernzyklus 7.1

1 Wie hängt die Stoffwellenzahl von den Stoffeigenschaften und der Frequenz ab?   *Ohne Unterlagen*

2 Wie groß ist die Grenzwellenlänge der Grundwelle im Rechteckhohlleiter?

3 Hohlleiterwellen werden klassifiziert nach H-Wellen und E-Wellen. Was bedeuten diese Bezeichnungen? Welche anderen Kurzbezeichnungen gibt es noch für diese Typen von Wellen?

4 Sind die Phasengeschwindigkeit und die Gruppengeschwindigkeit einer Hohlleiterwelle größer oder kleiner als die Lichtgeschwindigkeit im Stoff der Hohlleiterfüllung?

5 Skizzieren Sie das Leitungsersatzbild für eine H_{m0}-Welle!

6 Schreiben Sie Formeln auf, aus denen sich für ausbreitungsfähige H_{m0}-Wellen die Phasenkonstante und der Feldwellenwiderstand berechnen lassen!

7 Skizzieren Sie wenigstens *eine* Möglichkeit, um die Grundwelle eines Rechteckhohlleiters anzuregen!

8 X-Band-Hohlleiter
Unterlagen gestattet

Die Innenabmessungen eines Hohlleiters für das sog. X-Band betragen $a = 22{,}86$ mm und $b = 10{,}16$ mm.

a) Bestimmen Sie die Grenzfrequenzen und die Grenzwellenlängen der H_{10}- und der H_{20}-Welle!

b) Der Hohlleiter wird normalerweise im Frequenzbereich 8,2 – 12,4 GHz benutzt. Bestimmen Sie für beide Frequenzen die Wellenlänge der H_{10}-Welle im Hohlleiter! Auch für den Zusammenhang von Hohlleiterwellenlängen mit den Phasenkonstanten gilt $\lambda_H = 2\pi/\beta$.

c) Bei welcher Frequenz innerhalb des unter b) angegebenen Frequenzbereiches wird ein trägerfrequenter Impuls durch den Hohlleiter am wenigsten verzerrt?

d) Durch den Hohlleiter werde durch eine vorlaufende Welle bei $f = 12{,}4$ GHz eine Leistung von 1 Watt transportiert. Bestimmen Sie hierfür die elektrische Feldstärke in der Mitte der Breitseiten des Hohlleiters sowie die maximal auftretende Spannung zwischen den Breitseiten!

e) Welche Leistung kann der Hohlleiter übertragen, wenn die Feldstärke max. 15 kV/cm betragen darf?

Lernzyklus 7.2

Lernziele

Nach dem Durcharbeiten des Lernzyklus 7.2 sollen Sie in der Lage sein,

– die Totalreflexion an Grenzschichten zwischen Stoffen verschiedener Brechzahlen mit Formeln zu beschreiben;

– zu erläutern, wie Eigenwellen im seitlich unbegrenzten dielektrischen Film zustande kommen und ihre charakteristischen Größen zu berechnen.

7.3 Totalreflexion

Die Entwicklung des *Lasers* und Fortschritte der *Elektrooptik* und *Opto-Elektronik* haben den ultraroten und sichtbaren Wellenlängenbereich des elektromagnetischen Spektrums für die Nachrichtenübertragung und -verarbeitung erschlossen. **Optische Wellenleiter** dienen dabei als Übertragungsmedium; sie kommen aber auch in den Schaltungskomponenten vor und verbinden sie miteinander.

Optische Wellenleiter sind dielektrische Wellenleiter. Sie führen Licht durch **Total-reflexion** an Grenzschichten zwischen transparenten Stoffen verschiedener Brechzahlen.

Wir untersuchen dazu zunächst die Reflexion einer homogenen Welle an der ebenen Grenzschicht in Bild 7.13 zwischen zwei Stoffen mit den Brechzahlen $n_1 = \sqrt{\varepsilon_{r1}}$ Eine Grenzschicht

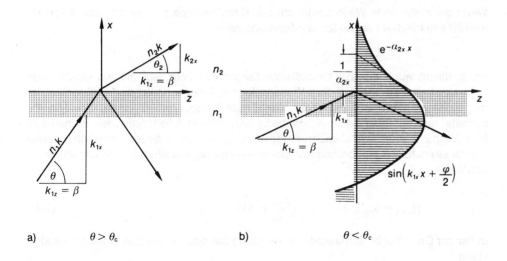

a) $\theta > \theta_c$ b) $\theta < \theta_c$

Bild 7.13 Reflexion und Brechung (a) und Totalreflexion (b) einer homogenen, ebenen Welle an einer ebenen Grenze

243

und $n_2 = \sqrt{\varepsilon_{r2}}$ bzw. den Stoffwellenzahlen $k_1 = n_1 k$ und $k_2 = n_2 k$ mit $k = \omega \sqrt{\mu_0 \varepsilon_0}$. Die Welle soll unter dem Winkel θ zur Grenzschicht einfallen, und mit den Koordinaten von Bild 7.13 hat ihr Wellenvektor $n_1 \boldsymbol{k}$ die Komponenten

$$k_{1x} = n_1 k \sin\theta, \qquad k_{1y} = 0, \qquad k_{1z} = n_1 k \cos\theta. \qquad (7.40)$$

Grenzbedingungen

An der Grenze bei $x = 0$ wird die Welle teilweise *reflektiert*, und eine *gebrochene* Welle wandert in den Stoff 2 hinein. Die Tangentialkomponenten der Felder gehen dabei stetig durch die Grenze. Damit diese Stetigkeitsbedingung längs z überhaupt erfüllt werden kann, müssen reflektierte und gebrochene Wellen in gleicher Weise von z abhängen wie die einfallende Welle; dazu müssen ihre Ausbreitungsvektoren die gleiche z-Komponente haben. Die reflektierte Welle wandert deshalb unter dem gleichen Winkel θ ab, während der Winkel θ_2 der gebrochenen Welle aus

$$n_2 \cos\theta_2 = n_1 \cos\theta \qquad (7.41)$$

folgt, dem **Brechungsgesetz von Snellius**.

Die Felder von reflektierter und gebrochener Welle ergeben sich aus den *Stetigkeitsbedingungen*, daß nämlich die Tangentialkomponenten sowohl des resultierenden elektrischen Feldes als auch des resultierenden magnetischen Feldes auf beiden Seiten der Grenzfläche bei $x = 0$ gleich sein müssen.

$\underline{E}$ senkrecht zur Einfallsebene

Wenn die einfallende Welle senkrecht zur **Einfallsebene** $y = $ const. **polarisiert** ist, also ihr elektrischer Feldvektor in y-Richtung zeigt,

$$\boldsymbol{E} = \boldsymbol{u}_y \underline{E}_y,$$

so ist dieses auch das zur Grenzfläche tangentiale Feld. Auf diesem elektrischen Feldvektor ebenso wie auf dem Wellenvektor $n_1 \boldsymbol{k}$ der einfallenden Welle steht ihr magnetischer Feldvektor senkrecht. Wenn man $\underline{E}$ dabei um $90°$ parallel zu $\underline{H}$ dreht, schreitet man auf einer Rechtsschraube in Richtung von $\boldsymbol{k}$ fort. Außerdem stehen $\underline{E}$ zu $\underline{H}$ im Verhältnis des Wellenwiderstandes $\sqrt{\mu_0/\varepsilon_0}/n_1$. Unter diesen Umständen lautet die zur Grenzfläche tangentiale Komponente des magnetischen Feldes der einfallenden Welle

$$\underline{\boldsymbol{H}}_{\text{tang}} = \boldsymbol{u}_z \, \underline{H}_z = \boldsymbol{u}_z \, n_1 \sqrt{\frac{\varepsilon_0}{\mu_0}} \, \underline{E}_y \sin\theta \, . \qquad (7.42)$$

In der zur Grenzfläche senkrechten x-Richtung hat diese Welle den Feldwellenwiderstand

$$Z_1 = \frac{\underline{E}_y}{\underline{H}_z} = \frac{\sqrt{\mu_0/\varepsilon_0}}{n_1 \sin\theta} \, . \qquad (7.43)$$

Die gebrochene Welle jenseits der Grenzfläche wandert im Stoff mit der Brechzahl n_2 unter dem Winkel θ_2 zur Grenzfläche weiter und hat darum in x-Richtung den Feldwellenwiderstand

$$Z_2 = \frac{\underline{E}_{yg}}{\underline{H}_{zg}} = \frac{\sqrt{\mu_0/\varepsilon_0}}{n_2 \sin\theta_2} \qquad (7.44)$$

Die reflektierte Welle wandert bezüglich der x-Koordinate in entgegengesetzter Richtung. Sie hat darum in dieser negativen x-Richtung den Feldwellenwiderstand

$$\frac{\underline{E}_{yr}}{-\underline{H}_{zr}} = Z_1 = \frac{\sqrt{\mu_0/\varepsilon_0}}{n_1 \sin\theta} \qquad (7.45)$$

Wenn wir nun bei $x = 0$ mit

$$\underline{E}_y + \underline{E}_{yr} = \underline{E}_{yg} \qquad (7.46)$$

und

$$\underline{H}_z + \underline{H}_{zr} = \underline{H}_{zg} \qquad (7.47)$$

die Stetigkeit der tangentialen Felder an der Grenze sicherstellen, so können wir daraus den **Reflexionsfaktor**

$$r_e = \frac{\underline{E}_r}{\underline{E}} = \frac{\underline{E}_{yr}}{\underline{E}_y} \qquad (7.48)$$

berechnen. Mit

$$\frac{\underline{E}_{yr}}{\underline{E}_y} = \frac{\underline{E}_{yg}}{\underline{E}_y} - 1 \qquad (7.49)$$

aus Gl. (7.46) und

$$\frac{\underline{E}_{yg}}{\underline{E}_y} = (1 - r_e)\frac{Z_2}{Z_1}$$

aus den Gln. (7.43), (7.44), (7.45) und (7.48) lautet er

$$r_e = \frac{Z_2 - Z_1}{Z_2 + Z_1} . \qquad (7.50)$$

Der Reflexionsfaktor berechnet sich also aus dem Sprung des Feldwellenwiderstandes senkrecht zur Grenzfläche genau so wie bei einer Verbindung zweier Leitungen verschiedenen Wellenwiderstandes.

Mit Gl. (7.43) und mit Gl. (7.44) kann man diesen Reflexionsfaktor auch durch die x-Komponenten

$$k_{1x} = n_1 k \sin\theta$$

$$k_{2x} = n_2 k \sin\theta_2$$

$$(7.51)$$

des Wellenvektors der einfallenden und der gebrochenen Welle ausdrücken und erhält

$$r_e = \frac{k_{1x} - k_{2x}}{k_{1x} + k_{2x}}. \qquad (7.52)$$

$\underline{H}$ senkrecht zur Einfallsebene

Ähnlich geht man vor, wenn die einfallende Welle parallel zur Einfallsebene $y = $ const. polarisiert ist, also einen magnetischen Feldvektor parallel zur Grenzfläche hat. Wenn man hier als **Reflexionsfaktor** das Verhältnis

$$r_m = \frac{H_r}{H} \qquad (7.53)$$

der magnetischen Feldstärken von reflektierter und einfallender Welle an der Grenzfläche nimmt und anstelle der Feldwellenwiderstände Z_1 und Z_2 in x-Richtung mit den entsprechenden Feldwellenleitwerten rechnet,

$$Y_1 = -\frac{H_y}{E_z} = \frac{n_1 \sqrt{\varepsilon_0/\mu_0}}{\sin\theta}$$

$$Y_2 = -\frac{H_{yg}}{E_{zg}} = \frac{n_2 \sqrt{\varepsilon_0/\mu_0}}{\sin\theta_2}$$

$$(7.54)$$

ergibt sich aus den Stetigkeitsbedingungen

$$r_m = \frac{Y_2 - Y_1}{Y_2 + Y_1}, \qquad (7.55)$$

also eine zu Gl. (7.50) *duale* Beziehung; auch hier kann man wieder die x-Komponenten k_{1x} und k_{2x} der Wellenvektoren nach Gl. (7.51) einführen und erhält

$$r_m = \frac{n_2^2 k_{1x} - n_1^2 k_{2x}}{n_2^2 k_{1x} + n_1^2 k_{2x}}: \qquad (7.56)$$

Einfluß von θ

Bei *verlustlosen Stoffen* und solange sich aus Gl. (7.41) ein *reeller Winkel* θ_2 ergibt, sind alle Größen in den Gln. (7.52) und (7.56) *positiv reell;* die beiden *Reflexionsfaktoren* sind dann auch reell und *dem Betrage nach kleiner als eins*. Wenn der Einfallswinkel bei $n_2 < n_1$ aber auf

$$\theta_c = \arccos\frac{n_2}{n_1} \qquad (7.57)$$

fällt, wird $\theta_2 = 0$ und auch $k_{2x} = 0$. Bei diesem Grenzwinkel sind $r_e = r_m = 1$; die einfallenden Wellen werden also *total reflektiert*. Für $\theta < \theta_c$ wird $(n_1/n_2)\cos\theta > 1$, $\qquad \theta < \theta_c$ so daß sich aus Gl. (7.41) kein reeller Winkel mehr berechnen läßt. Um auch für den Winkelbereich $0 < \theta < \theta_c$ der einfallenden Welle die Reflexionsfaktoren nach den Gln. (7.52) und (7.56) auszuwerten, drücken wir $\sin\theta_2$ in der Formel (7.51) für die x-Komponente des Wellenzahlvektors k_{2x} durch $\cos\theta_2$ aus

$$k_{2x} = n_2 k \sqrt{1 - \cos^2\theta_2} \tag{7.58}$$

und führen für $\cos\theta_2$ das Brechungsgesetz (7.41) von SNELLIUS ein.

$$k_{2x} = n_2 k \sqrt{1 - \left(\frac{n_1}{n_2}\right)^2 \cos^2\theta} \tag{7.59}$$

Im Winkelbereich $0 < \theta < \theta_c$ ergeben sich aus dieser Beziehung rein imaginäre Werte für k_{2x}. Sie besagen, daß die Felder mit der Dämpfungskonstanten $\alpha_{2x} = j k_{2x}$ in x-Richtung gemäß $\exp(-\alpha_{2x} x)$ exponentiell abnehmen, ohne dabei in dieser Richtung ihre Phase zu ändern. Die Feldverteilung jenseits der reflektierenden Grenzfläche ändert also für $0 < \theta < \theta_c$ ihren Charakter grundsätzlich: Statt einer gebrochenen Welle wie für $\theta > \theta_c$, die unter dem Winkel θ_2 abwandert, ergibt sich jetzt eine Welle, deren Felder in x-Richtung exponentiell abnehmen und die sich in z-Richtung mit der Phasenkonstanten

$$\beta = k_z = n_1 k \cos\theta \tag{7.60}$$

ausbreitet. Sie ist quer zur Ausbreitungsrichtung aperiodisch gedämpft und heißt darum auch **quergedämpfte Welle.** Ihr komplexer **Poyntingvektor** hat in x-Richtung keine Wirkkomponente; diese Welle im Bereich $x > 0$ führt Wirkleistung nur in z-Richtung.

Mit der rein imaginären Komponente k_{2x} des Wellenvektors der quergedämpften Welle und der nach wie vor reellen Komponente k_{1x} ergeben sich aus den Gln. (7.52) und (7.56) Reflexionsfaktoren, die dem Betrage nach gleich eins sind, aber die Phasenwinkel

$$\varphi_e = 2 \cdot \arctan\frac{j k_{2x}}{k_{1x}}. \tag{7.61}$$

$$\varphi_m = 2 \cdot \arctan\frac{j n_1^2 k_{2x}}{n_2^2 k_{1x}} \tag{7.62}$$

haben. Die Wellen werden also im Winkelbereich $0 < \theta < \theta_c$ total reflektiert und erfahren dabei die Phasenverschiebungen φ_e bzw. φ_m. Im Stoff 1 überlagert sich bei dieser Totalreflexion die einfallende mit der reflektierten Welle gleicher Amplitude zu einer in x-Richtung rein stehenden Welle mit der transversalen Phasenkonstanten

$$\beta_{1x} = k_{1x} = n_1 k \sin\theta = \sqrt{n_1^2 k^2 - \beta^2}, \tag{7.63}$$

wobei $\beta = k_z$, also die Phasenkonstante in z-Richtung gemäß Gl. (7.60) ist. Im Stoff 2 ist die Welle mit $\alpha_{2x} = jk_{2x}$ quergedämpft, hat aber die gleiche Phasenkonstante $\beta = k_z$ in z-Richtung wie die Wellen im Stoff 1. Diese Feldverteilungen bei der Totalreflexion sind im Bild 7.13b skizziert.

7.4 Planare Wellenleiter

Optische Wellenleiter zur Übertragung von Lichtsignalen auch über größere Entfernungen werden als **Glasfasern** ausgeführt mit einem Glaskern, der optisch etwas dichter ist als der umgebende Mantel. Sie führen das Licht durch Totalreflexion an der Kern-Mantel-Grenze. Um Komponenten und Schaltungen für die optische Nachrichtenverarbeitung aufzubauen oder miteinander zu verbinden, verwendet man **dielektrische Filme** oder Streifen auf transparenten Substraten.

Aufbau von Filmwellenleitern

Um das Wesentliche zu erfassen, gleichzeitig aber wenigstens eine Art von optischen Wellenleitern näher kennenzulernen, behandeln wir hier die praktisch einfachste Form, den dielektrischen Film. Für optische Filmwellenleiter bringt man wie in Bild 7.14 *dünne transparente Filme* der Brechzahl n_f auf einem transparenten **Substrat** mit kleinerer Brechzahl n_s auf. Oberhalb des Filmes hat man normalerweise *freien Raum* mit der Brechzahl $n_0 = 1$ oder aber auch ein *transparentes Deckmaterial* mit $n_0 < n_f$. Eigenwellen des Filmes, die sog. **Filmwellen** ergeben sich aus *homogenen, ebenen Wellen*, die innerhalb des Filmes auf Zick-Zack-Wegen wandern unter *fortwährender Totalreflexion* an seinen Grenzschichten. Damit eine homogene, ebene Welle in den Film paßt, muß sie nach doppelter Totalreflexion an Substrat- und Obergrenze des Filmes wieder in sich selbst übergehen; nur dann überlagert sie sich zu einer *selbstkonsistenten Feldverteilung*.

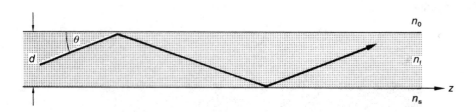

Bild 7.14 Zick-Zack-Weg einer homogenen, ebenen Welle in einem Filmwellenleiter

In Ausbreitungsrichtung unter dem Winkel θ zur z-Richtung wandert die homogene, ebene Welle mit der Wellenzahl $n_f k$ als Phasenkonstante. In der transversalen x-Richtung ändert sie dabei ihre Phase aber nur mit $k_{fx} = n_f k \sin\theta$ als Phasenkonstante. Die Phasenverschiebung in dieser transversalen Richtung rauf und runter durch die Filmdicke d beträgt $-2k_{fx}d$. Damit die Welle in den Film paßt, muß diese Phasenverschiebung zusammen mit den Phasenverschiebungen φ_s und φ_0 bei den Totalreflexionen am Substrat und an der Obergrenze des Filmes ein ganzes Vielfaches von -2π sein:

$$-2n_f kd \sin\theta + \varphi_s + \varphi_0 = -2m\pi. \tag{7.64}$$

Siehe auch Aufgabe 2, S. 259

Unter dieser Bedingung überlagert sich die rauf- und runterreflektierte Welle zu der in x-Richtung rein stehenden Welle, wie sie auch schon in Bild 7.13b erscheint. Gl. (7.64) ist die *charakteristische Gleichung für Filmwellen*.

Aus einer homogenen, ebenen Welle mit $\underline{E}$ senkrecht zur Einfallsebene entstehen *transversal elektrische* Filmwellen, die nur eine *magnetische* Feldkomponente in Ausbreitungsrichtung haben.

$\underline{E} = u_y \underline{E}_y$

Um Gl. (7.64) für diese TE- bzw. H-Wellen des Filmes zu lösen, gibt man sich Werte für den Ausbreitungswinkel $\theta < \theta_c$ vor, also im Bereich der Totalreflexion an beiden Filmgrenzen. Dafür berechnet man die *Reflexionsphasenwinkel* aus Gl. (7.61) zu

$$\tan\frac{\varphi_0}{2} = \frac{(n_f^2 \cos^2\theta - n_0^2)^{1/2}}{n_f \sin\theta}$$

$$\tan\frac{\varphi_s}{2} = \frac{(n_f^2 \cos^2\theta - n_s^2)^{1/2}}{n_f \sin\theta} \tag{7.65}$$

Mit diesen Phasenwinkeln ergeben sich dann für bestimmte ganze Zahlen m aus Gl. (7.64) Werte für kd und mit

$$\beta = n_f k \cos\theta, \qquad k_{fx} = n_f k \sin\theta,$$

$$\alpha_{0x} = \sqrt{\beta^2 - n_0^2 k^2}, \qquad \alpha_{sx} = \sqrt{\beta^2 - n_s^2 \cdot k^2} \tag{7.66}$$

die zugehörige *longitudinale Phasenkonstante* β sowie die *transversale Phasenkonstante* k_{fx} im Film und die *transversalen Dämpfungskonstanten* α_{0x} oberhalb des Filmes und α_{sx} im Substrat für die betreffende H_m-Welle des Filmes. Man erhält so die Lösung mit θ als Parameter.

Aus einer homogenen, ebenen Welle mit $\underline{H}$ senkrecht zur Einfallsebene entstehen *transversal magnetische* Filmwellen mit nur einer *elektrischen* Feldkomponente in Ausbreitungsrichtung. Um Gl. (7.64) auch für diese TM- bzw. E-Wellen zu lösen,

$\underline{H} = u_y \underline{H}_y$

berechnet man für vorgegebene Werte von $\theta < \theta_c$ die *Reflexionsphasen* aus Gl. (7.62) gemäß

$$\tan \frac{\varphi_0}{2} = \frac{n_f^2 \, (n_f^2 \cos^2\theta - n_0^2)^{1/2}}{n_0^2 \, n_f \sin\theta}$$

$$\tan \frac{\varphi_s}{2} = \frac{n_f^2 \, (n_f^2 \cos^2\theta - n_s^2)^{1/2}}{n_s^2 \, n_f \sin\theta} \tag{7.67}$$

Damit folgen dann für bestimmte ganze Zahlen m aus Gl. (7.64) und nach Gl. (7.66) Lösungswerte für kd und die Phasen- und Dämpfungskonstanten der betreffenden E_m-Wellen.

Universelle Darstellung   Um diese Lösungen in universeller Form graphisch darzustellen, bedienen wir uns der folgenden *transversalen Phasen- und Dämpfungsmaße*

$$u = k_{fx}d = n_f kd \sin\theta$$

$$v = \alpha_{sx}d = d \sqrt{\beta^2 - n_s^2 k^2} \tag{7.68}$$

$$w = \alpha_{0x}d = d \sqrt{\beta^2 - n_0^2 k^2},$$

mit denen sich die *charakteristische Gleichung* (7.64) für *H-Wellen* in der Form

$$u - m\pi = \arctan \frac{v}{u} + \arctan \frac{w}{u}$$

schreiben läßt. Nimmt man von dieser Gleichung den Tangens, so wird daraus

$$\tan(u - m\pi) = \frac{u(v + w)}{u^2 - vw} \, . \tag{7.69}$$

Als charakteristische Gleichung für *E-Wellen* erhält man aus Gl. (7.69) mit den Gln. (7.65) und (7.68)

$$\tan(u - m\pi) = \frac{n_f^2 u \, (n_0^2 v + n_s^2 w)}{n_0^2 \, n_s^2 \, u^2 - n_f^4 \, vw} \tag{7.70}$$

Wir führen nun den Parameter

$$a_H = \frac{n_s^2 - n_0^2}{n_f^2 - n_s^2} \tag{7.71}$$

ein. Er mißt den Grad der Abweichung des Filmwellenleiters von einem symmetrischen dielektrischen Wellenleiter ($n_s = n_0$) und heißt darum auch **Asymmetrieparameter.** Mit ihm ist

$$w^2 = v^2 + a_H(u^2 + v^2), \tag{7.72}$$

und die charakteristische Gleichung (7.69) für H-Wellen lautet

$$\tan u = \frac{u\{v + [v^2 + a_H(u^2 + v^2)]^{1/2}\}}{u^2 - v[v^2 + a_H(u^2 + v^2)]^{1/2}} . \tag{7.73}$$

Dabei haben wir wegen $\tan(u - m\pi) = \tan u$ den Term $(-m\pi)$ im Argument der tan-Funktion weggelassen, benutzen also nicht mehr nur den ersten Ast der tan-Funktion zwischen $0 < u - m\pi < \pi$ sondern je nach der Zahl m auch die weiteren Äste $m\pi < u < (m + 1)\pi$. Gl. (7.73) enthält zusätzlich zu a_H nur die beiden transversalen Parameter u und v.

Der **Phasenparameter**

$$B = \frac{\beta^2 - n_s^2 k^2}{(n_f^2 - n_s^2)\,k^2} \tag{7.74}$$

mißt die Abweichung der Phasenkonstanten β von der Wellenzahl $n_s k$ des Substrates relativ zur Wellenzahldifferenz in Film und Substrat. Er hängt mit u und v gemäß

$$B = \frac{v^2}{u^2 + v^2} \tag{7.75}$$

zusammen. **Der Filmparameter**

$$V = kd\,\sqrt{n_f^2 - n_s^2} \tag{7.76}$$

schließlich ist ein Maß für Frequenz, Filmdicke und Brechzahldifferenz zwischen Film und Substrat. Er läßt sich auch durch u und v ausdrücken:

$$V^2 = u^2 + v^2. \tag{7.77}$$

Für Wertepaare von u und v, die Gl. (7.73) lösen, lassen sich nach Gl. (7.75) und (7.77) B und V bestimmen. Es ergibt sich damit B als universelle Funktion von V mit a_H als einzigem Parameter.

Bild 7.15 zeigt diese Funktion für verschiedene Parameterwerte a_H, und zwar für die drei H_m-Wellen niedrigster Ordnung, für die in Gl. (7.64) $m = 0, 1$ und 2 ist.

Die universelle Darstellung des Phasenparameters B als Funktion des Filmparameters V in Bild 7.15 läßt sich näherungsweise auch auf E_m-Wellen anwenden, wenn n_f nur wenig größer als n_s ist, n_0 aber deutlich kleiner als n_f und n_s bleibt. Diese Bedingung ist für praktische Filmwellenleiter meist erfüllt; denn die transparenten Stoffe für Filme und Substrate müssen zur Vermeidung von mechanischen Spannungen etwa gleiche Ausdehnungskoeffizienten haben. Dafür ist dann n_f auch nur wenig größer als n_s, während beide deutlich größer als $n_0 = 1$ sind. Unter diesen Umständen ist $a_H \gg 1$, und es gilt $w^2 \approx a_H(u^2 + v^2)$.

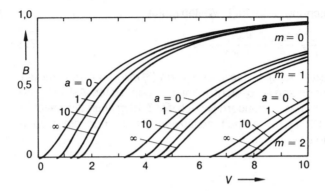

Bild 7.15 Phasenparameter B in Abhängigkeit vom Filmparameter V für Filmwellen niedriger Ordnung

$$a = a_\mathrm{H} = \frac{n_\mathrm{s}^2 - n_0^2}{n_\mathrm{f}^2 - n_\mathrm{s}^2} \qquad \text{für H}_m\text{-Wellen}$$

$$a = a_\mathrm{E} = \frac{n_\mathrm{f}^4 (n_\mathrm{s}^2 - n_0^2)}{n_0^4 (n_\mathrm{f}^2 - n_\mathrm{s}^2)} \qquad \text{für E}_m\text{-Wellen}$$

Die charakteristische Gleichung (7.73) für H-Wellen läßt sich dann durch

$$\tan u \approx \frac{u\left[v + \sqrt{a_\mathrm{H}(u^2 + v^2)}\,\right]}{u^2 - v\sqrt{a_\mathrm{H}(u^2 + v^2)}} \tag{7.78}$$

annähern und die charakteristische Gleichung (7.70) für E-Wellen durch

$$\tan u \approx \frac{u\left[v + \sqrt{a_\mathrm{E}(u^2 + v^2)}\,\right]}{u^2 - v\sqrt{a_\mathrm{E}(u^2 + v^2)}} \tag{7.79}$$

mit

$$a_\mathrm{E} = \left(\frac{n_\mathrm{f}}{n_0}\right)^4 a_\mathrm{H} . \tag{7.80}$$

Da die Gl. (7.79) sich von Gl. (7.78) nur durch den Parameter a_E unterscheidet, kann man aus Bild 7.15 auch den Phasenparameter B der E$_m$-Wellen ablesen, wenn man nur $a = a_\mathrm{E}$ entsprechend Gl. (7.80) wählt. Man darf dabei aber nicht vergessen, daß diese Darstellung für E$_m$-Wellen nur *näherungsweise* gilt, und zwar um so genauer je größer a_H ist.

Die Strahlen werden erst dann vom Film *geführt*, wenn sie sich unter einem Winkel $\theta < \theta_\mathrm{c}$ mit $\theta_\mathrm{c} = \arccos(n_\mathrm{s}/n_\mathrm{f})$ ausbreiten. Wenn gerade $\theta = \theta_\mathrm{c}$ ist, folgt aus den Gln. (7.41) und (7.66), daß $\alpha_\mathrm{sx} = 0$ und $v = 0$ sind. Weil unter diesem Grenzwinkel der Totalreflexion an der Grenze des Filmes zum Substrat die Querdämpfung

Möglichkeit der Wellenführung

im Substrat verschwindet, erstrecken sich die Felder unbegrenzt in das Substrat. Mit $v = 0$ folgt außerdem aus den charakteristischen Gleichungen (7.78) und (7.70) in Verbindung mit den Gln. (7.75) und (7.77), daß an dieser Grenze für *H-Wellen*

$$V = \arctan \sqrt{a_H} + m\pi \qquad\qquad (7.81)$$

und für *E-Wellen*

$$V = \arctan \sqrt{a_E} + m\pi \qquad\qquad (7.82)$$

ist. Erst oberhalb dieser Grenzwerte für den Filmparameter V nach Gl. (7.76) wird eine bestimmte Welle vom Film *geführt*. Die Welle mit dem niedrigsten Grenzwert für V ist die *Grundwelle* des Filmes. Dieser Wert ergibt sich aus Gl. (7.81) für $m = 0$. Je nach der ganzen Zahl m nennt man die verschiedenen Filmwellen H_m- bzw. E_m-*Wellen*. In dieser Bezeichnungsweise ist die H_0-Welle die **Grundwelle** des Filmes. In den sog. *symmetrischen Filmen*, die mit $n_s = n_0$ auf beiden Seiten gleichen Stoff haben, ist $a_H = a_E = 0$, und der Grenzwert der Grundwelle beträgt

Symmetrischer Film

$$V_0 = 0.$$

Mit $\alpha_{sx} \approx 0$ und bei $n_s = n_0$ auch $\alpha_{0x} = 0$ erstrecken sich die Felder der Grundwelle bei kleinen Werten von V aber weit in den Außenraum; die Grundwelle ist unter diesen Umständen nur ganz schwach an den Film gebunden, und mit $B \approx 0$ bzw. $\beta = n_s k$ breitet sie sich mit der Wellenzahl des Außenraumes als Phasenkonstante aus. Erst wenn V sich *eins* nähert oder darüber wächst, nimmt im symmetrischen Film auch B nach Bild 7.15 bei der Grundwelle merkliche Werte an. θ wird dabei kleiner als θ_c, und die Felder im Außenraum werden stärker quergedämpft. Die Felder der Filmwelle konzentrieren sich mit wachsendem V immer mehr auf den Film. Die Welle wird dann besser vom Film geführt.

Für große Werte von V nähert sich nach Bild 7.15 der Phasenparameter B der Eins. Dabei nähert v sich immer mehr den wachsenden Werten von V, so daß die Felder außerhalb des Filmes immer stärker quergedämpft werden. Schließlich konzentrieren sich die Felder der Filmwelle ganz innerhalb des Filmes und bilden über den Filmquerschnitt eine, bzw. bei $m > 0$ mehrere Sinushalbwellen. Für sehr große Werte von V mit $B \approx 1$ breiten sich die Filmwellen dann mit der Wellenzahl $n_f k$ des Filmmaterials als Phasenkonstante aus.

Wachsendes V

Mit wachsenden Werten des Filmparameters V kann der Film immer mehr Filmwellen mit zunehmender Ordnungszahl m führen. Angefangen bei ihren Grenzwerten nach Gl. (7.81) bzw. Gl. (7.82) sind ihre Felder zuerst außerhalb des Filmes nur schwach quergedämpft, konzentrieren sich dann mit wachsendem V aber immer mehr auf den Film. Ihr Phasenparameter steigt dabei von null auf eins und ihre Phasenkonstante dementsprechend von $n_s k$ auf $n_f k$.

Bild 7.16 zeigt die *transversale Feldverteilung* von Filmwellen der Ordnungen $m = 0$, 1 und 2. Die Ordnung m zählt dabei die Knoten in dieser Feldverteilung.

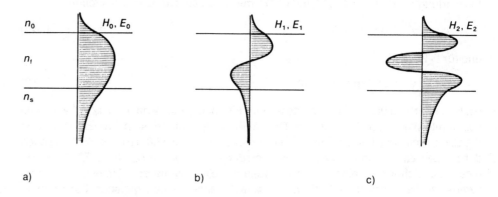

a)

b)

c)

Bild 7.16 Transversale E(H)-Feldverteilung von $H_m(E_m)$-Wellen in einem Film mit $n_0 < n_s < n_f$

Der Filmwellenleiter wurde hier ohne seitliche Begrenzung angenommen, so daß sich auch die Filmwellen seitlich unbegrenzt ausdehnen, ihre Felder also in der Richtung transversal zur Ausbreitung und parallel zum Film konstant sind. Praktisch braucht man aber eine seitliche Begrenzung. Dazu kann man den Film einfach auf den Streifen der Breite b in Bild 7.17a begrenzen und erhält so den auf dem Substrat aufliegenden **Streifenwellenleiter.** Mann kann aber auch den Streifen so wie in Bild 7.17b versenken.

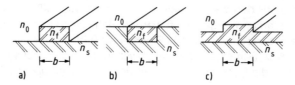

a)

b)

c)

Bild 7.17 Planare optische Wellenleiter

    a) aufliegender Streifenwellenleiter

    b) versenkter Streifenwellenleiter

    c) Rippenwellenleiter

Der aufliegende Streifen läßt sich durch Abtragen des Filmes zu beiden Seiten herstellen und der versenkte Streifen durch selektive Dotierung des Substrates mit einer brechzahlerhöhenden Substanz. Wellen führen können diese Streifen durch Totalreflexion nicht nur an Ober- und Untergrenze wie beim Filmwellenleiter sondern auch an ihren beiden Seiten.

Diese seitliche Totalreflexion erreicht man auch schon, wenn der Film so wie in Bild 7.17c zu beiden Seiten nur teilweise abgetragen wird und damit ein **Rippenwellenleiter** entsteht. Nach Bild 7.15 ist nämlich der Phasenkoeffizient β jeder Filmwelle um so größer, je dicker der Film ist. Die effektive Brechzahl

$$N = \beta/k$$

einer Filmwelle ist also in der Rippe höher als zu beiden Seiten.

Nimmt man nun innerhalb der Rippe in Bild 7.18a eine Filmwelle an, die sich wie in Bild 7.18b unter einem nur kleinen Winkel θ zur Rippenachse ausbreitet, so wird diese Filmwelle an den Rippenflanken total reflektiert, weil dort ihre effektive Brechzahl von N_R in der Rippe auf $N_S < N_R$ zu beiden Seiten abfällt. Sie wandert darum auf dem Zick-Zack-Weg des Bildes 7.18b.

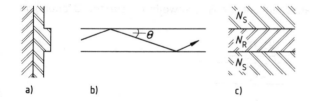

a)   b)   c)

Bild 7.18 Rippenwellenleiter
   a) Querschnitt
   b) Draufsicht mit Zick-Zack-Weg der Filmwelle in der Rippe
   c) Äquivalenter Filmwellenleiter mit effektiven Brechzahlen

Wenn sie sich außerdem nach zwei Totalreflexionen an beiden Rippenflanken, also nach einer Periode des Zick-Zack-Weges in der Phase wiederholt, paßt sie in die Rippe und wird vom Rippenwellenleiter als eine seiner Eigenwellen oder Moden geführt. Die Phasenbedingung, unter der die Filmwelle in die Rippe paßt, hat wieder die Form von Gl. (7.64), in der jetzt aber d durch b ersetzt werden muß und n_f durch

N_R sowie $n_s = n_0$ durch N_S. Damit wird die Berechnung der Rippenwelle auf die Berechnung einer Filmwelle zurückgeführt, die ein Film mit der Brechzahl N_R führt, welcher in einem Medium mit der Brechzahl N_S eingebettet ist. Weil dieser äquivalente Film symmetrisch ist, gilt für die Phasensprünge bei der Totalreflexion an den Rippenflanken $\varphi_s = \varphi_0$. Ob aber diese Phasensprünge nach Gl. (7.61) oder nach Gl. (7.62) zu berechnen sind, hängt von der Polarisation der Filmwelle unter der Rippe ab, aus der die Rippenwelle hervorgeht.

Aus einer H_m-Filmwelle, die wegen ihres transversal elektrischen Charakters auch TE_m-Mode genannt wird, entsteht eine Rippenwelle, die mit HE_{ml}-Welle oder TE_{ml}-Mode bezeichnet wird. HE, weil diese Welle sowohl eine H-Komponente, als auch eine E-Komponente in Ausbreitungsrichtung hat. Für diese HE-Rippenwellen muß der Phasensprung bei der Totalreflexion an den Rippenflanken mit den effektiven Brechzahlen N_R und N_S berechnet werden, und zwar aus Gl. (7.62), weil die dominierende Komponente des magnetischen Feldes senkrecht zur Einfallsebene der Filmwelle auf die Rippenflanke ist. Der zweite Index l bezeichnet die Ordnung der Rippenwelle parallel zum Substrat, l ist also die Zahl der Feldknoten der transversal stehenden Welle parallel zum Substrat.

Aus einer E_m-Filmwelle, auch TM_m-Mode genannt, entsteht eine EH_{ml} oder TM_{ml} bezeichnete Rippenwelle. Für diese EH-Rippenwellen muß der Phasensprung bei der Totalreflexion an den Rippenflanken aus Gl. (7.61) berechnet werden, weil bei ihnen die dominierende Komponente des elektrischen Feldes senkrecht zur Einfallsebene auf die Rippenflanke ist. Der zweite Index l hat wieder die gleiche Bedeutung wie bei den HE_{ml}-Wellen. Bild 7.19 veranschaulicht für Rippenwellen niedriger Ordnung m

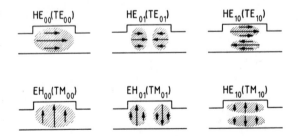

Bild 7.19 Transversales elektrisches Feld und Intensitätsverteilung
von Rippenwellen niedriger Ordnung

und l die Richtung und Stärke des transversalen elektrischen Feldes durch mehr oder weniger lange Pfeile sowie die Intensitätsverteilung dieser Wellen.

Die Grundwelle hat die Ordnung $m = l = 0$ und kommt ebenso wie die Wellen höherer Ordnung in zwei orthogonalen Polarisationen als HE_{00}- und EH_{00}-Welle vor.

Übersichtliche Darstellung der Studieninhalte

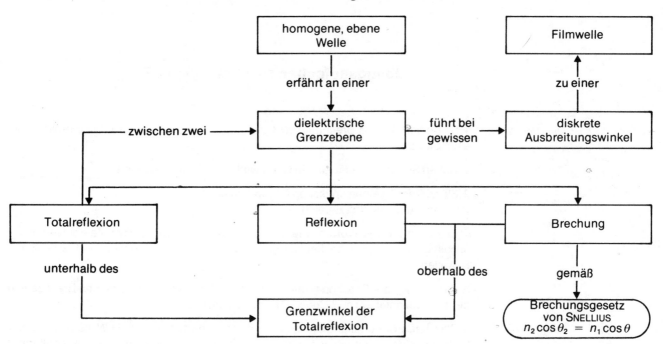

Übungsaufgaben zum Lernzyklus 7.2

Ohne Unterlagen **1** Schreiben Sie das Brechungsgesetz von SNELLIUS auf! Erläutern Sie die Winkel an einer Skizze!

2 Geben Sie eine Formel für den Grenzwinkel der Totalreflexion an!

3 Skizzieren Sie einen optischen Filmwellenleiter!
Wie nennt man die drei Bereiche?

4 Erläutern Sie mit Worten, wie sich im Film eine selbstkonsistente Feldverteilung ausbilden kann! Welche Feldkomponenten haben die H-Wellen und welche die E-Wellen?

5 Wie hängen der Phasenparameter B und der Filmparameter V von den Brechzahlen des Filmwellenleiters ab? Geben Sie Formeln an!

6 Skizzieren Sie qualitativ die $B(V)$-Charakteristik für die drei H-Wellen niedrigster Ordnung eines symmetrischen und für die eines unsymmetrischen Wellenleiters!

7.5   Lichtleitfasern

Glasfasern als Lichtwellenleiter für die optische Nachrichtenübertragung bestehen in einfachster Form aus einem Kern mit der Brechzahl n_k, umgeben von einem Mantel mit etwas kleinerer Brechzahl n_m, so wie es Bild 7.20a zeigt. Wegen ihres stufenförmigen Brechzahlprofiles heißen solche Lichtwellenleiter **Stufenfasern**. Lichtstrahlen, die im Kern unter einem genügend kleinen Winkel zur Faserachse wandern, werden an der Kern-Mantel-Grenze total reflektiert und so vom Kern der Stufenfaser geführt.

Stufenfasern

Bild 7.20b zeigt einen sogenannten Meridianstrahl, d.h. einen Lichtstrahl, der die Faserachse schneidet und deshalb auf seinem Zick-Zack-Weg in einer Meridianebene verläuft. Außer auf diesen meridionalen Wegen können Strahlen noch auf vielen anderen Wegen im Kern wandern, welche die Faserachse nicht schneiden. Damit Meridianstrahlen und auch die anderen nicht-meridionalen Strahlen vom Kern geführte Wellen bilden, müssen sie nicht nur an der Kern-Mantel-Grenze total reflektiert werden, sie müssen außerdem ähnlich wie die homogenen, ebenen Wellen auf den Zick-Zack-Wegen im Rechteckhohlleiter und im Filmwellenleiter gewisse Phasenbedingungen erfüllen, um in den Kern zu passen. Unter diesen Phasenbedingungen bilden sie geführte Eigenwellen oder Moden des Kernes. Die Feldverteilungen dieser Eigenwellen haben sowohl in radialer als auch in Umfangsrichtung des Kernquerschnittes den Charakter von stehenden Wellen, ähnlich wie die transversalen Feldverteilungen der Hohlleiter- und Filmwellen. Je mehr sich der Kern vom Mantel in der Brechzahl unterscheidet und je dicker er ist, um so mehr Eigenwellen mit verschiedener Zahl von stehenden Halbwellen in radialer und Umfangsrichtung des Kernquerschnittes kommen vor.

Eigenwellen (Moden)

Die Signale wandern normalerweise nicht nur in einer dieser Eigenwellen sondern in mehreren, meist sogar in allen vom Faserkern geführten Eigenwellen. Die Eigenwellen haben verschiedene Laufzeiten. Dadurch werden Signale bei der Übertragung mit mehreren Eigenwellen verzerrt. Ein kurzer Lichtimpuls, der am Anfang der Faser mehrere oder sogar alle ihre Eigenwellen anregt, löst sich aufgrund der verschiedenen Laufzeiten entlang der Faser in Einzelimpulse auf, die zeitlich gegeneinander verschoben sind. Der Photodetektor im Empfänger am Ende der Faser spricht auf die momentane Gesamtleistung an, zu der sich die Lichtleistungen der einzelnen Impulse überlagern. Bei sehr kurzen Impulsen und großen Laufzeitdifferenzen nimmt er die einzelnen Impulse wahr. Bei längeren Eingangsimpulsen verschmelzen diese Einzel-

Impulsaufweitung

impulse am Ausgang miteinander, und der Photodetektor empfängt nur einen Impuls, der im allgemeinen eine andere Form als der Eingangsimpuls hat und vor allen Dingen länger als dieser dauert.

Bei der in der optischen Nachrichtentechnik üblichen digitalen Übertragung besteht das Eingangssignal aus Impulsfolgen. Durch die Laufzeitunterschiede zwischen den Eigenwellen der Lichtleitfaser weiten sich die Signalimpulse u.U. soweit auf, daß sie sich zeitlich überlappen und der Empfänger sie nicht mehr trennen, das Signal also nicht mehr richtig empfangen kann.

Um für die Stufenfaser abzuschätzen, wie sich Impulse aufweiten und welche zeitlichen Abstände sie deshalb für einwandfreien Empfang haben müssen, vergleichen wir den kürzesten Lichtstrahl in der Faser mit dem längsten, den der Faserkern durch Totalreflexion gerade noch führt. Wir kümmern uns dabei zunächst nicht um die Phasenbedingungen, die längs des Strahles erfüllt werden muß, damit die Lichtwelle auch in den Kern paßt und eine Eigenwelle des Kernes ist.

Der kürzeste Weg durch die Faser läuft parallel zur Achse und ist ebenso lang wie die Faser selbst. Die Laufzeit auf diesem Wege beträgt

$$t_{min} = \tau_k L$$

mit L als Länge der Faser und

$$\tau_k = d(n_k k)/d\omega$$

als **Gruppenlaufzeit** pro Länge für die Strahlung im Kernglas der Brechzahl n_k. Diese

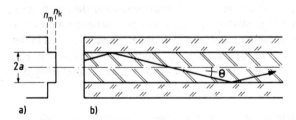

Bild 7.20 Stufenfaser
    a) Brechzahlprofil
    b) Längsschnitt mit meridionalem Lichtstrahl

Gruppenindex   Brechzahl hängt von der Vakuum-Wellenlänge λ bzw. der Kreisfrequenz $\omega = 2\pi c/\lambda$ des Lichtes ab, so daß der sogenannte **Gruppenindex**

$$n_k' = d(n_k k)/dk = n_k + k\, dn_k/dk \tag{7.83}$$

sich etwas von n_k unterscheidet. Mit diesem Gruppenindex ist

$$\tau_k = n_k'/c$$

und

$$t_{min} = L\, n_k'/c. \tag{7.84}$$

Von den meridionalen Zick-Zack-Wegen durch die Faser ist derjenige am längsten, auf dem das Licht an der Kern-Mantel-Grenze gerade noch total reflektiert wird. Mit dem Grenzwinkel θ_c der Totalreflexion nach Gl. (7.57) hat das Licht auf diesem Wege die Laufzeit

$$t_{max} = \tau_k L/\cos\theta_c = \tau_k L\, n_k/n_m.$$

Im Verhältnis zu der minimalen Laufzeit beträgt die größte Laufzeitdifferenz

Laufzeitdifferenz

$$(t_{max} - t_{min})/t_{min} = (n_k - n_m)/n_m, \tag{7.85}$$

ist also gleich der relativen Brechzahldifferenz zwischen Kern und Mantel.

Ein praktisches Beispiel soll veranschaulichen, welche Grenzen der digitalen Übertragung durch diese Laufzeitstreuung gesetzt sind. In Glasfasern unterscheidet sich der Kern vom Mantel in der Brechzahl nur um ein Prozent oder auch noch weniger. Die Übertragungsdämpfung liegt je nach Lichtwellenlänge und Faserqualität zwischen $0,2$ und $5\,dB/km$. Damit können Entfernungen von $10\,km$ und mehr überbrückt werden.

Bei $L = 10\,km$ und $(n_k - n_m)/n_m = 0,01$ sowie $n_k' \approx n_k = 1,5$ ergibt sich

$$t_{max} - t_{min} = 0,5\,\mu s.$$

Eine solche Faser könnte also nur eine Impulsfolge mit höchstens 1 MBaud übertragen. Damit wären die Möglichkeiten, welche Glasfasern hinsichtlich Übertragungslänge und Übertragungskapazität bieten, nur schlecht genutzt.

Um für höhere Übertragungskapazität die Laufzeitstreuung auf den verschiedenen Lichtstrahlen im Faserkern zu mindern, formt man die Brechzahlverteilung zu einem Profil, wie es Bild 7.21a zeigt. In ihm nimmt die Brechzahl von ihrem höchsten Wert n_k in der Fasermitte allmählich auf die Mantelbrechzahl n_m ab. Dieses Profil hat zwar keine Brechzahlstufe mehr, die Lichtstrahlen total reflektiert; der radiale Brechzahlgradient kann Lichtstrahlen aber so umlenken, daß sie auch noch vom Kern geführt werden. Wegen dieses Brechzahlgradienten heißt dieser Lichtwellenleiter auch **Gradientenfaser**.

Gradientenfaser

Der axiale Längsschnitt der Gradientenfaser in Bild 7.21b zeigt einen meridionalen Lichtstrahl, welcher durch Umlenkung am Brechzahlgradienten vom Kern geführt wird und dabei periodisch um die Achse pendelt. Gegenüber einem axialen Lichtstrahl ist dieser Strahl zwar auch noch länger, ähnlich wie in der Stufenfaser; die Strahlung wandert aber in den äußeren Regionen schneller, weil dort die Brechzahl und mit ihr auch der Gruppenindex kleiner sind. Dadurch kann sie auf diesem an und für sich längeren Wege bei richtiger Profilform etwa ebenso schnell vorankommen wie auf dem axialen Strahl.

Brechzahlprofil   Um zu erkennen, welche Form das **Brechzahlprofil** haben muß und wie gut sich Laufzeitdifferenzen dadurch ausgleichen lassen, nehmen wir ein Brechzahlprofil gemäß

Potenzprofil

$$n^2(\varrho) = n_k^2(1 - 2\Delta\,(\varrho/a)^g) \quad \text{für} \quad \varrho \leqq a \tag{7.86}$$

und

$$n^2(\varrho) = n_m^2 \quad \text{für} \quad \varrho > a$$

an. Für

$$\Delta = (n_k^2 - n_m^2)/2n_k^2 \tag{7.87}$$

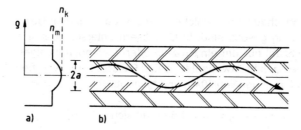

Bild 7.21 Gradientenfaser
  a) Brechzahlprofil
  b) Längsschnitt mit meridionalem Lichtstrahl

geht $n(\varrho)$ bei $\varrho = a$ ohne Sprung in die Mantelbrechzahl über. Je nach Größe des Exponenten g hat dieses sogenannte **Potenzprofil** gemäß Bild 7.22 recht unterschiedliche Form. Bei $g \to \infty$ geht es in das Stufenprofil über. Wir nehmen nun einen Lichtstrahl an, der den Querschnitt z bei ϱ und φ durchstößt, und zwar unter dem Winkel θ zur Achse, so wie es Bild 7.23 zeigt. Da die Brechzahl sich nur allmählich und auch nur wenig mit dem Ort ändert, hat der Lichtstrahl lokal den Charakter einer homogenen, ebenen Welle. Diese Welle wandert in Strahlrichtung mit dem Phasenkoeffizienten $k_\theta = n(\varrho)k$, wobei sich in axialer Richtung die Phase pro Länge um

$$k_z = n(\varrho)k \cos\theta \tag{7.88}$$

ändert und in ϱ- und φ-Richtung um

$$k_\theta = n(\varrho)k \sin\theta \cos\phi$$

bzw.

$$k_\varphi = n(\varrho)\, k \sin\theta \sin\phi.$$

Man kann darum $\vec{k}_\theta$ auch als Vektor, den sog. **Wellenvektor**, auffassen, der in den Zylinderkoordinaten (ϱ, φ, z) der Faser die Komponenten k_ϱ, k_φ und k_z hat. Wenn die Elementarwelle vom Profil geführt wird und eine Eigenwelle des Profiles bildet, ist $k_z = \beta$ der Phasenkoeffizient dieser Eigenwelle und längs des Strahles konstant. Die Eigenwelle hat eine in φ mit 2π periodische Feldverteilung. Für die φ-Komponente von $\vec{k}_\theta$ muß darum

$$k_\varphi = l/\varrho$$

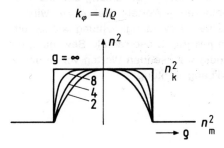

Bild 7.22 Potenzprofile mit verschiedenen Exponenten

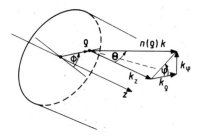

Bild 7.23 Wellenvektorkomponenten eines Lichtstrahls
in der Gradientenfaser

gelten mit l als ganzer Zahl, denn nur so haben auch die Felder der Elementarwelle die erforderliche Periodizität in φ. Unter diesen Bedingungen folgt aus

$$k_\varrho^2 + k_\varphi^2 + k_z^2 = n^2(\varrho)\, k^2$$

die ϱ-Komponente des Wellenvektors, also der Phasenkoeffizient in radialer Richtung zu:

$$k_\varrho = \sqrt{n^2(\varrho)\, k^2 - \beta^2 - l^2/\varrho^2}.\tag{7.89}$$

Strahlweg Um zu erkennen, wie sich k_ϱ längs des Strahles ändert und wie deshalb der Strahl überhaupt verläuft, sind die einzelnen Glieder des Radikanden von Gl. (7.89) in Bild 7.24a aufgetragen. Für die in diesem Bild dargestellten Verhältnisse ist der Radikand nur zwischen ϱ_i und ϱ_a positiv. Sowohl innerhalb von ϱ_i als auch außerhalb von ϱ_a ist k_ϱ^2 negativ und damit k_ϱ rein imaginär. Ein Strahl, der wie in Bild 7.23 mit positiven k_ϱ und k_φ gerade nach außen und dabei auch in positiver φ-Richtung wandert, nimmt einen Weg, dessen Projektion auf den Faserquerschnitt Bild 7.24b zeigt. Er wandert zunächst nach außen, wobei k_ϱ und k_φ abnehmen, bis k_ϱ bei $\varrho = \varrho_a$ verschwindet. Hier kehrt der Strahl seine radiale Bewegungsrichtung um und wandert mit nunmehr zunehmendem k_φ zu kleineren ϱ-Werten. Bei $\varrho = \varrho_i$ wird k_ϱ wiederum Null, und der Strahl kehrt seine radiale Bewegungsrichtung wieder um, jetzt aber von abnehmenden auf zunehmende ϱ-Werte. Diese radiale Bewegung mit Umkehr bei ϱ_a und ϱ_i wiederholt sich mit ständig wachsenden Werten von φ und z, also mit monotoner Bewegung in Umfangs- und Längsrichtung.

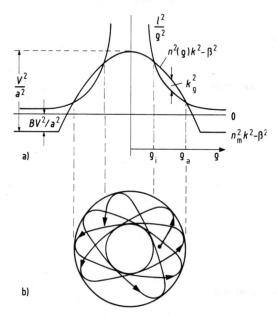

Bild 7.24 a) Quadrate der Wellenvektorkomponenten in Gl. (7.89)
b) Querschnittsprojektion eines Lichtstrahls im Brechzahlprofil der Gradientenfaser

Umkehrradius Für die Strahlführung im Profil gibt es anstelle der Totalreflexion an der Kern-Mantel-Grenze des Stufenprofiles jetzt die Strahlumkehr am äußeren **Umkehrradius** ϱ_a. Aber auch der innere Umkehrradius ϱ_i bildet eine radiale Grenze für den Strahlweg. Es ist, als ob der Strahl an diesen beiden Umkehrradien total reflektiert wird. Nur zwischen ϱ_i und ϱ_a ist k_ϱ nach Bild 7.24a reell, und es gibt für die Strahlung eine radiale Wellenausbreitung mit diesem k_ϱ als radialem Phasenkoeffizienten. Sowohl außerhalb von ϱ_a als auch innerhalb von ϱ_i ist k_ϱ rein imaginär. Die Felder klingen deshalb dort mit $|k_\varrho|$ als Dämpfungskoeffizienten in radialer Richtung exponentiell ab. Diese exponentielle Dämpfung in radialer Richtung entspricht der Querdämpfung von Feldern jenseits einer total reflektierenden Grenzfläche.

Bei der Wellenbewegung längs des Strahles dreht die Phase in radialer Richtung nach Maßgabe des radialen Phasenkoeffizienten k_ϱ. Zwischen ϱ_i und ϱ_a beträgt diese Phasendrehung insgesamt

$$\Phi_\varrho = \int_{\varrho_i}^{\varrho_a} k_\varrho \, d\varrho. \tag{7.90}$$

charakteristische Gleichung

In umgekehrter Richtung, von ϱ_a nach ϱ_i, dreht die Phase um den gleichen Betrag.

Damit nun die Welle nach einer Bewegung hin und her zwischen den beiden Umkehrradien sich phasenrichtig wiederholt und damit in das Profil paßt, muß $2\Phi_\varrho$ ein ganzzahliges Vielfaches p von 2π sein. Mit Gl. (7.90) lautet diese Phasenbedingung

$$\int_{\varrho_i}^{\varrho_a} k_\varrho \, d\varrho = p\pi. \tag{7.91}$$

Zusätzliche Phasendrehungen der Welle an den Umkehrradien werden hier vernachlässigt. Sie spielen aber auch nur dann eine Rolle, wenn Gl. (7.91) für niedrige Zahlen p ausgewertet werden soll.

Unter der Phasenbedingung (7.91) und mit der Umfangsabhängigkeit gemäß $k_\varphi = l/\varrho$ haben die Eigenwellen Felder, welche zwischen ϱ_i und ϱ_a sowohl in radialer Richtung als auch in Umfangsrichtung stehende Wellen bilden. In radialer Richtung sind es p Halbwellen und in Umfangsrichtung l ganze Wellen. Bild 7.25 veranschaulicht diese stehenden Wellen an Hand der Intensitätsverteilung für $l = 4$ und $p = 3$.

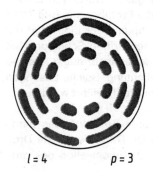

$l = 4$ $p = 3$

Bild 7.25 Intensitätsverteilung einer Eigenwelle der Umfangsordnung $l = 4$ und der radialen Ordnung $p = 3$ über dem Profilquerschnitt einer Gradientenfaser

Die Phasenbedingung (7.91) für p stehende Halbwellen in radialer Richtung bildet mit Gl. (7.89) eine Bestimmungsgleichung für den Phasenkoeffizienten β der Eigenwelle, welche diese radiale Ordnung p und die Umfangsordnung l hat. Es ist die charakteristische Gleichung für Eigenwellen der Gradientenfaser, ähnlich wie Gl. (7.64) die charakteristische Gleichung für Filmwellen ist.

Um die Lösung für Filmwellen in universeller Form darzustellen, hatten wir uns des Phasenparameters nach Gl. (7.74) und des Filmparameters nach Gl. (7.76) bedient. In entsprechender Weise lassen sich auch für die Gradientenfaser ein **Phasenparameter**

Phasen- und Faserparameter

$$B = \frac{\beta^2 - n_m^2 k^2}{(n_k^2 - n_m^2) k^2} \qquad (7.92)$$

und der **Faserparameter**

$$V = ka\sqrt{n_k^2 - n_m^2} \equiv n_k ka\sqrt{2\Delta} \qquad (7.93)$$

definieren. In Bild 7.24a erscheinen V^2/a^2 als Maximum der Profilkurve und BV^2/a^2 als Absenkung der Profilbasis unter die Nullinie. Mit diesen Parameters lautet die charakteristische Gleichung (7.91) für das Potenzprofil nach Gl. (7.86)

$$p\pi = \frac{1}{a} \int_{\varrho_i}^{\varrho_a} [V^2(1 - (\varrho/a)^g - B) - (la/\varrho)^2]^{1/2} d\varrho. \qquad (7.94)$$

Das Integral zwischen den beiden Umkehrpunkten läßt sich in dieser allgemeinen Form nicht analytisch auswerten. Wir beschränken uns darum hier auf den praktisch sehr wichtigen Fall des quadratischen Brechzahlprofiles mit $g = 2$. Dafür lautet Gl. (7.94) nach Lösung des Integrales

quadratisches Brechzahlprofil

$$p = (1 - B)V/4 - l/2 \qquad (7.95)$$

Ebenso wie bei den Filmwellen liegen auch für die vom Faserprofil geführten Eigenwellen alle Lösungswerte zwischen $B = 0$ und $B = 1$. Negative Werte von B sind ausgeschlossen; dafür würde nämlich $\beta < n_m k$ sein und die Profilbasis in Bild 7.24a über der Nullinie liegen. Es gäbe dann einen dritten Schnittpunkt der Linie l^2/ϱ^2 mit der Profilkurve, und zwar im Mantelbereich. Jenseits dieses dritten Schnittpunktes wäre k_ϱ^2 wieder positiv und damit k_ϱ reell. Die radiale Wellenausbreitung, welche dieses relle k_ϱ darstellt, bedeutet Abstrahlung in radialer Richtung. Solche Lösungen mit $B < 0$ stellen also Wellen dar, die nicht mehr richtig vom Profil geführt werden.

Führung beginnt erst bei $B = 0$. Bild 7.26 zeigt in der Ebene $(p/V, l/V)$ das durch Ordinate und Abszisse sowie durch die Linie $B = 0$ nach Gl. (7.95) begrenzte Dreieck, in dem alle Lösungswerte von Gl. (7.95) liegen, die zu Eigenwellen des quadratischen Brechzahlprofiles gehören. Aus ihm läßt sich für einen bestimmten Wert des Faserparameters V ablesen, wie groß der Phasenparameter B einer Eigenwelle mit den Ordnungszahlen p und l ist.

Die Fläche des Dreiecks der Lösungswerte beträgt 1/16. Die einzelnen Lösungs- Modenzahl
punkte haben sowohl in Richtung l/V als auch in Richtung p/V den Abstand $1/V$
voneinander. Darum gibt es $V^2/16$ Lösungspunkte im Dreieck. Zu jedem Lösungs-
punkt l, p gehört nun aber nicht nur eine Eigenwelle; wegen der zwei verschiedenen Polarisationen, die das Feld der Lösung l, p haben kann, und wegen zwei verschiedener Winkelorientierungen, in denen die Intensitätsverteilungen wie in Bild 7.25

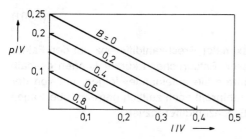

Bild 7.26 Lösung der charakteristischen Gleichung für Eigenwellen der Gradientenfaser mit quadratischem Brechzahlprofil

vorkommen können, gibt es im allgemeinen vier verschiedene Eigenwellen für jede Kombination ganzer Zahlen l, p innerhalb des Dreiecks von Bild 7.26. Im ganzen führt darum die Gradientenfaser mit quadratischem Brechzahlprofil

$$M = V^2/4 \tag{7.96}$$

verschiedene Eigenwellen.

Typischerweise ist $\Delta = 0.01$, $n = 1.5$ und $a = 30\,\mu m$, so daß bei einer Vakuumwellen-
länge von $\lambda = 1\,\mu m$ der Faserparameter $V = 40$ beträgt und die Faser 400 Eigenwellen führt.

Um die verschiedenen Laufzeiten dieser Eigenwellen zu berechnen, lösen wir zunächst Gl. (7.95) nach B auf und ermitteln daraus ihren Phasenkoeffizienten zu

$$\beta = \sqrt{n_k^2 k^2 - (4p + 2l)\sqrt{2\Delta}\, n_k k/a}. \tag{7.97}$$

Die Gruppenlaufzeit einer Eigenwelle pro Längeneinheit ist

$$\tau = d\beta/d\omega$$

Bei der Ableitung von β aus Gl. (7.97) nach ω nehmen wir an, daß Δ und g sich nicht mit der Frequenz ändern. Es ergibt sich so

$$\tau = n_k'[n_k k - (2p + l)\sqrt{2\Delta}/a]/(\beta c) \tag{7.98}$$

mit $n'_k = d(n_k k)/dk$ als Gruppenindex in der Profilmitte. Die kürzeste Laufzeit, nämlich

$$\tau_{min} = n'_k/c \tag{7.99}$$

haben nach dieser Formel die Eigenwellen mit $p = l = 0$. Für sie ist $\beta = n_m k$ und $B = 1$. Die längste Laufzeit haben die Eigenwellen an der Grenze $B = 0$. Für sie ist $\beta = n_m k$ sowie $2p + l = V/2$, und ihre Laufzeit beträgt

$$\tau_{max} = (1 - \Delta) n'_k n_k/(n_m c). \tag{7.100}$$

Die relative Laufzeitdifferenz zwischen den schnellsten und den langsamsten Eigenwellen folgt aus Gl. (7.99) und (7.100) zu

Laufzeitdifferenz

$$\frac{\tau_{max} - \tau_{min}}{\tau_{min}} = \frac{(n_k - n_m)^2}{2 n_k n_m}. \tag{7.101}$$

Diese Laufzeitstreuung ist bei gleicher maximaler Brechzahldifferenz um den Faktor $(n_k - n_m)/(2 n_m)$ kleiner als in der Stufenfaser. Entsprechend kürzer können deshalb Impulse sein und entsprechend dichter dürfen sie aufeinander folgen, um von der Gradientenfaser mit quadratischem Brechzahlprofil noch zeitlich getrennt übertragen zu werden. Bei einem Prozent maximaler Brechzahldifferenz ist

$$2 n_m/(n_k - n_m) = 200.$$

Die Übertragungskapazität vervielfacht sich gegenüber der entsprechenden Stufenfaser um diesen Faktor 200.

Modendispersion

Die Erscheinung, daß ein Strahlungsimpuls in solchen vielwelligen oder Vielmodenfasern durch die Laufzeitdifferenzen zwischen den verschiedenen Wellen (Moden) sich verbreitert und verformt, heißt **Modendispersion**. Außer durch Modendispersion verbreitert und verformen sich Strahlungsimpulse aber auch, weil sie aus verschiedenen spektralen Komponenten bestehen und weil diese spektralen Komponenten bei Abhängigkeit der Gruppenlaufzeit von der Wellenlänge verschieden schnell wandern. Diese Erscheinung heißt **chromatische Dispersion**; denn sie tritt nur auf, wenn die Signalstrahlung eine endliche spektrale Breite hat, also polychromatisch ist.

chromatische Dispersion

Materialdispersion

Die Laufzeit einer Welle ändert sich allein schon deshalb mit der Wellenlänge, weil der Gruppenindex n' des Faserglases von der Wellenlänge abhängt. Bild 7.27 zeigt als Funktion der Wellenlänge die Brechzahl n von reinem **Quarzglas** und seinen Gruppenindex n'. Die Erscheinung, daß insbesondere der Gruppenindex n' eines Materiales von der Wellenlänge abhängt, nennt man **Materialdispersion**, weil dadurch verschiedene spektrale Komponenten einer Strahlung verschiedene Laufzeiten haben, also zerstreut werden. Im reinen Quarzglas hat der Gruppenindex bei $\lambda = 1.28\,\mu m$ ein Minimum; dort ist also die Materialdispersion nur noch von höherer Ordnung.

Außer durch Materialdispersion ändert sich die Laufzeit einer Faserwelle auch noch durch Verschiebungen des Strahlweges im Lichtwellenleiter mit der Wellenlänge, der sog. **Wellenleiterdispersion**. In Gl. (7.98) ändert sich beispielsweise der Phasenkoeffizient β im Nenner etwas anders mit der Wellenlänge als die rechteckige Klammer im Zähler. Gegenüber der Materialdispersion ist diese Wellenleiterdispersion bei den

Wellenleiterdispersion

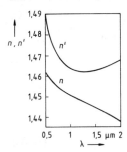

Bild 7.27 Brechzahl n und Gruppenindex n' von Quarzglas

weitaus meisten Wellen einer Vielmodenfaser nur schwach, so daß sie bei solchen Fasern praktisch immer zu vernachlässigen ist.

Allein aus der Materialdispersion, also dem $n'(\lambda)$ aus Bild 7.27, ergibt sich für eine Übertragungslänge L die Laufzeitcharakteristik in Bild 7.28. Kurze Strahlungsimpulse mit dem in Bild 7.28 auch aufgetragenen Energiedichtespektrum werden bei der Übertragung so geformt, wie es sich durch die dargestellte Spiegelung des Impulsenergiespektrums an der Laufzeitcharakteristik ergibt. Diese Spiegelbilder sind also die **Impulsantworten** durch eine einzelne Mode der Vielmodenfaser.

Impulsantwort

Abseits vom Gruppenindexminimum bestimmt die Neigung $(d\tau/d\lambda)L$ der Laufzeitcharakteristik zusammen mit der spektralen Breite $\Delta\lambda$ der Strahlung die Dauer der Impulsantwort. Im Gruppenindexminimum gibt aber nur ihre Krümmung $(d^2\tau/d\lambda^2)L$ den Ausschlag und auch $\Delta\lambda$ geht nur quadratisch ein. Die Impulsantwort bleibt dann entsprechend kurz.

Die Impulsantworten in Bild 7.28 vernachlässigen, daß das Eingangsspektrum nicht nur die Breite $\Delta\lambda$ der Strahlungsquelle hat, sondern durch die Impulsmodulation noch zusätzlich verbreitert wird. So hat ein trägerfrequenter Gaußimpuls einer rein monochromatischen Strahlung das Fourierspektrum gemäß Gl. (5.30) und eine 1/e-Breite des Leistungsspektrums gemäß Gl. (5.31), die in der Wellenlänge

$$\Delta\lambda_0 = \frac{2\lambda^2}{\pi c t_0} \tag{7.102}$$

beträgt. Die ursprüngliche 1/e-Dauer t_0 des Gaußimpulses verbreitert sich gemäß Gl. (5.34) auf

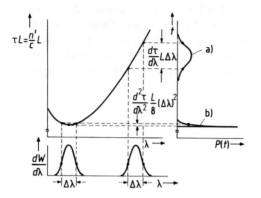

Bild 7.28

Impulsantwort für ein $\Delta\lambda$ breites Spektrum des Strahlungsimpulses
a) bei linearer Dispersion
b) im Dispersionsminimum

Impulsaufweitung

$$t_1 = \sqrt{t_0^2 + \left(\frac{d\tau}{d\lambda} L \Delta\lambda_0\right)^2} \tag{7.103}$$

mit $\Delta\lambda_0$ aus Gl. (7.102). Wenn nun die Strahlung nicht mono-, sondern polychromatisch ist, und zwar ein gaußförmiges Spektrum der 1/e-Breite $\Delta\lambda$ hat, und wenn jede spektrale Komponente in gleicher Weise gaußförmig impulsmoduliert wird, dann ist auch das resultierende Spektrum gaußförmig und hat die 1/e-Breite $\sqrt{\Delta\lambda_0^2 + \Delta\lambda^2}$. Übertragung des Gaußimpulses mit diesem Gaußspektrum durch eine Faser mit linearer Laufzeitcharakteristik der Steilheit $(d\tau/d\lambda)L$ ergibt wieder einen Gaußimpuls, der sich ähnlich wie nach Gl. (7.103) auf die 1/e-Dauer

$$t_1 = \sqrt{t_0^2 + \left(\frac{d\tau}{d\lambda}\right)^2 L^2(\Delta\lambda_0^2 + \Delta\lambda^2)} \tag{7.104}$$

verbreitert hat. Ebenso wie die Impulsaufweitung durch die Modulationsseitenbänder sich gemäß Gl. (7.103) quadratisch zur ursprünglichen Impulsweite t_0 addiert, addiert sich bei Gaußimpulsen mit Gaußspektrum auch die Impulsaufweitung durch die spektrale Breite der Strahlung quadratisch zu der ursprünglichen Impulsweite.

Dieses Gesetz der quadratischen Addition gilt mit guter Näherung nun auch für andere Impulsformen und andere Strahlungsspektren. Abgesehen von extrem kurzen Impulsen spektral sehr reiner Strahlung ist dabei in der optischen Nachrichtentechnik meist $\Delta\lambda_0 \ll \Delta\lambda$, so daß die Impulsaufweitung durch chromatische Dispersion dann auch einfach aus

$$t_1 = \sqrt{t_0^2 + \left(\frac{d\tau}{d\lambda} L \Delta\lambda\right)^2} \tag{7.105}$$

folgt.

Wird der Impuls nun nicht nur durch eine einzelne Faserwelle sondern durch die vielen Wellen einer Vielmodenfaser übertragen, so überlagern sich in der Impulsantwort so viele Einzelimpulse nach Art von Bild 7.28, wie die Faser Wellen führt. Bei unterschiedlicher Laufzeit kommen sie zeitlich gegeneinander verschoben an und weiten damit die Impulsantwort zusätzlich auf, und zwar um

$$\Delta\tau L = (\tau_{max} - \tau_{min}) L. \tag{7.106}$$

Näherungsweise kann man nun diese Impulsaufweitung durch Modendispersion ebenso erfassen wie auch schon die Impulsaufweitung durch chromatische Dispersion, indem man sie quadratisch zur ursprünglichen Impulsweite addiert. Die allgemeine Näherung für Impulsaufweitung durch chromatische und Modendispersion lautet dann

$$t_1 = \sqrt{t_0^2 + \left[\left(\frac{d\tau}{d\lambda}\right)^2 (\Delta\lambda_0^2 + \Delta\lambda^2) + \Delta\tau^2\right] L^2}. \tag{7.107}$$

Unter praktischen Bedingungen darf man meist mit $\Delta\lambda_0 \ll \Delta\lambda$ rechnen und erhält einfach

$$t_1 = \sqrt{t_0^2 + \left[\left(\frac{d\tau}{d\lambda}\Delta\lambda\right)^2 + \Delta\tau^2\right] L^2} \tag{7.108}$$

In guten Gradientenfasern mit kleinem $\Delta\tau$ aber dem breiten Spektrum von LED-Strahlung überwiegt die chromatische Dispersion; es sei denn, die LED emittiert bei $\lambda \approx 1{,}3\,\mu m$, wo mit $d\tau/d\lambda = 0$ die Materialdispersion nur noch in zweiter Ordnung wirkt.

Mit der spektral viel engeren Strahlung aus Halbleiterlasern überwiegt die Modendispersion bei der Impulsaufweitung.

Wenn Modendispersion ganz ausgeschlossen werden soll, so daß nur noch chromatische Dispersion die Signale verzerrt, dürfen die Signale nur in einer Welle bzw. nur in Wellen gleicher Laufzeit wandern. Dazu wird die Faser so bemessen, daß ihr Kern nur eine bzw. nur Wellen gleicher Laufzeit führt.

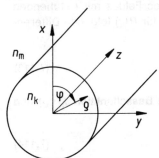

Bild 7.29 Modell für die Stufenfaser mit unendlich ausgedehntem Mantel

Einmodenfaser Die Bedingungen, unter denen nur eine Faserwelle geführt wird, und die Eigenschaften dieser Welle wollen wir hier näherungsweise für eine Stufenfaser berechnen. Dabei dürfen wir annehmen, daß das Feld dieser Welle im Mantel durch die Totalreflexion an der Kern-Mantel-Grenze sehr stark quergedämpft ist und gar nicht bis zur äußeren Begrenzung des Mantels reicht. Als Modell für die Stufenfaser rechnen wir darum gemäß Bild 7.29 mit dem Kern der Brechzahl n_k in einem unbegrenzten Mantel der Brechzahl n_m.

Zur Lösung der Maxwellschen Gleichungen (7.16) für dieses Modell setzen wir $\vec{H}$ aus der ersten Gleichung in die zweite ein und erhalten

$$\operatorname{rot}\operatorname{rot}\vec{E} = n^2 k^2 \vec{E} \tag{7.109}$$

mit $n = n_k$ im Kern und $n = n_m$ im Mantel. Die doppelte Rotation läßt sich gemäß

$$\operatorname{rot}\operatorname{rot} = \operatorname{grad}\operatorname{div} - \Delta$$

entwickeln, wobei Δ für kartesische Komponenten von $\vec{E}$ der Laplace Operator ist. Mit

$$\operatorname{div}\vec{E} = \frac{1}{j\omega n^2 \varepsilon_0} \operatorname{div}\operatorname{rot}\vec{H} \equiv 0$$

folgt aus Gl. (7.109) die vektorielle Wellengleichung

Wellengleichung

$$\Delta\vec{E} + n^2 k^2 \vec{E} = 0. \tag{7.110}$$

Sie besteht aus drei skalaren Wellengleichungen für die kartesischen Komponenten von $\vec{E}$. Wir nehmen hier zunächst eine Welle an, bei derem elektrischen Feld die Komponente E_x dominiert, und erhalten für sie aus Gl. (7.110)

$$\Delta E_x + n^2 k^2 E_x = 0. \tag{7.111}$$

Für ihre Lösung setzen wir das Produkt

$$E_x = R(\varrho) \cos l\varphi \, e^{-j\beta z} \tag{7.112}$$

an, in dem β den noch unbekannten Phasenkoeffizienten für die Wellenausbreitung längs der Faser darstellt und $\cos l\varphi$ eine φ-Verteilung des Feldes mit l stehenden Wellen von 0 bis 2π beschreibt. Aus Gl. (7.111) ergibt sich für $R(\varrho)$ folgende Differentialgleichung 2. Ordnung

$$\frac{d^2 R}{d\varrho^2} + \frac{1}{\varrho}\frac{dR}{d\varrho} + (n^2 k^2 - \beta^2 - l^2/\varrho^2) R = 0. \tag{7.113}$$

Zylinderfunktionen Es ist die Besselsche Differentialgleichung, für welche die **Besselfunktion** $J_l(\kappa\varrho)$ und die **Neumannfunktion** $N_l(\kappa\varrho)$ mit

$$\kappa = \sqrt{n^2 k^2 - \beta^2} \tag{7.114}$$

ein Fundamentalsystem von Lösungen bilden. Den Verlauf dieser Funktionen für die Ordnungszahlen $l = 0, 1, 2$ und 3 zeigt Bild 7.30. Für den Kern, d.h. für $\varrho < a$, kommt von diesen beiden Funktionen nur die Besselfunktion $J_l(\kappa\varrho)$ in Frage, denn die Neumannfunktion $N_l(\kappa\varrho)$ wächst für $\kappa\varrho \to 0$ über alle Grenzen, hat dort also eine Polstelle. Das tatsächliche Feld E_x bleibt aber überall endlich. Mit $n = n_k$ im Kern und der Abkürzung

$$u = \kappa_k a = a\sqrt{n_k^2 k^2 - \beta^2} \tag{7.115}$$

lautet die ϱ-Abhängigkeit von E_x im Kern

$$R_k = J_l(u\varrho/a) \tag{7.116}$$

Im Mantel, also für $\varrho > a$, brauchen wir, um die exponentielle Querdämpfung des Feldes der Faserwelle darzustellen, eine ganz bestimmte Kombination von Bessel-

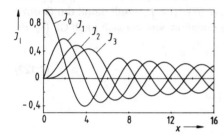

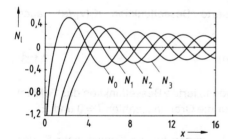

Bild 7.30 Bessel- und Neumannfunktionen $J_l(x)$ bzw. $N_l(x)$ der ganzzahligen Ordnungen $l = 0, 1, 2$ und 3

und Neumannfunktionen. Wir bedenken dazu, daß für $\varrho \to \infty$

$$J_l(\kappa\varrho) \approx \sqrt{\frac{2}{\pi\kappa\varrho}} \cos\left(\kappa\varrho - \frac{\pi}{4} - \frac{l\pi}{2}\right) \tag{7.117}$$

ist, und

$$N_l(\kappa\varrho) \approx \sqrt{\frac{2}{\pi\kappa\varrho}} \sin\left(\kappa\varrho - \frac{\pi}{4} - \frac{l\pi}{2}\right), \tag{7.118}$$

die Besselfunktion dort also ähnlich dem Kosinus verläuft und die Neumannfunktion ähnlich dem Sinus. Kombiniert man sie nun gemäß

$$R_m = J_l(\kappa\varrho) - jN_l(\kappa\varrho), \tag{7.119}$$

so ist für $\varrho \to \infty$

$$R_m \approx \sqrt{\frac{2}{\pi\kappa\varrho}}\, e^{-j(\kappa\varrho - \pi/4 - l\pi/2)}. \tag{7.120}$$

Damit diese Funktion die exponentielle Querdämpfung richtig darstellt, muß κ negativ imaginär sein, d. h. in

$$\kappa_m = \sqrt{n_m^2 k^2 - \beta^2} \tag{7.121}$$

muß $\beta > n_m k$ sein. Beim Grenzwert $\beta_c = n_m k$ wird $\kappa_m = 0$, verschwindet also die Querdämpfung. Aus $\beta = k_z = n_k \cos\theta$ gemäß Gl. (7.88) ergibt sich für $\beta = \beta_c$ der Grenzwinkel $\theta = \theta_c$ der Totalreflexion nach Gl. (7.57). $\beta = \beta_c$ stellt damit die Grenze der Wellenführung durch Totalreflexion dar. Die Funktion, welche sich nach Gl. (7.119) für negativ imaginäre Werte von κ_m gemäß

$$\kappa_m = -j\sqrt{\beta^2 - n_m^2 k^2} = -jv/a \tag{7.122}$$

ergibt, lautet

$$R_m = J_l(-jv\varrho/a) - jN_l(-jv\varrho/a).$$

modifizierte Zylinderfunktion   Bis auf einen Faktor ist das die modifizierte Besselfunktion $K_l(v\varrho/a)$, auch **Mcdonaldsche Funktion** genannt, und zwar gilt

$$K_l(x) = \frac{\pi}{2}\, j^{-l-1}\,[J_l(-jx) - jN_l(-jx)]. \tag{7.123}$$

Man kann darum ebenso gut auch mit dieser modifizierten Besselfunktion das Feld im Mantel darstellen. Bild 7.31 zeigt ihren Verlauf für die Ordnungszahlen $l = 0$ und 1.

Zusammenfassend haben wir damit folgende Lösungen für die Komponente E_x des Feldes in Kern und Mantel

$$E_x = E_0(a) \begin{Bmatrix} J_l(u\varrho/a)/J_l(u) \\ K_l(v\varrho/a)/K_l(v) \end{Bmatrix} \cos l\varphi\, e^{-j\beta z} \quad \text{für} \quad \begin{Bmatrix} r \leqq a \\ r \geqq a \end{Bmatrix}. \tag{7.124}$$

So wie wir die Lösung hier geschrieben haben, wird bei $\varrho = a$ das Kern-E_x gleich dem Mantel-E_x, und zwar gleich $E_0(a)$. Wir haben also damit schon die Randbedingung erfüllt, daß E_x an der Kern-Mantel-Grenze stetig sein muß.

Genau genommen muß zwar nicht E_x bei $\varrho = a$ stetig sein sondern das zur Kern-

Mantel-Grenze tangentiale Feld. Da aber insbesondere bei Einmodenfasern die Kernbrechzahl nur ganz wenig größer als die Mantelbrechzahl ist, wird auch die zur Kern-Mantel-Grenze normale Feldkomponente dort nahezu stetig sein. Damit nun in diesem Sinne nicht nur E_x sondern auch alle anderen Feldkomponenten an der Kern-Mantel-Grenze stetig sind, verlangen wir, daß neben E_x auch $\partial E_x/\partial \varrho$ bei $\varrho = a$ stetig ist. Die anderen Feldkomponenten lassen sich nämlich nach den Maxwellschen Gleichungen durch partielle Differentiationen von E_x unter anderem nach ϱ ableiten.

Die Bedingung, daß $\partial E_x/\partial \varrho$ bei $\varrho = a$ stetig ist, führt mit Gl. (7.124) für E_x auf folgende Gleichung

$$u \, \frac{J_l'(u)}{J_l(u)} = v \, \frac{K_l'(v)}{K_l(v)} \qquad\qquad (7.125).$$

charakteristische Gleichung

Die Striche an den Besselfunktionen bezeichnen ihre Ableitung nach dem Argument. Gl. (7.125) ist die charakteristische Gleichung oder Eigenwertgleichung für die Wellen der Stufenfaser. Sie setzt das transversale Dämpfungsmaß v für die Querdämpfung im Mantel in Beziehung zum transversalen Phasenmaß u für die transversal stehenden Wellen im Kern. Nach Gl. (7.115) und (7.122) hängen u und v vom noch unbekannten Phasenkoeffizienten β der Faserwellen ab. Die Summe der Quadrate von u und v ergibt den **Fasenparameter** V

$$\sqrt{u^2 + v^2} = k \, a \, \sqrt{n_k^2 - n_m^2} = V \qquad\qquad (7.126)$$

wie er auch schon in Gl. (7.93) für die Gradientenfaser definiert wurde. Das Verhältnis v^2/V^2 ist

$$v^2/V^2 = \frac{\beta^2 - n_m^2 k^2}{(n_k^2 - n_m^2)\, k^2} = B \qquad\qquad (7.127)$$

also der **Phasenparameter** gemäß Gl. (7.92). Aus den drei Gleichungen (7.125), (7.126) und (7.127) lassen sich nun rein formal u und v eliminieren und B als Funktion von V darstellen. Allerdings kann man schon wegen des transzendenten Charakters von Gl. (7.125) B als Funktion von V nur numerisch gewinnen. Bild 7.32 zeigt alle Lösungskurven von Gl. (7.125), (7.126) und (7.127) für $V < 10$. Für kleine Werte von V gibt es nur eine Lösung, und zwar für $l = 0$. Die entsprechende Kurve ist in Bild 7.32 mit $l = 0$ und $p = 1$ bezeichnet. Sie gehört zu einer Faserwelle, deren E_x nicht von φ abhängt, also axialsymmetrisch ist. Bild 7.33 zeigt das Feldbild dieser Welle. Es läßt erkennen, daß bei dieser Welle E_x die dominierende Komponente des elektrischen Feldes ist. Weil diese Welle schon bei kleineren V-Werten von der Faser geführt wird als alle anderen Wellen, ist sie die Grundwelle der Faser. Diese Grundwelle existiert sogar noch, wenn V gegen Null geht. Allerdings gehen dabei auch B und v gegen Null, so daß sich die Felder dieser Welle für $V \to 0$ immer weiter in den Mantel ausdehnen und die Welle praktisch kaum noch geführt wird. Erst wenn $V > 1$ wird und B merkliche Werte annimmt, ziehen sich die Felder der Grundwelle auch mehr auf den

Kern zusammen und wird die Grundwelle wirksamer vom Kern geführt. Mit steigendem V geht B gegen Eins. Weil dann $v \approx V$ wird, die Mantelfelder also immer stärker quergedämpft werden, konzentriert sich die Welle dabei mehr und mehr auf den Kern, in dem sie schließlich mit $\beta \to n_k k$ wandert.

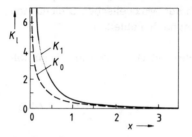

Bild 7.31 Modifizierte Besselfunktion (Mcdonaldsche Funktion) 0. und 1. Ordnung

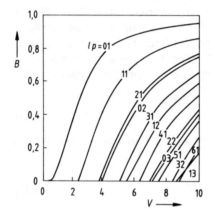

Bild 7.32 Phasenparameter von Eigenwellen der Stufenfaser

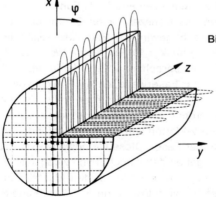

Bild 7.33 Feldbild der Grundwelle in der Stufenfaser
——— elektrische Feldlinien
– – – magnetische Feldlinien

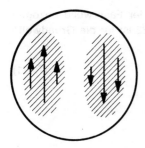

Bild 7.34 Elektrisches Feld und Leistungsflußdichte einer Faserwelle mit $l = 1$ und $p = 1$.

Bevor aber mit steigendem V die Grundwelle sich richtig auf den Kern zusammenzieht, kommt bei $V = 2.405$ (der ersten Nullstelle von $J_0(u)$) eine weitere Lösung ins Spiel, und zwar eine mit $l = 1$. Es handelt sich bei ihr um die gegenüber der Grundwelle nächst höhere Ordnung mit einer Feld- und Intensitätsverteilung, wie sie Bild 7.34 mit Pfeilen bzw. Schraffur andeutet.

Einwellig ist die Stufenfaser also nur für

$$V < 2.405. \qquad (7.128)$$

Einwelligkeitsgrenze

Nur wenn der Kerndurchmesser im Verhältnis zur Wellenlänge so klein ist, bzw. die Brechzahldifferenz zwischen Kern und Mantel so niedrig ist, daß V die Einwelligkeitsbedingung (7.128) erfüllt, handelt es sich um eine Einmodenfaser.

Praktisch macht man für Einmodenfasern die Brechzahldifferenz zwischen Kern und Mantel so klein, daß sie gerade noch eine ausreichende Wellenführung gewährleistet. Man kann dann die Bedingung (7.128) mit einem Kerndurchmesser erfüllen, der noch groß genug ist, um bei der Anregung der Einmodenfaser oder in Faserverbindungen zu große Verluste zu vermeiden. Beispielsweise muß bei $\lambda = 1{,}3\,\mu m$ und 1/4 % Brechzahldifferenz der Kern einer einwelligen Stufenfaser aus Quarzglas „nur" dünner als $10\,\mu m$ sein.

Signale, welche die Faser in ihrer Grundwelle überträgt, werden nur noch durch chromatische Dispersion verzerrt. Verantwortlich dafür ist die Änderung der Laufzeit der Grundwelle mit der Wellenlänge. Die Gruppenlaufzeit einer Faserwelle pro Faserlänge errechnet sich gemäß $\tau = d\beta/d\omega$ aus ihrem Phasenkoeffizienten. Man kann auch von dem **effektiven Index** N der Faserwelle ausgehen, der durch

$$N = \beta/k \qquad (7.129)$$

effektiver Index

definiert ist. In Anlehnung an den Gruppenindex des Materials entsprechend Gl. (7.83) definiert man mit

$$N' = \frac{d(Nk)}{dk} = \tau c \qquad (7.130)$$

effektiver Gruppenindex

den **effektiven Gruppenindex**. N' stellt die Gruppenlaufzeit der Faserwelle bezogen auf die Laufzeit der Strahlung im Vakuum dar. Nach Bild 7.32 ist für die Grundwelle der Faser

$$N_{01} = n_m \text{ für } V = 0 \text{ bzw. } \lambda \rightarrow \infty \tag{7.131}$$

und

$$N_{01} = n_k \text{ für } V \gg 1 \text{ bzw. } \lambda \rightarrow 0.$$

Daraus folgt dann auch

$$N'_{01} = n'_m \text{ für } V = 0 \text{ bzw. } \lambda \rightarrow \infty \tag{7.132}$$

und

$$N'_{01} = n'_k \text{ für } V \gg 1 \text{ bzw. } \lambda \rightarrow 0.$$

Demnach wandert die Grundwelle bei sehr kurzer Wellenlänge mit der Kernlaufzeit τ_k und nähert sich bei sehr großer Wellenlänge der Mantellaufzeit τ_m. Weil aber die Kernbrechzahl nur wenig über der Mantelbrechzahl liegt, unterscheiden sich auch τ_k und τ_m nur geringfügig. Die Änderung der Laufzeit mit der Wellenlänge, auf die es bei der chromatischen Dispersion ankommt, wird also in erster Linie durch die Dispersion des Faserglases, die sog. Materialdispersion bestimmt.

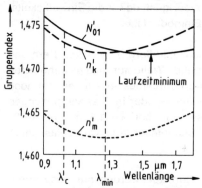

Bild 7.35 Gruppenindex n'_k und n'_m von Kern- und Mantelglas,
einer „dispersionsverschobenen" Quarzglasfaser sowie effektiver Gruppenindex N'_{01} der Fasergrundwelle.
λ_{min} ist die Wellenlänge im Minimum der Materialdispersion und λ_c die Grenzwellenlänge für die Faserwelle mit $l = p = 1$

Für Einmodenfasern aus Quarzglas verläuft der effektive Gruppenindex der Fasergrundwelle im Wellenlängenbereich niedriger Faserverluste so, wie es Bild 7.35 für die besonderen Verhältnisse zeigt, bei denen das Laufzeitminimum vom Minimum der Materialdispersion bei $\lambda = 1,28\,\mu m$ in das Dämpfungsminimum bei $\lambda = 1,55\,\mu m$ verschoben ist. Für sehr kurze Wellen ist $N'_{01} = n'_k$, wird aber mit zunehmender

dispersionsverschobene Faser

Wellenlänge etwas größer als n_k' und erst ab $\lambda = 1,3 \lambda_c$ kleiner als n_k', wobei $\lambda_c = 2,6 a \sqrt{n_k^2 - n_m^2}$ die Grenzwellenlänge der nächst höheren Faserwelle in Bild 7.35 bezeichnet. Erst für sehr lange Wellen nähert sich N_{01}' dann n_m'.

Nur noch sehr gering ist die chromatische Dispersion im Minimum der Laufzeitcharakteristik. Damit aber die Grundwelle ein solches Laufzeitminimum für $\lambda > \lambda_c$, d. h. im einwelligen Bereich hat, muß $\lambda_c < \lambda_{min} \approx 1,28\,\mu m$ sein. Das Laufzeitminimum der Grundwelle liegt dann bei $\lambda > \lambda_{min}$. Durch entsprechende Bemessung von Kerndurchmesser und Kern-Mantel-Brechzahldifferenz kann man das Laufzeitminimum der Fasergrundwelle ins absolute Dämpfungsminimum bei $\lambda = 1,55\,\mu m$ schieben (dispersionsverschobene Fasern).

dispersionsverschobene Faser

Die Erscheinung, daß sich die Laufzeit τ_{01} der Faserwelle von der Laufzeit τ einer homogenen, ebenen Welle im Fasermaterial unterscheidet, nennt man Wellenleiterdispersion. Man kann in einer Quarzglasfaser mit einfachem Stufenprofil für $\lambda > \lambda_{min}$ die Materialdispersion in erster Ordnung durch Wellenleiterdispersion teilweise oder auch ganz kompensieren. Im Minimum der Laufzeitcharakteristik ihrer Grundwelle hat die Einmodenfaser nur noch chromatische Dispersion zweiter Ordnung. Wie Bild 7.28 schon zeigte, bleibt unter diesen Bedingungen die Impulsantwort sehr kurz.

Praktisch kann die Grundwelle von Einmodenfasern darum sehr hohe Impulsraten übertragen. Wenn man dabei entweder im Minimum der chromatischen Dispersion oder mit den spektral sehr schmalen Impulsen aus Einmodenlasern überträgt, begrenzt nicht mehr die Dispersion die Länge der Faserstrecke sondern ihre Dämpfung.

Aufgaben zur Vertiefung 7

1 Hohlleiter als $\lambda/4$-Transformator

Praktische Anwendung

Ein Rechteckhohlleiter mit den Abmessungen $a = 7{,}11$ mm und $b = 3{,}56$ mm werde in der H_{10}-Welle bei 30 GHz gespeist. Berechnen Sie die Länge l des Zwischenstückes, das als $\lambda/4$-Transformator einen mit Luft ($\varepsilon_{r1} = 1$) gefüllten und einen mit Kunststoff ($\varepsilon_{r3} = 3$) gefüllten Teil aneinander anpaßt.

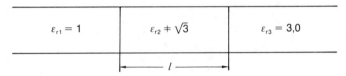

$\varepsilon_{r1} = 1$	$\varepsilon_{r2} \neq \sqrt{3}$	$\varepsilon_{r3} = 3{,}0$

Berechnen Sie zunächst die erforderliche relative Dielektrizitätskonstante ε_{r2} in dem Zwischenstück. Dabei ist $\varepsilon_{r2} = \sqrt{3}$ nicht richtig!

Hinweis

2 Phasenbedingung für Filmwellen

Zur besonderen Vertiefung

Leiten Sie anhand der unten stehenden Skizze die Phasenbedingung für Filmwellen in Gl. (7.64) ab! Gehen Sie davon aus, daß eine homogene, ebene Welle im Punkt C gegenüber dem Punkt A in ihrer Phase nur um ganzzahlige Vielfache von 2π verzögert sein darf, damit die Phasenfronten der beiden Strahlen ohne Versatz ineinander übergehen können.

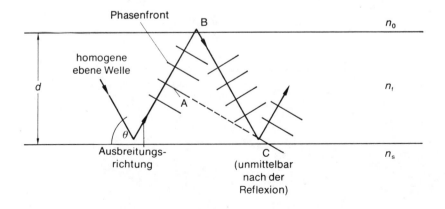

Lösungen der Übungsaufgaben zu den Lernzyklen

Aufgaben **1** bis **3** siehe Lehrtext.   **Lernzyklus 1.1**

4 Leitungsbeläge

Die differentielle Leitungslänge dz in Bild 1.4 wird hier durch die Leitungslänge l ersetzt.

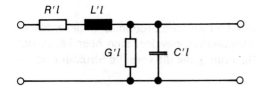

Kurzschluß am Ende:
Die Eingangsimpedanz ist

$$Z_K = R'\,l + j\omega L'\,l = 50\,e^{j(90° - \varepsilon_K)}\,\Omega.$$

$$e^{j(90° - \varepsilon_K)} = e^{j90°}e^{-j\varepsilon_K} = j e^{-j\varepsilon_K} = j(\cos\varepsilon_K - j\sin\varepsilon_K) \approx j + \varepsilon_K \approx j + 1{,}8 \cdot 10^{-3}$$

Es ergibt sich also:

$$R'\,l = 1{,}8 \cdot 50 \cdot 10^{-3}\,\Omega = 0{,}09\,\Omega \quad \text{und} \quad \omega L'\,l = 50\,\Omega$$

Leerlauf:
In den Leerlaufleitwert Y_L gehen nach dem Schaltbild alle vier Elemente ein. Nun sind aber die Längswiderstände $R'\,l$ und $\omega L'\,l$ klein gegenüber den Widerständen $1/(G'\,l)$ und $1/(\omega C'\,l)$ und können, da diese Rechnung ohnehin auf einer Näherung beruht, vernachlässigt werden. Außerdem sind ja die Leitungsbeläge in Wirklichkeit gleichmäßig auf der Leitung verteilt. Deshalb sind bei ihr die Größen Z_K und Y_L unabhängig davon, von welcher Seite aus gemessen wird. Es gilt also

$$Y_L = G'\,l + j\omega C'\,l = 9 \cdot 10^{-4}\,e^{j(90° - \varepsilon_L)}\,S,$$

$$G'\,l = 9 \cdot 10^{-4} \cdot 1{,}2 \cdot 10^{-3}\,S = 1{,}08 \cdot 10^{-6}\,S$$

und $\omega C'\,l = 9 \cdot 10^{-4}\,S.$

Die Leitungsbeläge sind dann

$$R' = 1{,}2\,\frac{\Omega}{km}\,, \quad L' = 1{,}32\,\frac{mH}{km}\,, \quad G' = 14{,}4\,\frac{\mu S}{km}\,, \quad C' = 23{,}87\,\frac{nF}{km}\,.$$

Soweit die eigentliche Lösung der Aufgabe!

Überprüfung der Voraussetzung Eine Leitung ist elektrisch kurz, wenn die Leitungslänge klein gegenüber der Wellenlänge λ ist. Aus Gl. (1.16) folgt mit Gl. (1.13):

$$\lambda = \frac{2\pi}{\mathrm{Im}\{\sqrt{(R' + j\omega L')(G' + j\omega C')}\}}$$

Aus den oben berechneten Werten folgt $R' \ll \omega L'$ und $G' \ll \omega C'$. Damit kann die Leitung zur Berechnung der Wellenlänge als verlustlos angenommen werden.

$$\lambda = \frac{2\pi}{\mathrm{Im}\{\sqrt{j\omega L' \cdot j\omega C'}\}} = 2221\,\mathrm{m}$$

Die Voraussetzung für eine Näherung wurde hier mit den Ergebnissen dieser Näherung bestätigt. Das ist zwar nicht ganz einwandfrei, bewährt sich aber i.a. in der Praxis. Tatsächlich ergibt eine genauere Rechnung, die die verteilte Struktur und die Verluste berücksichtigt, $\lambda = 2250\,\mathrm{m}$.

Lernzyklus 1.2 Aufgaben **1** und **2** siehe Lehrtext.

3 R/C-Schaltung als Leitungsabschluß
Die Leitung ist reflexionsfrei abgeschlossen, wenn der Abschlußwiderstand Z_e mit dem Wellenwiderstand Z übereinstimmt. Für den Wellenwiderstand ergibt sich bei $G' = 0$ die Beziehung

$$Z = \sqrt{\frac{L'}{C'}}\,\sqrt{1 - j\frac{R'}{\omega L'}}$$

und mit den gegebenen Zahlenwerten

$$Z = 495\,\sqrt{1 - j\frac{1{,}38\,\mathrm{kHz}}{f}}\;\Omega\,.$$

Für den Abschlußwiderstand Z_e gilt die Formel

$$Z_e = R - j\,\frac{1}{\omega C}\,.$$

Bei $f = 0{,}8\,\mathrm{kHz}$ ergibt sich der Wellenwiderstand

$$Z(0{,}8) = 699 \cdot e^{-j29{,}95°}\,\Omega = (606 - j349)\,\Omega\,.$$

Daraus folgt für den Abschlußwiderstand:

$$R = 606\,\Omega \quad \text{und} \quad C = 570\,\text{nF}.$$

Bei $f = 1{,}2\,\text{kHz}$ haben Z und Z_e die Werte

$$Z(1{,}2) = 611 \cdot e^{-j24{,}5°}\,\Omega = (556 - j253)\,\Omega,$$

$$Z_e(1{,}2) = (606 - j233)\,\Omega.$$

Der Reflexionsfaktor, der sich aus Gl. (1.25) berechnen läßt, ergibt sich zu:

$$r = 0{,}0428 \cdot e^{j44{,}5°}.$$

Aufgaben **1** bis **6** siehe Lehrtext.

Lernzyklus 2.1

7 Der Eingangswiderstand Z_a für den Fall kleiner Fehlanpassung einer verlustlosen Leitung wird durch Gl. (2.10) mit $\gamma = j\beta$ beschrieben.

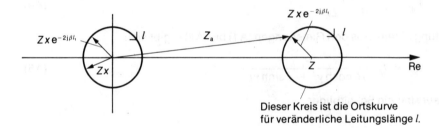

Dieser Kreis ist die Ortskurve
für veränderliche Leitungslänge l.

8 Ersatzstromquelle

Man betrachtet zwei verschiedene Betriebszustände der Schaltung und der Ersatzstromquelle. Aus der Bedingung, daß an den Klemmen gleicher Strom und gleiche Spannung herrschen müssen, werden die Daten der Ersatzstromquelle bestimmt. Aus der Vielzahl der möglichen Betriebszustände werden der Kurzschluß und der Leerlauf ausgewählt. Beim Kurzschluß der Ersatzstromquelle fließt durch ihre Anschlußklemmen unmittelbar der Strom $\underline{I}_{KL}$, den man deshalb aus der Untersuchung dieses Betriebszustandes allein bestimmen kann. Wäre eine Ersatzspannungsquelle zu berechnen, so bekäme man die Generatorleerlaufspannung durch Betrachtung des Leerlaufs am Ende.

Für den *Kurzschluß* ergeben sich die Schaltbilder auf der nächsten Seite.

Durch die Klemmen beider Kurzschlußschaltungen soll der gleiche Strom fließen:

$$\underline{I}_{eK} = \underline{I}_{KL} \tag{A1}$$

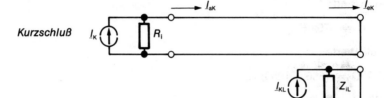

Kurzschluß

Gl. (1.12) liefert den Zusammenhang zwischen den Strömen $\underline{I}_{eK}$ und $\underline{I}_{aK}$:

$$\underline{I}_{aK} = \underline{I}_{eK} \cosh \gamma l \qquad (A2)$$

Der Eingangswiderstand der Leitung ist nach Gl. (2.14)

$$Z_K = Z \tanh \gamma l. \qquad (A3)$$

Von dem Strom $\underline{I}_K$ fließt der Anteil

$$\underline{I}_{aK} = \underline{I}_K \frac{R_i}{R_i + Z_K} \qquad (A4)$$

in die Leitung hinein. Aus den Gleichungen (A1) bis (A4) ergibt sich:

$$\underline{I}_{KL} = \underline{I}_K \frac{R_i}{R_i \cosh \gamma l + Z \sinh \gamma l} \qquad (A5)$$

Bei *Leerlauf* sind die Schaltbilder:

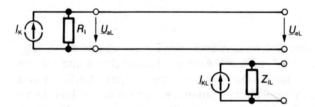

Leerlauf

Gleiche Klemmenspannung bei beiden Schaltungen bedeutet

$$\underline{U}_{eL} = \underline{I}_{KL} Z_{iL} . \qquad (A6)$$

Mit Gl. (1.12) wird der Zusammenhang zwischen $\underline{U}_{eL}$ und $\underline{U}_{aL}$

$$\underline{U}_{aL} = \underline{U}_{eL} \cosh \gamma l \qquad (A7)$$

angegeben. Der Eingangswiderstand der Leitung ist nach Gl. (2.15)

$$Z_L = Z \coth \gamma l. \qquad (A8)$$

Außerdem gilt:

$$\underline{U}_{aL} = \underline{I}_K \frac{R_i Z_L}{R_i + Z_L} \qquad (A9)$$

Die Zusammenfassung der Gleichungen (A6) bis (A9) liefert:

$$Z_{iL}\underline{I}_{KL} = \underline{I}_K \frac{R_i Z}{R_i \sinh \gamma l + Z \cosh \gamma l}$$

Mit Gl. (A5) ergibt sich daraus:

$$Z_{iL} = Z \frac{R_i + Z \tanh \gamma l}{Z + R_i \tanh \gamma l}$$

Man hätte die Beziehung für Z_{iL} auch unmittelbar mit Hilfe der Gl. (2.3) angeben können. Der Eingangswiderstand der Leitung an den Bezugsklemmen und derjenige der Ersatzstromquelle, also Z_{iL}, müssen nämlich gleich sein.

Aufgaben **1** bis **6** siehe Lehrtext.   **Lernzyklus 2.2**

7 Grundoperationen im Sᴍɪᴛʜ-Diagramm

a) $w = \dfrac{Z_e}{Z} = \dfrac{10 + j25}{50} = 0,2 + j0,5$

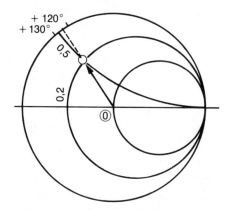

Dieser Punkt w wird gemäß Skizze im Sᴍɪᴛʜ-Diagramm eingetragen. Der Abstand zum Kreismittelpunkt entspricht dem Betrag des Reflexionsfaktors. Mit Zirkel oder Lineal und Vergleich mit dem Maßstab „$|r|$" unter dem Sᴍɪᴛʜ-Diagramm ergibt er sich zu 0,72. Der Winkel des Reflexionsfaktors folgt mit der Verlängerung der Geraden durch (0) und den eingetragenen Punkt zur Skala „Winkel des Reflexionsfaktors" zu 125,5°.

$$r = 0,72 \cdot e^{j\,125,5°}$$

b)

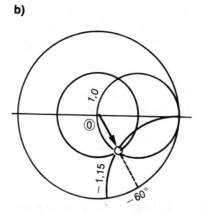

Der Punkt r im Smith-Diagramm hat den Abstand 0,5 vom Mittelpunkt: Kreis um (0) mit dem Radius $|r| = 0,5$. Die zweite Ortskurve ist die Verbindung von (0) mit dem Punkt „$-60°$" auf der Skala „Winkel des Reflexionsfaktors". Der Schnittpunkt ist der gesuchte Punkt. Das Widerstandsverhältnis läßt sich nach Real- und Imaginärteil ablesen:

$$w = 1,0 - j1,15$$

c)

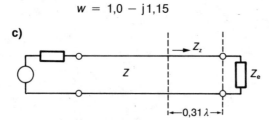

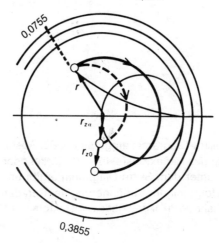

Wie in Teil a) wird zunächst w in das SMITH-Diagramm eingetragen, so daß der Reflexionsfaktor r am Ende nach Betrag und Phase bekannt ist.

Der Reflexionsfaktor r_z an der Stelle z der Leitung ergibt sich formelmäßig aus

$$r_z = r\,e^{-2\alpha(l-z)}\,e^{-2j\beta(l-z)}.$$

Vom Leitungsende zurückgehend bedeutet das im SMITH-Diagramm eine Drehung des Radiusvektors im Uhrzeigersinn. Wie weit gedreht werden muß, ist an der äußersten Skala des SMITH-Diagramms „Wellenlängen zum Generator" abzulesen: Die Verlängerung von r zeigt auf 0,0755. Die Addition der normierten Leitungslänge 0,31 führt zu 0,3855. Dann läßt sich das Widerstandsverhältnis w_z an der Stelle z mit $w_z = [\underline{U}(z)/\underline{I}(z)]/Z$ für die *verlustlos* angenommene Leitung zu

$$w_{z0} = 0{,}28 - j0{,}83$$

ablesen. Bei *verlustbehafteter* Leitung ist eine Verkürzung des Radiusvektors zu berücksichtigen. Auf der Leitungslänge $0{,}31\,\lambda$ beträgt die Dämpfung $0{,}31\,\lambda \cdot \alpha = 0{,}31 \cdot 15\,\text{dB} = 4{,}7\,\text{dB}$.

Wegen $r_z = r \cdot e^{-2\gamma l}$ ist der r-Vektor um $2 \cdot 4{,}7\,\text{dB}$ zu verkürzen. Das ergibt $(2{,}9 + 2 \cdot 4{,}7)\,\text{dB} = 12{,}3\,\text{dB}$ und $w_{z\alpha} = 0{,}84 - j0{,}42$.

Der auf der Leitung bei $0{,}31\,\lambda$ vor dem Leitungsende wirksame Widerstand

$$Z_z = \frac{\underline{U}(z)}{\underline{I}(z)} = w_z Z$$

Bemerkung

ist auch gleichzeitig der Widerstand, den man zwischen den beiden Leitern messen kann, wenn man die Leitung dort aufschneidet, also der Eingangswiderstand der $0{,}31\,\lambda$ langen Leitung mit Abschlußwiderstand Z_e.

d)

Das Widerstandsverhältnis am Ende der Anordnung, am Punkt I in umseitiger Skizze, ist

$$w_I = \frac{Z_e}{Z_1} = 0$$

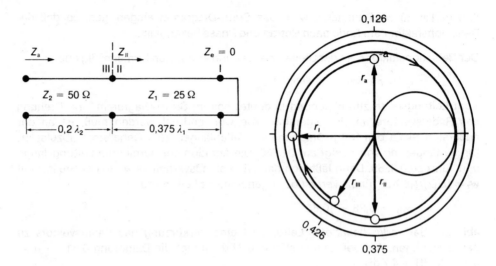

und wird entsprechend im Smith-Diagramm eingetragen. Die Transformation dieses Widerstands über 0,375 Leitungswellenlängen führt auf den Einganswiderstand Z_{II} – bezogen auf den Wellenwiderstand Z_1:

$$w_{II} = \frac{Z_{II}}{Z_1} = -j$$

Weiter nach links gehend schließt die Leitung mit Z_2 an. Wenn weiterhin mit dem Smith-Diagramm gearbeitet werden soll, muß Z_{II} auf Z_2 bezogen werden:

$$w_{III} = \frac{Z_{II}}{Z_2} = \frac{Z_{II}}{Z_1} \cdot \frac{Z_1}{Z_2} = -j \cdot \frac{25\,\Omega}{50\,\Omega} = -\frac{j}{2}$$

Dieser Punkt III im Smith-Diagramm muß nun noch auf der Wellenlängenskala von 0,426 um 0,2 Leitungswellenlängen in Richtung auf den Generator transformiert werden, um das Eingangsverhältnis w_a zu erhalten:

$$0,426 + 0,2 = 0,626$$

Die Bezifferung der Wellenlängenskalen im Smith-Diagramm liegt zwischen 0 und 0,5 für eine Drehung um 360°. Um in diesen Wertebereich zu kommen, sind also ganz-zahlige Vielfache von $0,5\,\lambda$ zu addieren oder zu subtrahieren:

$$0,626 - 1 \cdot 0,5 = 0,126$$

Bis dahin ist also der Radiusvektor zu drehen. Aus dem Smith-Diagramm liest man dann ab:

$$w_a = j1,01$$

Daraus folgt der Eingangswiderstand:

$$Z_a = w_a \, Z_2 = j1{,}01 \cdot 50\,\Omega = j50{,}5\,\Omega$$

e)

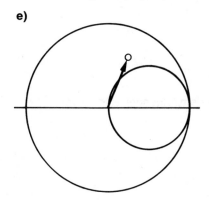

Man trägt den Punkt $w = 0{,}3 + j1{,}4$ im Smith-Diagramm ein und überträgt die Länge $|r|$ des Radiusvektors auf den Maßstab „Welligkeit als Verhältniszahl s". Diese Achse ist gemäß

$$s = \frac{1 + |r|}{1 - |r|}$$

beziffert. Man liest ab:

$$s = 10$$

8 Leitwertskoordinatennetz

Bei den Größen $Z_e/Z = 0{,}3 + j0{,}4$ und $Y_eZ = 0{,}3 + j0{,}4$ handelt es sich um zwei verschiedene Leitungsabschlüsse:

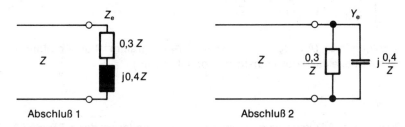

Abschluß 1   Abschluß 2

Mit Gl. (1.26) läßt sich der Reflexionsfaktor für den Abschluß 1 berechnen:

$$r_1 = \frac{w_1 - 1}{w_1 + 1} = \frac{0{,}3 + j0{,}4 - 1}{0{,}3 + j0{,}4 + 1}$$

$$= 0{,}592 \cdot e^{j133{,}2^\circ} = -0{,}405 + j0{,}432$$

Den Reflexionsfaktor für die normierte Abschlußadmittanz 2: $q_2 = Y_e Z = 0,3 + j0,4$ kann man finden, indem man zunächst die zugehörige normierte Abschlußimpedanz w_2 bestimmt:

$$w_2 = \frac{1}{q_2} = 1,2 - j1,6$$

Aus Gl. (1.26) ergibt sich dann:

$$r_2 = 0,592 \cdot e^{-j46,8°} = 0,405 - j0,432$$

Die Lösungen im SMITH-Diagramm gehen dann aus dem folgenden Bild hervor:

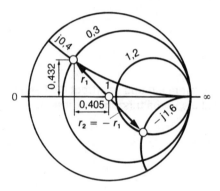

Man erkennt schon aus den Zahlenwerten, daß zwischen r_1 und r_2 ein Zusammenhang besteht. Tatsächlich gilt:

$$r_2 = \frac{\frac{1}{q_2} - 1}{\frac{1}{q_2} + 1} = \frac{1 - q_2}{1 + q_2} = -\frac{q_2 - 1}{q_2 + 1} \qquad (A1)$$

Da $q_2 = w_1$ ist, folgt aus Gl. (A1) $r_2 = -r_1$. Das SMITH-Diagramm ist die Abbildung der w-Ebene in die r-Ebene nach der Transformationsgleichung

$$r = \frac{w - 1}{w + 1}.$$

Aufgrund der Beziehung (A1) kann es gleichzeitig als die Abbildung der q-Ebene in die $(-r)$-Ebene aufgefaßt werden. Man kann also den Real- und Imaginärteil eines bezogenen Leitwerts q in das SMITH-Diagramm eintragen und erhält den negativen Reflexionsfaktor dieses Leitungsabschlusses. Umgekehrt kann man bei vorgegebenem Reflexionsfaktor r den Zeiger $-r$ ins SMITH-Diagramm eintragen und den bezogenen Leitwert ablesen.

Mit dem letzten Verfahren läßt sich die dem Leitungsabschluß 1 (s. Bild oben) äquivalente Parallelschaltung bestimmen. Zum Abschluß 1 gehört der Reflexionsfaktor r_1, der ja auch bei der gesuchten Parallelschaltung gelten soll. Man geht also folgendermaßen vor:

1. Der Punkt $w_1 = 0{,}3 + j0{,}4$ wird im SMITH-Diagramm aufgesucht und der zugehörige Zeiger r_1 eingetragen.
2. Durch Drehen von r_1 um 180° wird der Zeiger $-r_1$ eingetragen.
3. Der bezogene Leitwert $q_1 = 1/w_1$ wird bei $-r_1$ abgelesen. Im vorliegenden Fall liest man ab: $q_1 = 1{,}2 - j1{,}6$.

Aufgaben **1–8** siehe Lehrtext. **Lernzyklus 3.1**

9 Beläge einer Koaxialleitung

Die spezifische Leitfähigkeit σ ist das Reziproke des spezifischen Widerstandes ϱ. Mit der Formel für die Eindringtiefe t aus Tabelle 3.1 ergibt sich dann:

$$t = \sqrt{\frac{2}{\omega \mu_0 \sigma}} = \sqrt{\frac{2 \cdot s}{2\pi \cdot 10^{10} \cdot 1{,}256 \cdot 10^{-6}\,Vs \cdot 6{,}2 \cdot 10^7\,A}}$$

$$= 0{,}64\,\mu m$$

t ist also weit kleiner als der Innendurchmesser, aber auch kleiner als die Wandstärken normaler Außenleiter, die gewöhnlich mindestens einige zehntel Millimeter dick sind.

Deshalb sind die Leitungsbeläge nach den Formeln für hohe Frequenzen in der Tabelle 3.1 zu berechnen:

$$R' = \frac{\varrho}{\pi t}\left(\frac{1}{d} + \frac{1}{D}\right) = \frac{1}{\pi t \sigma}\left(\frac{1}{d} + \frac{1}{D}\right) = 5{,}49\,\frac{\Omega}{m}$$

$$L' = \frac{\mu_0}{2\pi} \ln\frac{D}{d} = 0{,}2\,\frac{\mu H}{m}$$

$$G' = 2\pi \frac{\omega \varepsilon_r \varepsilon_0}{\ln\dfrac{D}{d}} \tan\delta = 1{,}398\,\frac{mS}{m}$$

$$C' = \frac{2\pi \varepsilon_r \varepsilon_0}{\ln\dfrac{D}{d}} = 111\,\frac{pF}{m}$$

Lernzyklus 3.2   Aufgaben **1** bis **5** siehe Lehrtext.

6 Eigenschaften einer Koaxialleitung

Aus den Ergebnissen der Übungsaufgabe 9 zum Lernzyklus 3.1 folgt:

$$\omega L' = 12{,}57\,\frac{\text{k}\Omega}{\text{m}} \qquad\qquad \omega C' = 6{,}98\,\frac{\text{S}}{\text{m}}$$

Deshalb können die sekundären Leitungskonstanten aus den Näherungen bestimmt werden, die unter der Voraussetzung $\omega L' \gg R'$ und $\omega C' \gg G'$ gelten. Gl. (3.14) liefert:

$$\alpha = \frac{R'}{2}\,\sqrt{\frac{C'}{L'}} + \frac{G'}{2}\,\sqrt{\frac{L'}{C'}} = (0{,}0647 + 0{,}0296)\,\frac{\text{Np}}{\text{m}} = 0{,}0943\,\frac{\text{Np}}{\text{m}}$$

Für die Phasenkonstante erhält man:

$$\beta = \omega\,\sqrt{L'C'} = 296\,\frac{1}{\text{m}}$$

Daraus ergibt sich die Wellenlänge

$$\lambda = \frac{2\pi}{\beta} = 2{,}12\,\text{cm}$$

und die Phasengeschwindigkeit

$$v = \frac{\omega}{\beta} = 2{,}12 \cdot 10^8\,\frac{\text{m}}{\text{s}}\,.$$

Der Wellenwiderstand ist

$$Z = \sqrt{\frac{L'}{C'}} = 42{,}45\,\Omega.$$

Lernzyklus 3.3   Aufgaben **1** bis **3** siehe Lehrtext.

Lernzyklus 4.1   Aufgaben **1** bis **8** siehe Lehrtext.

9 Gruppenlaufzeit eines Tiefpasses

Die Gruppenlaufzeit auf einer Leitung der Länge l ist:

$$t_{\text{gL}} = \frac{l}{v_{\text{g}}}$$

Setzt man hier v_{g} aus Gl. (3.19) ein, so bekommt man:

$$t_{\text{gL}} = \frac{\text{d}\beta}{\text{d}\omega}\,l = \frac{\text{d}(\beta l)}{\text{d}\omega} \tag{A1}$$

Für die verlustlose Leitung gilt:

$$\beta = \omega \sqrt{L'C'}$$

Daraus ergibt sich:

$$t_{gL} = \sqrt{L'C'}\, l$$

Da die Leitung dem gegebenen Tiefpaß bei niedrigen Frequenzen äquivalent ist, gilt:

$$L = L'l \quad \text{und} \quad C = C'l.$$

Damit kann man für die Gruppenlaufzeit der Leitung schreiben:

$$t_{gL} = \sqrt{LC} = \frac{2}{\omega_0} = 0{,}318\ \mu s$$

Zwischen dem Phasenmaß b und der Frequenz ω des Tiefpasses gilt folgende Beziehung:

$$b = 2\arcsin\left(\omega\ \frac{\sqrt{LC}}{2}\right)$$

Nach Gl. (A1) erhält man damit für die Gruppenlaufzeit:

$$t_{gT} = \frac{db}{d\omega} = \frac{2}{\omega_0}\ \frac{1}{\sqrt{1 - (\omega/\omega_0)^2}}$$

Wie im folgenden Bild noch einmal deutlich wird, hängt t_g nicht von der Frequenz ab, während t_{gT} bis $\omega = \omega_0$ monoton wächst.

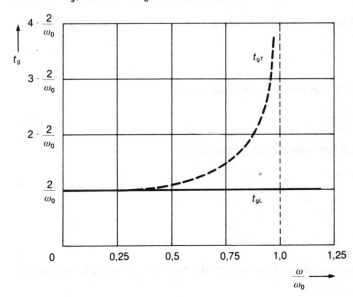

Lernzyklus 4.2   Aufgaben **1** bis **6** siehe Lehrtext.

7 Bandsperre

a) Für das Quadrat der Phasenkonstante gilt:

$$\beta^2(z) = \omega^2 \mu_0 \varepsilon(z) = \omega^2 \mu_0 \varepsilon_0 \varepsilon_r(z)$$

Weil $\beta^2(z)$ zu einer geraden Funktion ergänzt werden kann, hat die abgebrochene Fourierreihenentwicklung die Form

$$\beta_F^2(z) = \beta_0^2 + 2c \cos \frac{2\pi z}{p}. \tag{A1}$$

β_0^2 und $2 \cdot c$ bestimmen sich z.B. nach [1] aus

$$\beta_0^2 = \frac{1}{p} \int_0^p \beta^2(z)\,dz \qquad \text{und}$$

$$2c = \frac{2}{p} \int_0^p \beta^2(z) \cos \frac{2\pi z}{p}\,dz$$

mit $\varepsilon_m = (\varepsilon_a + \varepsilon_b)/2$ und $\Delta\varepsilon = \varepsilon_b - \varepsilon_a$ zu

$$\beta_0^2 = \omega^2 \mu_0 \varepsilon_0 \varepsilon_m \qquad \text{und} \tag{A2}$$

$$2c = -\omega^2 \mu_0 \varepsilon_0 \frac{2\Delta\varepsilon}{\pi}.$$

b) Die Mitte des Sperrbereichs liegt dort, wo $\delta = \beta_0 - \beta_1$ gleich Null ist, d.h. mit Gl. (4.25),

$$\beta_1 = \frac{\pi}{p},$$

bei $\beta_0 = \pi/p$. Aus Gl. (A2) und mit $\omega = 2\pi f$ folgt damit:

$$f_0 = \frac{1}{2p\sqrt{\mu_0 \varepsilon_0 \varepsilon_m}} \tag{A3}$$

Aus Gl. (4.49) folgt für den Reflexionsfaktor in Bandmitte:

$$|r_0| = |\tanh \varkappa l|$$

Mit $\varkappa$ aus Gl. (4.35)

$$\varkappa = \frac{c}{2\beta_0}$$

[1] BRONSTEIN, I. N., SEMENDJAJEW, K. A., Taschenbuch der Mathematik, Verlag Harri Deutsch, Zürich und Frankf./M.

ergibt sich

$$|r_0| = \left| \tanh \frac{cl}{2\beta_0} \right|,$$

und mit β_0^2 und $2c$ aus Gl. (A2) folgt

$$\varkappa = -\frac{\Delta \varepsilon}{p\,\varepsilon_m} \tag{A4}$$

und

$$|r_0| = \tanh\left(\frac{l}{p}\,\frac{\Delta \varepsilon}{\varepsilon_m}\right). \tag{A5}$$

c) Der Reflexionsfaktor ist durch Gl. (4.48) gegeben:

$$r = \frac{-\varkappa \sinh \eta l}{\delta \sinh \eta l - j\eta \cosh \eta l} \tag{A6}$$

Dabei ist $\eta = \sqrt{\varkappa^2 - \delta^2}$ mit

$$\delta \equiv \beta_0 - \beta_1 = 2\pi f \sqrt{\mu_0 \cdot \varepsilon_0 \cdot \varepsilon_m} - \frac{\pi}{p}. \tag{A7}$$

In Gl. (A6) ist $\varkappa$ frequenzunabhängig, und mit

$$\left.\frac{d\eta}{df}\right|_{f_0} = \left.\frac{d\delta}{df}\right|_{f_0} \left.\frac{d\eta}{d\delta}\right|_{\delta=0} = \left.\frac{d\delta}{df}\right|_{f_0} \left.\frac{-\delta}{\sqrt{\varkappa^2 - \delta^2}}\right|_{\delta=0} = 0$$

liefert eine Näherung erster Ordnung um die Mittenfrequenz f_0, d.h. um $\delta = 0$ herum, einfach

$$r \approx \frac{-\varkappa \sinh \varkappa l}{\delta \sin \varkappa l - j \cosh \varkappa l}$$

$$= -j \cdot \tanh \varkappa l \cdot \frac{1}{1 + j\dfrac{\delta}{\varkappa}\tanh \varkappa l}.$$

Der Betrag von r ist das $1/\sqrt{2}$-fache seines Maximalwertes bei $\delta = 0$, wenn $\delta = \pm\,\delta_{1/2}$ ist mit

$$\frac{\delta_{1/2}}{\varkappa}\tanh \varkappa l = 1. \tag{A8}$$

Aus Gl. (A7) folgt mit Gl. (A8) für die entsprechende Frequenz

$$f_{1/2} = \left[\frac{\varkappa}{\pi \tanh \varkappa l} + \frac{1}{p} \right] \cdot \frac{1}{2 \sqrt{\mu_0 \varepsilon_0 \varepsilon_m}},$$

und für die relative Halbwertsbreite $\Delta f / f_0$, die durch

$$\frac{\Delta f}{f_0} \equiv \frac{2(f_{1/2} - f_0)}{f_0}$$

definiert ist, folgt mit Gl. (A3)

$$\frac{\Delta f}{f_0} = \frac{2 p \varkappa}{\pi \tanh \varkappa l}.$$

Mit $\varkappa$ aus Gl. (A4) ergibt sich dann:

$$\frac{\Delta f}{f_0} = \frac{2}{\pi} \frac{\Delta \varepsilon}{\varepsilon_m} \cdot \coth \left(\frac{l}{p} \frac{\Delta \varepsilon}{\varepsilon_m} \right) \tag{A9}$$

Mit Gl. (A5) läßt sich dafür auch schreiben:

$$\frac{\Delta f}{f_0} = \frac{2}{\pi} \frac{\Delta \varepsilon}{\varepsilon_m} \frac{1}{|r_0|} \tag{A10}$$

Lernzyklus 5.1   Aufgaben **1** bis **6** siehe Lehrtext.

7

Wenn R' und G' gleich Null sind, ist im eingeschwungenen Zustand die Phasenkonstante $\beta = \omega \sqrt{L'C'}$. Wenn außerdem L' und C' nicht von der Frequenz abhängen, dann sind Phasengeschwindigkeit v und Gruppengeschwindigkeit v_g

$$v = \frac{\omega}{\beta} = \frac{1}{\sqrt{L'C'}}$$

$$v_g = \frac{1}{\dfrac{d\beta}{d\omega}} = \frac{1}{\sqrt{L'C'}},$$

also einander gleich und gleich der Ausbreitungsgeschwindigkeit der Wanderwellen.

8

a) Bei zeitlichen Änderungen der Spannungs- oder der Stromverteilung oder der Schaltung, die in einem gewissen Streckenbereich erfolgen (z.B.: das im Lehrtext beschriebene Freiwerden der influenzierten Ladung) setzen sich in diesem gesamten Bereich Wanderwellen in Bewegung.

b) Wenn eine solche Änderung, z.B. durch einen Schalter, nur an einem Punkt ausgelöst wird, entstehen momentan nur an diesem Punkt Wanderwellen.

In diesen Momenten, wenn Wanderwellen entstehen, bleiben die Spannungs- und Stromverteilungen an allen übrigen Stellen auf der Leitung, also außerhalb des Entstehungsbereiches, unbeeinflußt. Hier können erst nach von null verschiedenen Laufzeiten Wirkungen hervorgerufen werden. Aus diesem Grunde haben z.B. Abschlußwiderstände von Leitungen erst dann einen Einfluß, wenn eine Wanderwelle auf sie trifft.   *Hinweis*

9 Anschalten eines Wechselspannungsgenerators

Die Leitung wird als verlustlos angenommen. Dann ist die Phasengeschwindigkeit gleich der Lichtgeschwindigkeit c, weil die relative Dielektrizitätskonstante des Isolierstoffs Luft mit $\varepsilon_r = 1$ ist. Die Laufzeit auf der Leitung ist

$$\tau = \frac{l}{c} = 2 \text{ ms.}$$

Die Generatorspannung wird auf die Amplitude 1 normiert, so daß man schreiben kann:

$$u_G = \cos \omega t \quad \text{mit} \quad \omega = 100 \, \pi \frac{1}{s}.$$

u_G ist die hinlaufende Welle auf der Leitung, wobei die Größe von u_G bei $t = 0$ die Front der Welle darstellt. Zur Zeit $t = 0{,}5 \, \tau = 1$ ms ist die Spannung am Generator

$$u_G(0{,}5 \, \tau) = \cos(0{,}1 \, \pi) = 0{,}951.$$

Zur Zeit $t = \tau = 2$ ms ist sie

$$u_G(\tau) = \cos(0{,}2 \, \pi) = 0{,}809.$$

In diesem Moment findet am Leitungsende eine Reflexion mit dem Reflexionsfaktor

$$r = \frac{2Z - Z}{2Z + Z} = \frac{1}{3} \quad \text{statt.}$$

Die reflektierte Spannungswelle hat den zeitlichen Verlauf

$$u_r = r \cos\left[\omega(t - \tau)\right].$$

Zur Zeit $t = 1{,}5 \, \tau = 3$ ms ist die Spannung am Generator

$$u_G(1{,}5 \, \tau) = \cos(0{,}3 \, \pi) = 0{,}588.$$

In der Mitte der Leitung (bei 300 km) ist dann diejenige Generatorspannung angelangt, die zur Zeit $t = \tau$ am Generator abgegeben wurde und die also den Wert

0,809 hat. Außerdem ist hier die Front der reflektierten Welle mit dem Wert 0,333 wirksam, so daß sich insgesamt eine Spannung der Größe 1,142 ergibt. Am Ende der Leitung liefert die hinlaufende Welle den Beitrag

$$\cos(0,1\,\pi) = 0,951$$

und die rücklaufende

$$\frac{1}{3}\cos(0,1\,\pi) = 0,317 \,,$$

woraus insgesamt eine Spannung der Größe 1,268 resultiert.

In den folgenden Skizzen sind jeweils die Argumente der Kosinus-Funktion vermerkt.

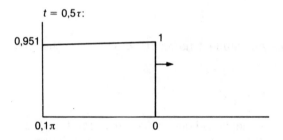

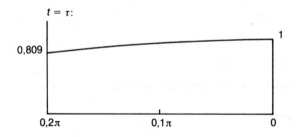

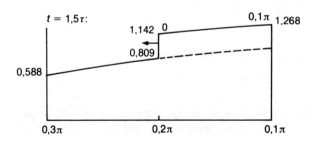

10 Leistungsaufteilung

Die einfallende Welle führt die Leistung

$$P_{h1} = \frac{U_0^2}{Z_0}.$$

An der Verzweigung trifft die Welle auf die Reihenschaltung zweier Leitungen. Sie „sieht" die Hintereinanderschaltung der Widerstände Z_2 und Z_3. Sie wird deshalb mit dem Reflexionsfaktor

$$r = \frac{(Z_2 + Z_3) - Z_1}{(Z_2 + Z_3) + Z_1} = \frac{3 + 5 - 1}{3 + 5 + 1} = \frac{7}{9}$$

reflektiert. Die Leistung der reflektierten Welle ergibt sich aus

$$P_{r1} = \frac{U^2}{Z_1} = \frac{(rU_0)^2}{Z_0} = \frac{49}{81} \frac{U_0^2}{Z_0}.$$

Die Spannungen der Wellen auf den Leitungen 2 und 3 sind U_{h2} und U_{h3}. Für sie gilt

$$U_{h2} + U_{h3} = gU_0,$$

wobei sich der Übertragungsfaktor g gemäß

$$g = 1 + r = \frac{16}{9} \text{ berechnet.}$$

U_{h2} und U_{h3} berechnen sich wie an einem Spannungsteiler mit den Widerständen Z_2 und Z_3, an dem die Spannung gU_0 liegt:

$$U_{h2} = \frac{Z_2}{Z_2 + Z_3} gU_0 = \frac{2}{3} U_0$$

$$U_{h3} = \frac{Z_3}{Z_2 + Z_3} gU_0 = \frac{10}{9} U_0.$$

Die Leistungen dieser Wellen ergeben sich aus

$$P_{h2} = \frac{U_{h2}^2}{Z_2} = \frac{12}{81} \frac{U_0^2}{Z_0}$$

$$P_{h3} = \frac{U_{h3}^2}{Z_3} = \frac{20}{81} \frac{U_0^2}{Z_0}.$$

Leistungsbilanz:

Kontrolle

$$P_{r1} + P_{h2} + P_{h3} = \left(\frac{49}{81} + \frac{12}{81} + \frac{20}{81} \right) \frac{U_0^2}{Z_0} = \frac{U_0^2}{Z_0}.$$

Lernzyklus 5.2 **1 Vielfachreflexionen**

Nach mehreren Reflexionen ist die Spannung $u(z, t)$ oder der Strom $i(z, t)$ gleich der Summe aller bis zum Zeitpunkt t an der Stelle z vorhanden gewesenen Spannungs- bzw. Stromwellen, einschließlich der Anfangsverteilung, die meist zur Zeit $t = 0$ angenommen wird.

Hinweis   Bei der Addition sind die Vorzeichen der verschiedenen Wellen zu beachten. Die Kirchhoffschen Regeln müssen immer auf diese Summe $u(z, t)$ und $i(z, t)$ angewandt werden.

2 Nichtlinearer Leitungsabschluß

Am Leitungsende sollen folgende Bezeichnungen gelten:

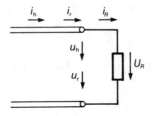

u_h und i_h sind Spannung und Strom der einfallenden, u_r und i_r der reflektierten Welle. Die Summe von u_h und u_r ist gleich dem Spannungsabfall an R:

$$u_h + u_r = U_R .$$ (A1)

Die Anstiegsflanke der Generatorspannung läßt sich beschreiben durch

$$U_G = U_0 \cdot \frac{t}{\tau} ;$$

diese Spannung trifft, um die Laufzeit τ verzögert, am Leitungsende als hinlaufende Welle u_h ein:

$$u_h = U_0 \frac{t - \tau}{\tau} .$$ (A2)

Weiter gilt für die mit R multiplizierte Stromsumme am Leitungsende

$$U_R = R \cdot i_R = R(i_h + i_r) = \frac{R}{Z}(u_h - u_r).$$ (A3)

Gleichsetzen von Gl. (A1) und Gl. (A3) ergibt

$$u_r \left(1 + \frac{R}{Z}\right) = u_h \left(\frac{R}{Z} - 1\right).$$ (A4)

Aus der Aufgabenstellung folgt mit $U = U_R$ und Gl. (A1)

$$\frac{R}{Z} = 1 + \frac{u_h + u_r}{U_0}.$$

Wenn man diesen Ausdruck in Gl. (A4) einsetzt, erhält man eine quadratische Gleichung für u_r:

$$u_r^2 + 2 u_r U_0 - u_h^2 = 0,$$

die, wenn man für u_h aus Gl. (A2) einsetzt, die Lösung hat

$$u_r = U_0 \left[-1 \pm \sqrt{1 + \left(\frac{t - \tau}{\tau}\right)^2} \right].$$

Dabei ist nur das obere Vorzeichen der Quadratwurzel sinnvoll; denn u_r ist zur Zeit $t = \tau$ ja null.

Aufgaben **1** bis **6** siehe Lehrtext.   **Lernzyklus 5.3**

Aufgaben **1** bis **9** siehe Lehrtext.   **Lernzyklus 6.1**

10 Symmetrische Dreifachleitung mit Abschlußnetzwerk

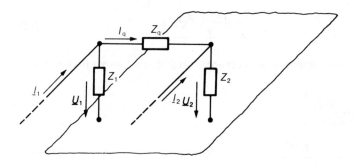

a) Die Matrizengleichung

$$[\underline{U}] = [Z][\underline{I}] \quad \text{oder} \quad \begin{bmatrix} \underline{U}_1 \\ \underline{U}_2 \end{bmatrix} = \begin{bmatrix} Z_{11} & Z_{12} \\ Z_{21} & Z_{22} \end{bmatrix} \begin{bmatrix} \underline{I}_1 \\ \underline{I}_2 \end{bmatrix}$$

lautet ausgeschrieben:

$$\underline{U}_1 = Z_{11}\underline{I}_1 + Z_{12}\underline{I}_2$$

$$\underline{U}_2 = Z_{21}\underline{I}_1 + Z_{22}\underline{I}_2$$

(A1)

Mit dem Strom $\underline{I}_q$ gemäß Skizze im Querzweig folgt aus dem Spannungsumlauf

$$\underline{U}_1 = \underline{I}_q Z_q + \underline{U}_2 \tag{A2}$$

und aus der Stromsumme an den Enden der Leitungsdrähte

$$\underline{I}_1 = \frac{\underline{U}_1}{Z_1} + \underline{I}_q \tag{A3}$$

$$\underline{I}_2 = \frac{\underline{U}_2}{Z_2} - \underline{I}_q . \tag{A4}$$

Einsetzen von $\underline{U}_2$ aus Gl. (A4) in Gl. (A2) ergibt

$$\underline{U}_1 = \underline{I}_2 Z_2 + \underline{I}_q (Z_q + Z_2).$$

Mit $\underline{I}_q$ von Gl. (A3) folgt daraus, wenn man nach $\underline{U}_1$ auflöst:

$$\underline{U}_1 = \underline{I}_1 \cdot \frac{Z_1(Z_2 + Z_q)}{Z_1 + Z_2 + Z_q} + \underline{I}_2 \cdot \frac{Z_1 Z_2}{Z_1 + Z_2 + Z_q} \tag{A5}$$

Der Zusammenhang zwischen $\underline{U}_2$ und den Strömen $\underline{I}_1$ und $\underline{I}_2$ folgt aus einer entsprechenden Rechnung oder einfach aus der Vertauschung der Indizes in Gl. (A5):

$$\underline{U}_2 = \underline{I}_1 \cdot \frac{Z_1 Z_2}{Z_1 + Z_2 + Z_q} + \underline{I}_2 \cdot \frac{Z_2(Z_1 + Z_q)}{Z_1 + Z_2 + Z_q} \tag{A6}$$

Durch Vergleich mit der Darstellung in Gl. (A1) ergeben sich die Elemente der Widerstandsmatrix zu

$$Z_{11} = \frac{Z_1(Z_2 + Z_q)}{Z_1 + Z_2 + Z_q} ;$$

$$Z_{12} = Z_{21} = \frac{Z_1 Z_2}{Z_1 + Z_2 + Z_q} ; \tag{A7}$$

$$Z_{22} = \frac{Z_2(Z_1 + Z_q)}{Z_1 + Z_2 + Z_q}$$

b) Mit den vereinfachten Bezeichnungen $\underline{U}_S$, $\underline{U}_G$, $\underline{I}_S$, $\underline{I}_G$ für die mit $(\underline{U}_1)_S$, $(\underline{U}_1)_G$, $(\underline{I}_1)_S$, $(\underline{I}_1)_G$ im Lehrtext bezeichneten Größen gilt

$$\underline{U}_1 = \underline{U}_S + \underline{U}_G ; \qquad \underline{U}_2 = \underline{U}_S - \underline{U}_G \tag{A8}$$

$$\underline{I}_1 = \underline{I}_S + \underline{I}_G ; \qquad \underline{I}_2 = \underline{I}_S - \underline{I}_G . \tag{A9}$$

Gleich- und Gegentaktwelle bestehen jede für sich aus hinlaufenden und rücklaufenden Komponenten:

$$\underline{U}_S = \underline{U}_{Sh} + \underline{U}_{Sr} \; ; \qquad \underline{I}_S = \underline{I}_{Sh} + \underline{I}_{Sr} \; ;$$

$$Z_S = \frac{\underline{U}_{Sh}}{\underline{I}_{Sh}} = -\frac{\underline{U}_{Sr}}{\underline{I}_{Sr}} \; ;$$

$$\underline{U}_G = \underline{U}_{Gh} + \underline{U}_{Gr} \; ; \qquad \underline{I}_G = \underline{I}_{Gh} + \underline{I}_{Gr} \; ;$$ \hfill (A 10)

$$Z_G = \frac{\underline{U}_{Gh}}{\underline{I}_{Gh}} = -\frac{\underline{U}_{Gr}}{\underline{I}_{Gr}} \; .$$

In Gl. (A 10) sind Z_S und Z_G die Wellenwiderstände von Gleichtakt- und Gegentaktwelle.

Wenn man die hin- und rücklaufenden Komponenten aus Gl. (A 10) in die Gln. (A8) und (A9) und diese dann in die Gln. (A1) einsetzt, erhält man:

$$\underline{U}_{Sh} + \underline{U}_{Sr} + \underline{U}_{Gh} + \underline{U}_{Gr} = Z_{11}(\underline{I}_{Sh} + \underline{I}_{Sr} + \underline{I}_{Gh} + \underline{I}_{Gr}) +$$
$$+ Z_{12}(\underline{I}_{Sh} + \underline{I}_{Sr} - \underline{I}_{Gh} - \underline{I}_{Gr})$$ \hfill (A 11)

$$\underline{U}_{Sh} + \underline{U}_{Sr} - \underline{U}_{Gh} - \underline{U}_{Gr} = Z_{21}(\underline{I}_{Sh} + \underline{I}_{Sr} + \underline{I}_{Gh} + \underline{I}_{Gr}) +$$
$$+ Z_{22}(\underline{I}_{Sh} + \underline{I}_{Sr} - \underline{I}_{Gh} - \underline{I}_{Gr})$$ \hfill (A 12)

Mit den Wellenwiderständen aus Gl. (A 10) ergibt sich daraus, wenn man auf der rechten Seite anders zusammenfaßt:

$$\underline{U}_{Sh} + \underline{U}_{Sr} + \underline{U}_{Gh} + \underline{U}_{Gr} = (Z_{11} + Z_{12})\left(\frac{\underline{U}_{Sh}}{Z_S} - \frac{\underline{U}_{Sr}}{Z_S}\right) +$$
$$+ (Z_{11} - Z_{12})\left(\frac{\underline{U}_{Gh}}{Z_G} - \frac{\underline{U}_{Gr}}{Z_G}\right)$$ \hfill (A 13)

$$\underline{U}_{Sh} + \underline{U}_{Sr} - \underline{U}_{Gh} - \underline{U}_{Gr} = (Z_{21} + Z_{22})\left(\frac{\underline{U}_{Sh}}{Z_S} - \frac{\underline{U}_{Sr}}{Z_S}\right) +$$
$$+ (Z_{21} - Z_{22})\left(\frac{\underline{U}_{Gh}}{Z_G} - \frac{\underline{U}_{Gr}}{Z_G}\right) .$$ \hfill (A 14)

Wenn man dieses lineare Gleichungssystem für die Unbekannten $\underline{U}_{Sr}$ und $\underline{U}_{Gr}$ auf seine Normalform bringt, lautet es

$$\left(1 + \frac{Z_{11} + Z_{12}}{Z_S}\right)\underline{U}_{Sr} + \left(1 + \frac{Z_{11} - Z_{12}}{Z_G}\right)\underline{U}_{Gr} =$$

$$= \left(-1 + \frac{Z_{11} + Z_{12}}{Z_S}\right)\underline{U}_{Sh} - \left(1 - \frac{Z_{11} - Z_{12}}{Z_G}\right)\underline{U}_{Gh}$$

$$\left(1 + \frac{Z_{22} + Z_{21}}{Z_S}\right)\underline{U}_{Sr} - \left(1 + \frac{Z_{22} - Z_{21}}{Z_G}\right)\underline{U}_{Gr} = \tag{A15}$$

$$= \left(-1 + \frac{Z_{22} + Z_{21}}{Z_S}\right)\underline{U}_{Sh} + \left(1 - \frac{Z_{22} - Z_{21}}{Z_G}\right)\underline{U}_{Gh}.$$

Die Lösung folgt mit der Cramerschen Regel und ergibt nach Zusammenfassen der Glieder mit $\underline{U}_{Sh}$ bzw. $\underline{U}_{Gh}$

$$\underline{U}_{Sr} = \frac{1}{D}\left[\underline{U}_{Sh}\left\{\left(1 - \frac{Z_{11} + Z_{12}}{Z_S}\right)\left(1 + \frac{Z_{22} - Z_{21}}{Z_G}\right) + \left(1 - \frac{Z_{22} + Z_{21}}{Z_S}\right)\left(1 + \frac{Z_{11} - Z_{12}}{Z_G}\right)\right\} + \right.$$

$$\left. + \underline{U}_{Gh}\left\{\left(1 - \frac{Z_{11} - Z_{12}}{Z_G}\right)\left(1 + \frac{Z_{22} - Z_{21}}{Z_G}\right) - \left(1 - \frac{Z_{22} - Z_{21}}{Z_G}\right)\left(1 + \frac{Z_{11} - Z_{12}}{Z_G}\right)\right\}\right] \tag{A16}$$

$$\underline{U}_{Gr} = \frac{1}{D}\left[-\underline{U}_{Sh}\left\{\left(1 - \frac{Z_{22} + Z_{21}}{Z_S}\right)\left(1 + \frac{Z_{11} + Z_{12}}{Z_S}\right) - \left(1 - \frac{Z_{11} + Z_{12}}{Z_S}\right)\left(1 + \frac{Z_{22} + Z_{21}}{Z_S}\right)\right\} + \right.$$

$$\left. + \underline{U}_{Gh}\left\{\left(1 - \frac{Z_{22} - Z_{21}}{Z_G}\right)\left(1 + \frac{Z_{11} + Z_{12}}{Z_S}\right) + \left(1 - \frac{Z_{11} - Z_{12}}{Z_G}\right)\left(1 + \frac{Z_{22} + Z_{21}}{Z_S}\right)\right\}\right] \tag{A17}$$

$$\text{mit} \quad D = -\left\{\left(1 + \frac{Z_{11} + Z_{12}}{Z_S}\right)\left(1 + \frac{Z_{22} - Z_{21}}{Z_G}\right) + \left(1 + \frac{Z_{22} + Z_{21}}{Z_S}\right)\left(1 + \frac{Z_{11} - Z_{12}}{Z_G}\right)\right\}. \tag{A18}$$

c) Für $Z_1 = Z_2$ ist nach Gl. (A7) auch $Z_{11} = Z_{22}$. Außerdem gilt $Z_{12} = Z_{21}$. Damit werden in Gl. (A16) der Faktor bei $\underline{U}_{Gh}$ und in Gl. (A17) der Faktor bei $\underline{U}_{Sh}$ null. Gleichtaktwelle und Gegentaktwelle sind dann voneinander entkoppelt. Für die rücklaufenden Komponenten ergibt sich nach geringen Umformungen einfach

$$\underline{U}_{Sr} = \underline{U}_{Sh} \cdot \frac{Z_{11} + Z_{12} - Z_S}{Z_{11} + Z_{12} + Z_S} \tag{A19}$$

$$\underline{U}_{Gr} = \underline{U}_{Gh} \cdot \frac{Z_{11} - Z_{12} - Z_G}{Z_{11} - Z_{12} + Z_G}. \tag{A20}$$

d) Für $Z_1 = Z_2$ und $Z_q \to \infty$ ergibt sich aus Gl. (A7)

$$Z_{11} = Z_{22} = Z_1 \qquad \text{und} \qquad Z_{12} = Z_{21} = 0.$$

Mit den Gln. (A 19) und (A 20) erhält man für die Reflexionsfaktoren dann

$$r_S = \frac{U_{Sr}}{U_{Sh}} = \frac{Z_1 - Z_S}{Z_1 + Z_S} \qquad r_G = \frac{U_{Gr}}{U_{Gh}} = \frac{Z_1 - Z_G}{Z_1 + Z_G}. \tag{A21}$$

Aufgaben **1** bis **4** siehe Lehrtext. **Lernzyklus 6.2**

5 Verkopplung zweier Fernsprech-Freileitungen

Nach Gl. (6.52) gilt

$$\frac{U_2}{U_1} = \frac{C'_{12}}{C'_1 + C'_{12} + \sqrt{\mu_0 \varepsilon_0}/Z_3}. \tag{A1}$$

Der Abschlußwiderstand Z_3 soll gleich dem Wellenwiderstand der entsprechenden Einphasenleitung sein:

$$Z_3 = \sqrt{\frac{L'}{C'_1}},$$

wobei L' noch aus der Produktbeziehung Gl. (3.1)

$$L'C' = \varepsilon_0 \mu_0$$

einzusetzen ist. Damit ergibt sich aus Gl. (A 1)

$$\frac{U_2}{U_1} = \frac{C'_{12}}{2C'_1 + C'_{12}}. \tag{A2}$$

Die Formel für C'_1 aus der Aufgabenstellung läßt sich folgendermaßen umformen, um auf denselben Nenner wie bei C'_{12} zu kommen:

$$C'_1 = \frac{2\pi\varepsilon}{\ln\left[\dfrac{4h}{d}\sqrt{1 + \left(\dfrac{2h}{w}\right)^2}\right]} = \frac{2\pi\varepsilon}{\ln\dfrac{4h}{d} + \ln\sqrt{1 + \left(\dfrac{2h}{w}\right)^2}}$$

$$= \frac{2\pi\varepsilon}{\ln\dfrac{4h}{d} + \ln\dfrac{b}{w}} \cdot \frac{\ln\dfrac{4h}{d} - \ln\dfrac{b}{w}}{\ln\dfrac{4h}{d} - \ln\dfrac{b}{w}}$$

$$= \frac{2\pi\varepsilon\left(\ln\dfrac{4h}{d} - \ln\dfrac{b}{w}\right)}{\left(\ln\dfrac{4h}{d}\right)^2 - \left(\ln\dfrac{b}{w}\right)^2}.$$

Dann ergibt sich aus Gl. (A2) einfach

$$\frac{U_2}{U_1} = \frac{\ln\dfrac{b}{w}}{2\ln\dfrac{4h}{d} - \ln\dfrac{b}{w}} = \frac{1}{2\dfrac{\ln(4h/d)}{\ln(b/w)} - 1}.$$

Mit den Zahlenwerten aus der Aufgabenstellung ergibt sich

$$b = \sqrt{4h^2 + w^2} = 10,015\,\text{m},$$

$$\frac{U_2}{U_1} = 0,194$$

und die Nebensprechdämpfung

$$a = 14,2\,\text{dB}.$$

Hinweis Im allgemeinen wird zwischen verschiedenen Ferngesprächen eine Entkopplung von etwa 60 dB gefordert. Bei der Verwendung von Freileitungen müssen daher besondere Maßnahmen getroffen werden, um diesen Wert zu erreichen.

6 Symmetrische Dreifachleitung mit symmetrischer Beschaltung

a) Aus den Gln. (A21) der Übungsaufgabe 10 zum Lernzyklus 6.1 folgt

$$r_S = \frac{2Z_0 - Z_S}{2Z_0 + Z_S} = 0; \quad r_G = \frac{2Z_0 - Z_G}{2Z_0 + Z_G} = \frac{1}{2}.$$

Die einphasige Ersatzleitung mit dem Wellenwiderstand Z_S, die die Ausbreitung der Gleichtaktwelle beschreibt, und auch die einphasige Ersatzleitung mit dem Wellenwiderstand Z_G, die die Ausbreitung der Gegentaktwelle beschreibt, sind also beide mit dem Wellenwiderstand $2Z_0$ abzuschließen:

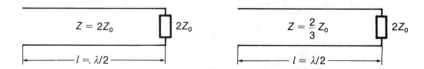

b) Der Eingangswiderstand jeder verlustlosen, mit dem Widerstand R_e abgeschlossenen, $\lambda/2$ langen Doppelleitung ist

$$R_a = R_e.$$

c)

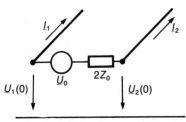

Aus $\qquad I_1 = I_S + I_G$; $\qquad\qquad I_2 = I_S - I_G$ $\qquad\qquad$ (A1)

folgt bei $z = 0$ mit $I_1 = -I_2$ $\qquad\qquad$ (A2)

$\qquad I_S(0) = 0$

$\qquad I_G(0) = I_1$. $\qquad\qquad$ (A3)

Mit dem Ergebnis des Aufgabenteils b) sieht die Gleichtaktwelle am Leitungsanfang den Widerstand $2Z_0 = U_S(0)/I_S(0)$. Mit $I_S(0) = 0$ muß auch $U_S(0) = 0$ sein.

Aus dem Spannungsumlauf am Anfang der Leitungsanordnung folgt

$$U_1 - U_2 = U_0 - 2Z_0 I_1 .$$ $\qquad\qquad$ (A4)

Nun gilt mit

$$U_1 = U_S + U_G ; \qquad\qquad U_2 = U_S - U_G$$ $\qquad\qquad$ (A5)

für die Spannungsdifferenz in Gl. (A4) aber auch

$$U_1 - U_2 = 2U_G .$$ $\qquad\qquad$ (A6)

Mit $R_a = R_e = 2Z_0$ für die Gegentaktwelle gilt am Leitungsanfang

$$I_G(0) = \frac{U_G(0)}{2Z_0} .$$ $\qquad\qquad$ (A7)

Aus den Gln. (A3), (A4), (A6) und (A7) folgt

$$U_G = \frac{U_0}{3} ,$$ $\qquad\qquad$ (A8)

und aus den Gln. (A5) ergibt sich

$$U_1(0) = \frac{U_0}{3}, \quad U_2(0) = \frac{-U_0}{3} .$$

Aus den Gln. (A7) und (A8) ergibt sich

$$\underline{I}_G(0) = \frac{U_0}{6Z_0}.$$ (A9)

Mit den Gln. (A1) folgt daraus

$$I_1(0) = \frac{U_0}{6Z_0}; \quad \underline{I}_2(0) = \frac{-U_0}{6Z_0}.$$

Bemerkung   Aufgrund der Symmetrie der Spannungsquelle und des Abschlusses wird nur eine Gegentakt-welle und keine Gleichtaktwelle angeregt: $I(0) = 0$, $\underline{U}_S(0) = 0$.

d) Die Leitungsgleichungen (1.10) lauten im verlustfreien Fall

$$\underline{U}(z) = \underline{U}_a \cos\beta z - j Z \underline{I}_a \sin\beta z$$

$$\underline{I}(z) = \underline{I}_a \cos\beta z - j \frac{U_a}{Z} \sin\beta z.$$

Mit $\beta = 2\pi/\lambda$ ist bei $z = l = \lambda/2$ das Argument der Winkelfunktionen $\beta z = \pi$ und $\underline{U}(l) = -\underline{U}_a$, $\underline{I}(l) = -\underline{I}_a$. Spannungen und Ströme am Ende der $\lambda/2$-Leitung sind also entgegengesetzt gleich ihren Werten am Anfang:

$$\underline{U}_1(l) = \frac{-U_0}{3}; \qquad \underline{U}_2(l) = \frac{U_0}{3}$$

$$\underline{I}_1(l) = \frac{-U_0}{6Z_0}; \qquad \underline{I}_2(l) = \frac{U_0}{6Z_0}.$$

Lernzyklus 7.1   Aufgaben **1** bis **7** siehe Lehrtext.

8 X-Band Hohlleiter

a) Die Grenzfrequenzen der H_{m0}-Wellen ergeben sich aus Gl. (7.9) zu

$$f_{cm} = \frac{mc}{2a}.$$

Mit $m = 1$ und 2 ergibt sich so für die H_{10}- und die H_{20}-Welle

$$f_{c1} = \frac{c}{2a} = \frac{3 \cdot 10^{11}\,\text{mm}}{\text{s} \cdot 2 \cdot 22{,}86\,\text{mm}} = 6{,}56\,\text{GHz},$$

$$f_{c2} = \frac{2c}{2a} = 2f_{c1} = 13{,}12\,\text{GHz}.$$

Die entsprechenden Grenzwellenlängen ergeben sich mit

$$\lambda_{cm} = \frac{c}{f_{cm}}$$

zu $$\lambda_{c1} = 2a = 45{,}72\,\text{mm},$$

$$\lambda_{c2} = a = 22{,}86\,\text{mm}.$$

b) Aus $\quad \lambda_H = \dfrac{2\pi}{\beta}$

folgt mit der für ausbreitungsfähige Wellen $(f > f_c)$ rein imaginären Ausbreitungskonstante $\gamma = j\beta$ aus Gl. (7.33) sowie mit $2\pi/(\omega\sqrt{\mu\varepsilon}) = c/f$:

$$\lambda_H = \frac{c}{f}\;\frac{1}{\sqrt{1 - \left(\dfrac{f_{c1}}{f}\right)^2}}.$$

Daraus ergibt sich bei $f = 8{,}2\,\text{GHz}$

$$\lambda_H = \frac{3\cdot10^{11}\,\text{mm}\cdot\text{s}}{\text{s}\cdot 8{,}2\cdot10^9}\;\frac{1}{\sqrt{1 - \left(\dfrac{6{,}56}{8{,}2}\right)^2}} = 60{,}98\,\text{mm}$$

und bei $f = 12{,}4\,\text{GHz}$

$$\lambda_H = \frac{3\cdot10^{11}\,\text{mm}\cdot\text{s}}{\text{s}\cdot 12{,}4\cdot10^9}\;\frac{1}{\sqrt{1 - \left(\dfrac{6{,}56}{12{,}4}\right)^2}} = 28{,}51\,\text{mm}.$$

c) Gemäß Gl. (1.152) wird ein trägerfrequenter Impuls auf einer Leitung um so mehr verzerrt, je größer $\partial^2\beta/\partial\omega^2$ dem Betrage nach ist. Mit β als Imaginärteil der Gl. (7.33), in der für die H_{10}-Welle $m = 1$ und weiterhin $f_{c1}/f = \omega_{c1}/\omega$ gesetzt wurde,

$$\beta = \omega\sqrt{\mu\varepsilon}\,\sqrt{1 - \left(\frac{\omega_{c1}}{\omega}\right)^2} = \sqrt{\mu\varepsilon}\,\sqrt{\omega^2 - \omega_{c1}^2}$$

folgt

$$\frac{\partial\beta}{\partial\omega} = \sqrt{\mu\varepsilon}\,\frac{\omega}{\sqrt{\omega^2 - \omega_{c1}^2}}$$

und

$$\frac{\partial^2\beta}{\partial\omega^2} = \sqrt{\mu\varepsilon}\left[\frac{1}{\sqrt{\omega^2 - \omega_{c1}^2}} - \frac{\omega^2}{(\omega^2 - \omega_{c1}^2)^{3/2}}\right]$$

$$= -\sqrt{\mu\varepsilon}\,\frac{\omega_{c1}^2}{(\omega^2 - \omega_{c1}^2)^{3/2}}.$$

Der Betrag von $\partial^2\beta/\partial\omega^2$ und damit die Verzerrung nehmen oberhalb von ω_{c1} mit wachsender Frequenz monoton ab. Daher ist die Verzerrung am oberen Bandende, also bei $f = 12{,}4\,\text{GHz}$ am geringsten.

d) Wenn $\underline{U}(z)$ und $\underline{I}(z)$ in Gl. (7.26) Spannung und Strom der vorlaufenden Welle im Leitungsersatzbild sind, ergibt sich mit dem Wellenwiderstand

$$Z = \frac{\underline{U}}{\underline{I}}$$

$$P = \frac{1}{2}\left(\underline{U}\underline{I}^* + \underline{U}^*\underline{I}\right) = \mathrm{Re}\left(\underline{U}\underline{I}^*\right) = \mathrm{Re}\left(\frac{\underline{U}\underline{U}^*}{Z}\right)$$

$$= |\underline{U}|^2\,\mathrm{Re}\left(\frac{1}{Z}\right).$$

Weil die H_{10}-Welle ausbreitungsfähig ist, ist Z reell. So folgt

$$P = \frac{|\underline{U}|^2}{Z}. \tag{A1}$$

Mit Gl. (7.36) und $\sqrt{\dfrac{\mu}{\varepsilon}} = 120\,\pi\Omega$ als Wellenwiderstand des freien Raumes folgt

$$Z = \sqrt{\frac{\mu}{\varepsilon}}\,\frac{1}{\sqrt{1 - \left(\dfrac{f_{c1}}{f}\right)^2}} = \frac{120\,\pi\Omega}{\sqrt{1 - \left(\dfrac{6,56}{12,4}\right)^2}} = 444\,\Omega.$$

Bei $P = 1\,\mathrm{W}$ ergibt sich die Spannung $|\underline{U}|$ der Ersatzleitung aus Gl. (A1) zu

$$|\underline{U}| = \sqrt{P \cdot Z} = \sqrt{1\,\mathrm{W} \cdot 444\,\Omega} = 21,1\,\mathrm{V}. \tag{A2}$$

Daraus läßt sich die tatsächliche elektrische Feldstärke im Hohlleiter gemäß Gl. (7.22) berechnen. Für $m = 1$ ist in der Mitte der Breitseite, d.h. bei $x = a/2$

$$\underline{E}_y\bigg|_{a/2} = \underline{U}\,\sqrt{\frac{2}{ab}}.$$

Und der Betrag der Feldstärke ist

$$|\underline{E}_y|\bigg|_{a/2} = |\underline{U}|\,\sqrt{\frac{2}{ab}} = 21,1\,\mathrm{V} \cdot \sqrt{\frac{2}{22,86\,\mathrm{mm} \cdot 10,16\,\mathrm{mm}}}$$

$$= 19,6\,\mathrm{V/cm}.$$

Das ist jetzt aber der Effektivwert. Der Spitzenwert ist das $\sqrt{2}$fache davon, also

$$\hat{E} = 27,7\,\frac{\mathrm{V}}{\mathrm{cm}}. \tag{A3}$$

Es soll jetzt besonders darauf hingewiesen werden, daß die Spannung $|\underline{U}|$ aus Gl. (A2) nur eine fiktive Spannung der Ersatzleitung ist. Die physikalisch vorhandene

Spannung $\underline{U}_B$ zwischen den Breitseiten des Hohlleiters ergibt sich aus dem Integral über die elektrische Feldstärke. Da $\underline{E}_y$ gemäß Gl. (7.22) nicht von y abhängt, vereinfacht sich diese Integration zur Multiplikation mit der Höhe b:

$$\underline{U}_B = \underline{E}_y\, b = \underline{U}\,\sqrt{\frac{2b}{a}}\,\sin\frac{\pi x}{a}\,.$$

Sie ist am größten in der Mitte der Breitseiten, wo die Feldstärke E_y schon berechnet wurde. Mit Gl. (A3) ergibt sich so für den Spitzenwert dieser Spannung

$$\hat{U}_B = \hat{E}\,b = 27{,}7\,\frac{V}{cm}\cdot 1{,}016\;cm = 28{,}1\;V.$$

e) Da die übertragene Leistung quadratisch von der elektrischen Feldstärke abhängt und bei $P = 1\,W$ gemäß Gl. (A3) $\hat{E} = 27{,}7\;V/cm$ betrug, ergibt sich bei $\hat{E} = 15\;kV/cm$:

$$P = \left(\frac{15\cdot 10^3}{27{,}7}\right)^2 \cdot 1\,W = 293\;kW.$$

Aufgaben **1** bis **6** siehe Lehrtext. **Lernzyklus 7.2**

Lösungen der Aufgaben zur Vertiefung

Aufgaben zur Vertiefung 1 **Dualitäten in Ausbreitungsvorgängen**

Für sinusförmige Erregung werden jeweils die Differentialgleichungen und die Wellengleichung entsprechend Gl. (1.3) angegeben. Aus dieser ergeben sich analog zu den Gln. (1.13), (1.16) und (1.17) die Dämpfungskonstante α, die Phasenkonstante β, die Phasengeschwindigkeit v und die Wellenlänge λ.

1 Elektromagnetische Welle auf einer Leitung

Differentialgleichungen
$$\frac{d\underline{U}}{dz} = - (R' + j\omega L')\,\underline{I}\,; \qquad\qquad \frac{d\underline{I}}{dz} = (G' + j\omega C')\,\underline{U}$$

$\big($siehe Gl. (1.2)$\big)$

Wellengleichung
$$\frac{d^2\underline{U}}{dz^2} = (R' + j\omega L')\,(G' + j\omega C')\,\underline{U} = \gamma^2\,\underline{U}$$

$\big($siehe Gln. (1.3), (1.4) und (1.5)$\big)$.

$$\gamma = \sqrt{(R' + j\omega L')\,(G' + j\omega C')} = \alpha + j\beta$$

$$\alpha = \text{Re}\,(\gamma)\,; \qquad\qquad \beta = \text{Im}\,(\gamma)$$

$$v = \frac{\omega}{\beta}\,, \qquad \text{Gl. (1.17)}; \qquad \lambda = \frac{2\pi}{\beta}\,, \qquad \text{Gl. (1.16)}$$

2 Verlustlos angenommene Schwingung einer Saite

Differentialgleichungen
$$\frac{d\underline{v}_y}{dz} = \frac{1}{S}\,j\omega\,\underline{K}_y\,; \qquad\qquad \frac{d\underline{K}_y}{dz} = \varrho_L\,j\omega\,\underline{v}_y$$

Wellengleichung
$$\frac{d^2\underline{v}_y}{dz^2} = - \omega^2\,\frac{\varrho_L}{S}\,\underline{v}_y = \gamma^2\,\underline{v}_y$$

$$\gamma = j\omega\,\sqrt{\frac{\varrho_L}{S}}$$

$$\alpha = 0 \, ; \qquad\qquad \beta = \omega \sqrt{\frac{\varrho_\mathrm{L}}{S}}$$

$$v = \frac{\omega}{\beta} = \sqrt{\frac{S}{\varrho_\mathrm{L}}} \, ; \qquad \lambda = \frac{2\pi}{\beta} = \frac{1}{f} \sqrt{\frac{S}{\varrho_\mathrm{L}}}$$

3 Verlustlos angenommene Ausbreitung von Schall im Festkörper

$$\frac{\mathrm{d}\underline{v}_z}{\mathrm{d}z} = -\frac{1}{E} \mathrm{j}\omega \underline{p}_z \, ; \qquad\qquad \frac{\mathrm{d}\underline{p}_z}{\mathrm{d}z} = -\varrho_\mathrm{v} \mathrm{j}\omega \underline{v}_z \qquad \textit{Differentialgleichungen}$$

$$\frac{\mathrm{d}^2\underline{v}_z}{\mathrm{d}z^2} = -\omega^2 \frac{\varrho_\mathrm{v}}{E} \underline{v}_z = \gamma^2 \underline{v}_z \qquad\qquad \textit{Wellengleichung}$$

$$\gamma = \mathrm{j}\omega \sqrt{\frac{\varrho_\mathrm{v}}{E}}$$

$$\alpha = 0 \, ; \qquad\qquad \beta = \omega \sqrt{\frac{\varrho_\mathrm{v}}{E}}$$

$$v = \sqrt{\frac{E}{\varrho_\mathrm{v}}} \, ; \qquad \lambda = \frac{1}{f} \sqrt{\frac{E}{\varrho_\mathrm{v}}}$$

4 Wärmeleitung

$$\frac{\mathrm{d}\underline{\Theta}}{\mathrm{d}z} = -\frac{1}{\lambda_\mathrm{w}} \underline{q}_z \, ; \qquad\qquad \frac{\mathrm{d}\underline{q}_z}{\mathrm{d}z} = -c\varrho_\mathrm{v} \mathrm{j}\omega \underline{\Theta} \qquad \textit{Differentialgleichungen}$$

$$\frac{\mathrm{d}^2\underline{\Theta}}{\mathrm{d}z^2} = \mathrm{j}\frac{c\varrho_\mathrm{v}}{\lambda_\mathrm{w}} \underline{\Theta} = \gamma^2 \underline{\Theta} \qquad\qquad \textit{Wellengleichung}$$

$$\gamma = \sqrt{\mathrm{j}\omega \frac{c\varrho_\mathrm{v}}{\lambda_\mathrm{w}}} = (1 + \mathrm{j}) \sqrt{\frac{\omega c\varrho_\mathrm{v}}{2\lambda_\mathrm{w}}}$$

$$\alpha = \beta = \sqrt{\frac{\omega c \varrho_\mathrm{v}}{2\lambda_\mathrm{w}}}$$

$$v = \frac{\omega}{\beta} = \sqrt{\frac{2\lambda_\mathrm{w}\omega}{c\varrho_\mathrm{v}}} \, ; \qquad \lambda = \frac{2\pi}{\beta} = \sqrt{\frac{4\pi\lambda_\mathrm{w}}{fc\varrho_\mathrm{v}}}$$

5 Diffusion ungeladener Teilchen

$$\frac{\mathrm{d}\underline{c}}{\mathrm{d}z} = -\frac{1}{D} \underline{m}_z \, ; \qquad\qquad \frac{\mathrm{d}\underline{m}_z}{\mathrm{d}z} = -\mathrm{j}\omega \underline{c} \qquad \textit{Differentialgleichungen}$$

Wellengleichung

$$\frac{d^2\underline{c}}{dz^2} = \frac{1}{D} j\omega\underline{c}$$

$$\gamma = \sqrt{j\omega\frac{1}{D}} = (1+j)\sqrt{\frac{\omega}{2D}}$$

$$\alpha = \beta = \sqrt{\frac{\omega}{2D}}$$

$$v = \sqrt{2\omega D}; \qquad \lambda = \sqrt{\frac{4\pi D}{f}}$$

6 Diffusion geladener Teilchen ohne äußeres Feld

Differentialgleichungen

$$\frac{d\underline{n}_\nu}{dz} = -\frac{1}{D_\nu q_\nu}\underline{S}_\nu; \qquad \frac{d\underline{S}_\nu}{dz} = -\left(\frac{q_\nu}{\tau_\nu} + j\omega q_\nu\right)\underline{n}_\nu + \frac{q_\nu n_{\nu_0}}{\tau_\nu}$$

Wellengleichung

$$\frac{d^2\underline{n}_\nu}{dz^2} = \left[\frac{1}{D_\nu\tau_\nu} + j\omega\frac{1}{D_\nu}\right]\underline{n}_\nu + \frac{q_\nu n_{\nu_0}}{\tau_\nu} = \gamma^2\underline{n}_\nu + \frac{q_\nu n_{\nu_0}}{\tau_\nu}$$

$$\gamma = \sqrt{\frac{1}{D_\nu\tau_\nu} + j\frac{\omega}{D_\nu}}$$

$$\alpha = \text{Re}(\gamma); \qquad\qquad \beta = \text{Im}(\gamma)$$

$$v = \frac{\omega}{\text{Im}(\gamma)}; \qquad\qquad \lambda = \frac{2\pi}{\text{Im}(\gamma)}$$

Aufgaben zur Vertiefung 2

1 $\lambda/4$-Leitung im Leerlauf

Die Lösung ist in ähnlicher Weise zu finden wie im Abschnitt 2.3 für die kurz-geschlossene $\lambda/4$-Leitung. Für die Resonanzfrequenz der Leitung folgt aus $\beta l = \pi/2$

$$\omega_0 = \frac{\pi}{2l\sqrt{L'C'}},$$

während die Resonanzfrequenz des Schwingkreises

$$\omega_0 = \frac{1}{\sqrt{LC}} \text{ ist.}$$

Der Eingangswiderstand der leerlaufenden Leitung ist nach Gl. (2.15)

$$Z_a = \frac{Z}{\tanh\gamma l}. \tag{A1}$$

Bei der Resonanzfrequenz liefert Gl. (2.4)

$$\tanh \gamma l = \tanh\left(\alpha l + j\,\frac{\pi}{2}\right) = \frac{1}{\tanh \alpha l}.$$

Damit ist der Eingangswiderstand der Leitung bei der Frequenz ω_0

$$Z_a = Z \tanh \alpha l \approx Z \alpha l.$$

Bei geringen Verlusten sind Z und Z_a fast reell. Der hyperbolische Tangens kann dann auch durch das kleine Argument ersetzt werden.

Der entsprechende Resonanzwiderstand des Schwingkreises ist R.

Für beliebige Frequenzen kann der Eingangswiderstand nach Gl. (A1) mit Gl. (2.4) in der Form

$$Z_a = Z\,\frac{\dfrac{1}{\tan \beta l} + j\tanh \alpha l}{\dfrac{\tanh \alpha l}{\tan \beta l} + j} \approx Z\left(\frac{1}{j\tan \beta l} + \tanh \alpha l\right)$$

geschrieben werden, wobei die Näherung für $\alpha l \ll 1$ und $|\tan \beta l| > 1$ gilt. Der Realteil des Eingangswiderstands bleibt also gegenüber demjenigen bei der Resonanzfrequenz unverändert, während der Imaginärteil

$$X_a = -Z\,\frac{1}{\tan \beta l}$$

hinzukommt.

Bei $\omega = \omega_0 + \Delta\omega$ mit $\Delta\omega \ll \omega_0$ gilt

$$\beta l = \omega \sqrt{L'C'}\,l = \frac{\pi}{2} + \Delta\omega \sqrt{L'C'} \cdot l$$

und

$$\tan \beta l = -\frac{1}{\tan(\Delta\omega \sqrt{L'C'}\,l)} \approx -\frac{1}{\Delta\omega \sqrt{L'C'} \cdot l}.$$

Der Blindanteil des Eingangswiderstands ist also bei geringen Abweichungen von der Resonanzfrequenz

$$X_a = Z\Delta\omega \sqrt{L'C'} \cdot l = Z\,\frac{\pi}{2}\,\frac{\Delta\omega}{\omega_0}.$$

Die Impedanz des Schwingkreises ist bei der Frequenz ω

$$Z_S = j\,\frac{L}{C}\left(\omega C - \frac{1}{\omega L}\right) + R.$$

Auch hier ändert sich der Realteil nicht gegenüber dem Eingangswiderstand bei Resonanz. Für den Imaginärteil erhält man mit

$$\frac{\omega}{\omega_0} - \frac{\omega_0}{\omega} = 1 + \frac{\Delta\omega}{\omega_0} - \frac{1}{1 + \dfrac{\Delta\omega}{\omega_0}} \approx 2\,\frac{\Delta\omega}{\omega_0}$$

$$X_S = 2\,\sqrt{\frac{L}{C}}\,\frac{\Delta\omega}{\omega_0}$$

Mit den bisherigen Ergebnissen lassen sich drei Bedingungen für äquivalente Schaltungen angeben:

1. *Gleiche Resonanzfrequenzen*

$$\frac{\pi}{2l\sqrt{L'C'}} = \frac{1}{\sqrt{LC}} \tag{A2}$$

2. *Gleiche Resonanzwiderstände*

$$Z \cdot \alpha \cdot l = R \tag{A3}$$

3. *Gleiche Frequenzabhängigkeit des Eingangswiderstandes*

$$Z\,\frac{\pi}{2}\,\frac{\Delta\omega}{\omega_0} = 2\,\sqrt{\frac{L}{C}}\,\frac{\Delta\omega}{\omega_0} \tag{A4}$$

In Gl. (A3) ist schon der Widerstand R des Schwingkreises angegeben. Die Größen L und C ergeben sich aus den Gln. (A2) und (A4) zu

$$L = \frac{1}{2}\,L'l \qquad \text{und}$$

$$C = \frac{8}{\pi^2}\,C'l\,.$$

2 Kurzschlußleitung

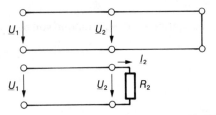

Das kurzgeschlossene Leitungsstück bis zur Mitte wird durch den Eingangswiderstand ersetzt. Dieser hat nach Gl. (2.14) den Wert

$$R_2 = Z\tanh\gamma l_1\,.$$

Zwischen den Spannungen $\underline{U}_1$ und $\underline{U}_2$ ergibt sich nach Gl. (1.12) der Zusammenhang:

$$\underline{U}_1 = \underline{U}_2 \cosh \gamma l_1 + \underline{I}_2 Z \sinh \gamma l_1$$

Mit

$$\underline{I}_2 = \frac{\underline{U}_2}{R_2} = \frac{\underline{U}_2}{Z} \coth \gamma l_1$$

erhält man

$$\underline{U}_1 = 2 \underline{U}_2 \cosh \gamma l_1.$$

Daraus läßt sich $\cosh \gamma l_1$ leicht berechnen:

$$\cosh \gamma l_1 = \frac{\underline{U}_1}{2 \underline{U}_2} = 0{,}96 \cdot e^{j 39,76°}$$

Aus dem Zusammenhang zwischen $\cosh \gamma l_1$ und $e^{\gamma l_1}$ ergibt sich:

$$e^{2 \gamma l_1} - 2 \cosh \gamma l_1 \, e^{\gamma l_1} + 1 = 0 \qquad\qquad \text{(A1)}$$

$$e^{\gamma l_1} = \cosh \gamma l_1 \pm \sqrt{\cosh^2 \gamma l_1 - 1}$$

Nach einer ziemlich umfangreichen komplexen Rechnung erhält man

$$e^{\gamma l_1} = \begin{cases} 2{,}014 \cdot e^{j 54°} & \text{mit dem oberen Vorzeichen,} \\[2mm] 0{,}496 \cdot e^{-j 54°} & \text{mit dem unteren Vorzeichen.} \end{cases}$$

Nur die obere Lösung ist richtig, weil $e^{\gamma l_1}$ bei positiver Dämpfung dem Betrage nach größer als 1 sein muß. Berechnet man $e^{-\gamma l_1}$ aus $\cosh \gamma l_1$, so kommt man auf eine Gleichung mit gleichen Koeffizienten wie in Gl. (A1). Daher ergibt sich als Lösung auch $e^{-\gamma l_1}$, nämlich die untere Lösung.

Aus $e^{\gamma l_1}$ ergibt sich

$$\alpha = 0{,}0233 \, \frac{1}{\text{km}} \quad \text{und} \quad \beta = 0{,}0314 \, \frac{1}{\text{km}}$$

Der Wellenwiderstand Z kann nun aus der Beziehung (2.14)

$$Z_K = Z \tanh 2 \gamma l_1$$

berechnet werden. Mit Gl. (2.4) bekommt man

$$Z = Z_K \, \frac{1 + j \tanh 2 \alpha l_1 \tan 2 \beta l_1}{\tanh 2 \alpha l_1 + j \tan 2 \beta l_1},$$

woraus sich schließlich

$$Z = 219{,}8 \cdot e^{-j 36°} \, \Omega$$

ergibt.

3 Toleranz für $\lambda/4$-Leitung

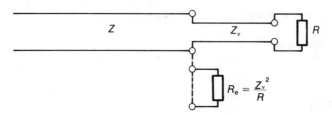

Der Eingangswiderstand der $\lambda/4$-Verbindungsleitung ist nach Gl. (2.12)

$$R_e = \frac{Z_v^2}{R}.$$

Damit ist der Reflexionsfaktor am Ende der Leitung

$$r = \frac{R_e - Z}{R_e + Z} = \frac{Z_v^2 - RZ}{Z_v^2 + RZ}.$$

Wenn mit $\underline{U}_{he}$ die Spannung der in $+z$-Richtung laufenden Welle am Leitungsende bezeichnet wird, ergibt sich die Spannungsverteilung entlang der Leitung aus den Gln. (1.23) und (1.25) zu

$$\underline{U}(z) = \underline{U}_{he}\, e^{j\beta(l-z)}(1 + r\,e^{-j2\beta(l-z)}).$$

Das Spannungsmaximum liegt bei positiv reellem $r e^{-j2\beta(l-z)}$, das Minimum bei negativ reellem $r e^{-j2\beta(l-z)}$. Die Beträge von Maximum und Minimum sind also

$$U_{max} = |\underline{U}_{he}|\,(1 + |r|)$$

$$U_{min} = |\underline{U}_{he}|\,(1 - |r|).$$

Daraus ergibt sich die Welligkeit

$$s = \frac{U_{max}}{U_{min}} = \frac{1 + |r|}{1 - |r|}.$$

Mit der obigen Gleichung für r ergibt sich

$$s = \frac{Z_v^2 + RZ + |Z_v^2 - RZ|}{Z_v^2 + RZ - |Z_v^2 - RZ|} = \begin{cases} \dfrac{Z_v^2}{RZ} & \text{für } Z_v^2 \geq RZ \\[2ex] \dfrac{RZ}{Z_v^2} & \text{für } Z_v^2 \leq RZ. \end{cases}$$

4 Anpassung mit Stichleitungen

Das Koaxialleitungssystem kann durch das folgende System mit symmetrischen Leitungen ersetzt werden.

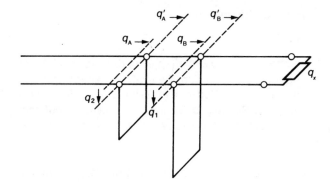

Die komplexen bezogenen Eingangsleitwerte q'_A und q'_B schließen die Eingangsleitwerte q_1 und q_2 der Stichleitungen an den Stellen A bzw. B jeweils nicht mit ein. Es gilt

$$q_A = q'_A + q_2 \text{ und} \tag{A1}$$

$$q_B = q'_B + q_1 . \tag{A2}$$

Gefordert wird Anpassung bei A, also

$$q_A = 1.$$

Da q_2 als Eingangsleitwert einer kurzgeschlossenen Leitung rein imaginär ist, muß schon der Realteil von q'_A den Wert 1 haben. Wie muß q_B beschaffen sein, damit Re$(q'_A) = 1$ wird? Der zu q_B gehörige Reflexionsfaktor an der Stelle B ist

$$r_B = -\frac{q_B - 1}{q_B + 1}$$

(vgl. Gl. (A1) in der Lösung der Übungsaufgabe 8 auf S. 270).

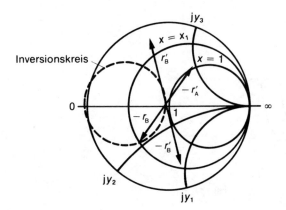

Bild 1

323

Durch die $\lambda/4$-Transformation von B nach A wird r_B in

$$r_A' = r_B e^{-j2\beta\lambda/4} = r_B e^{-j\pi} \tag{A3}$$

überführt. Wie muß also der Reflexionsfaktor r_B beschaffen sein, damit er nach einer Drehung um den Winkel π mit einem Leitwert mit dem Realteil 1 verknüpft ist? Die Bedingung $\mathrm{Re}(q_A') = 1$ ist erfüllt, wenn die Spitze des Zeigers $-r_A'$ im SMITH-Diagramm auf dem Kreis $x = 1$ liegt. Die Spitze des Zeigers $-r_B'$ muß dann auf dem „Inversionskreis" liegen, der durch Spiegelung des Kreises $x = 1$ an der imaginären Achse in der r-Ebene entsteht.

Nach diesen vorbereitenden Überlegungen kann die Lösung im SMITH-Diagramm nun durchgeführt werden.

a) Ein Abschlußwiderstand Z_x sei vorgegeben. Der Eingangswiderstand der $\lambda/2$-Leitung am Punkt B ist dann ebenfalls Z_x. Im SMITH-Diagramm sind folgende Schritte durchzuführen:

1. Nach Maßgabe von Z_x kann der zugehörige Reflexionsfaktor r_B' ins SMITH-Diagramm eingetragen werden. Den Leitwert $q_B' = Z/Z_x$ kennzeichnet der Zeiger $-r_B'$.

2. Ein rein imaginärer Leitwert q_1 wird zu q_B' hinzugefügt. Da sich bei dieser Operation der Realteil von q_B' nicht ändert, liegen alle mit Hilfe der Stichleitung erreichbaren Reflexionsfaktoren auf dem Kreis $x = x_1$. In den Schnittpunkten des Kreises $x = x_1$ mit dem Inversionskreis ist die oben formulierte Bedingung für q erfüllt. Hier wird nur einer dieser Schnittpunkte betrachtet.

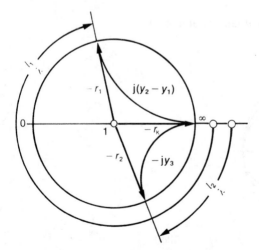

Bild 2

3. Als Imaginärteil von q'_B hat sich y_1 ergeben. Beim Schnittpunkt zwischen dem Kreis $x = x_1$ und dem Inversionskreis liest man den Imaginärteil y_2 von q_B ab. Aus der Beziehung (A2) folgt, da q_1 rein imaginär ist,

$$q_1 = j\,\mathrm{Im}(q_B) - j\,\mathrm{Im}(q'_B) = j(y_2 - y_1).$$

Die Bestimmung der Länge l_1 aus diesem Leitwert q_1 geht aus Bild 2 hervor. Das in Bild 1 dargestellte Beispiel liefert negative Werte von y_1 und y_2 und einen positiven Wert $y_2 - y_1$.

4. Die $\lambda/4$-Transformation vom Punkt B zum Punkt A führt gemäß Gl. (A3) zu einer Drehung des Zeigers $-r_B$ um $180°$. Die Spitze des Zeigers $-r'_A$ liegt wie geplant auf dem Kreis $x = 1$.

5. Man liest ab:

$$\mathrm{Im}(q'_A) = y_3.$$

Um Anpassung zu erreichen, muß der Imaginärteil von q_A Null sein. Aus Gl. (A1) erhält man

$$\dot{q}_2 = j\,\mathrm{Im}(q_A) - j\,\mathrm{Im}(q'_A) = -jy_3.$$

Daraus ist nach Bild 2 die Länge l_2 der Kurzschlußleitung bei A zu bestimmen.

b) Diese Frage ist anhand von Bild 1 folgendermaßen zu beantworten: Es gibt nur dann Schnittpunkte zwischen dem Kreis $x = x_1$ und dem Inversionskreis, wenn $x_1 \leq 1$ ist. x_1 ist der Realteil des bezogenen Leitwerts Z/Z_x. Die Bedingung ist also $G_x \leq Y$.

1 Mikrostreifenleitung

Aufgaben zur Vertiefung 3

Bei hohen Frequenzen und geringen Verlusten ist $\omega L' \gg R'$ und $\omega C' \gg G'$ und damit der Wellenwiderstand

$$Z = \sqrt{\frac{L'}{C'}}.$$

Mit der effektiven Dielektrizitätszahl $\varepsilon_{\mathrm{eff}}$ statt ε_r in der Produktbeziehung (3.1) folgt

$$Z = \sqrt{\frac{\varepsilon_{\mathrm{eff}} \cdot \varepsilon_0 \cdot \mu_0}{C'^2}} = \frac{\sqrt{\varepsilon_{\mathrm{eff}}}}{c\,C'}, \tag{A1}$$

wobei $c = 1/\sqrt{\mu_0 \cdot \varepsilon_0}$ die Lichtgeschwindigkeit im Vakuum ist.

Für C' ist eine der beiden Formeln für den Kapazitätsbelag der Mikrostreifenleitung aus Tabelle 3.2 einzusetzen. Welche der beiden Formeln angewendet werden muß, ist zunächst noch unklar, denn b/h soll ja erst bestimmt werden.

An der Grenze beider Gültigkeitsbereiche bei $b/h = 1$ ist $\varepsilon_{\text{eff}} = 6,857$ und mit beiden Formeln für C' in Gl. (A1) ergibt sich $Z(1) = 48,2\,\Omega$. Der zu realisierende Wellenwiderstand muß also etwas größer werden.

Da der Kapazitätsbelag sich aus dem elektrostatischen Feld als Kapazität pro Längeneinheit der Leiteranordnung berechnen läßt, ist klar, daß die Leiterbreite b verkleinert werden muß, um C' zu verkleinern und damit Z zu vergrößern. Es ist daher die Näherungsformel für $b/h \leq 1$ zu verwenden.

Diese Formel läßt sich aber leider nicht explizit nach b/h auflösen. Mögliche Abhilfe: man berechnet Z für mindestens einen weiteren Wert von b/h und interpoliert dann linear. Beispielsweise ergibt sich für $b/h = 0,9$

$$Z(0,9) = 50,3\,\Omega \,.$$

Lineare Interpolation ergibt den Sollwert für b/h

$$\frac{b}{h} = 1 + \frac{0,9 - 1,0}{(50,3 - 48,2)}\ (50 - 48,2)\,\Omega = 0,914$$

und damit $b = 0,475\,\text{mm}$.

Die beiden verwendeten Interpolationsstützpunkte können auch zur Toleranzberechnung verwendet werden. Aus $\Delta Z/Z = 0,01$ folgt

$$0,01 = \frac{\Delta Z}{Z} = \frac{dZ}{db}\cdot\frac{\Delta b}{Z} = \frac{dZ}{d\dfrac{b}{h}}\cdot\frac{\Delta b}{h\cdot Z}$$

und $\qquad \Delta b = 0,01 \cdot h \cdot Z \cdot \dfrac{d\dfrac{b}{h}}{dZ}\,.$

Für den Differentialquotienten kann dabei der Differenzenquotient eingesetzt werden:

$$\Delta b = 0,01 \cdot 0,5\,\text{mm} \cdot 50\,\Omega \cdot \frac{0,9 - 1,0}{(50,3 - 48,2)} \approx -\frac{1}{100}\text{mm}$$

Die Fertigungstoleranz für die Leiterbreite ist damit $\pm\dfrac{1}{100}\text{mm}$.

Soweit die Lösung der Aufgabe!

Im Lehrtext wurde gesagt, daß die Leitungswelle bei inhomogenem Dielektrikum nur *Bemerkung* solange transversalelektromagnetisch ist, bis $\lambda = c/(f\sqrt{\varepsilon_{\text{eff}}})$ in die Größenordnung der Querschnittsabmessungen kommt. Probe:

$$\lambda = \frac{3 \cdot 10^{11} \cdot \text{mm} \cdot \text{s}}{2 \cdot 10^9 \cdot \text{s} \cdot \sqrt{6,9}} = 57\,\text{mm}\,.$$

Wegen $57\,\text{mm} \gg 0,5\,\text{mm}$ ist diese Voraussetzung erfüllt.

2 Entzerrung einer Leitung

a) Mit den angegebenen Werten erhält man aus den Beziehungen (3.8) und (3.9) bei $f_1 = 1,8\,\text{kHz}$

$$\alpha_1 = 0,0349\,\text{Np/km}, \qquad \beta_1 = 0,0654 \cdot 1/\text{km},$$
$$v_1 = \omega_1/\beta_1 = 173 \cdot 10^3\,\text{km/s}$$

und bei $f_2 = 2,2\,\text{kHz}$

$$\alpha_2 = 0,0363\,\text{Np/km}, \qquad \beta_2 = 0,0767 \cdot 1/\text{km},$$
$$v_2 = \omega_2/\beta_2 = 180,2 \cdot 10^3\,\text{km/s}\,.$$

b) Die Ausbreitungsgeschwindigkeit der Schwebungsknoten ist nach Gl. (3.18) zu berechnen.

$$v_g = \frac{\omega_1 - \omega_2}{\beta_1 - \beta_2} = 222 \cdot 10^3\,\text{km/s}\,.$$

c) *Dämpfungsentzerrung*

Ein Entzerrer muß zunächst die Frequenzabhängigkeit der Dämpfung ausgleichen. Für die Dämpfung a_{Ent} des Entzerrers muß also gelten

$$(\alpha l)_{\text{Leitung}} + a_{\text{Ent}} = \text{const}\,.$$

Betrachtet man nun die Frequenzen f_1 und f_2, so gilt für ein Leitungsstück von 1 km Länge

$$a_1 = \alpha_1 \cdot 1\,\text{km} = 0,0349\,\text{Np} \quad \text{und}$$
$$a_2 = \alpha_2 \cdot 1\,\text{km} = 0,0363\,\text{Np}\,.$$

Die Dämpfung des Entzerrers muß bei f_1 um $0,0014\,\text{Np}$ höher sein als bei f_2.

Phasenentzerrung

Mit v und v_g aus den Gln. (3.17) und (3.18) und v_1, v_2 von oben gilt

$$v_g = v \cdot \frac{(\omega_1 - \omega_2) \cdot \left(\omega_1 + \omega_2 \cdot \dfrac{v_1}{v_2}\right)}{\left(\omega_1 - \omega_2 \cdot \dfrac{v_1}{v_2}\right) \cdot (\omega_1 + \omega_2)}\,.$$

Wenn also in Bild 3.6 die Oszillationen gegenüber ihren Einhüllenden sich nicht verschieben sollen, d.h. $v_g = v$ sein soll, müssen die Phasengeschwindigkeiten $v_1 = v_2$ sein. Für die Phasenlaufzeit t_{Ent} des Entzerrers gilt dann

$$\left(\frac{l}{v}\right)_{Leitung} + t_{Ent} = const.$$

Die Laufzeiten eines 1 km langen Leitungsstücks sind

$$t_1 = \frac{1\ km}{v_1} = 5,78\ \mu s \quad und$$

$$t_2 = \frac{1\ km}{v_2} = 5,55\ \mu s.$$

Die Laufzeit des Entzerrers muß also bei f_1 um 0,23 µs kleiner sein als bei f_2.

d) Die Leitung ist verzerrungsfrei, wenn die Bedingung (3.15) erfüllt ist. Mit den gegebenen Daten gilt

$$\frac{R'}{L'} = 16,7 \cdot 10^3\ \frac{1}{s}$$

$$\frac{G'}{C'} = 16,6\ \frac{1}{s}.$$

Man muß also R' oder C' verkleinern bzw. L' oder G' vergrößern. Die Verkleinerung von R' oder C' ist im allgemeinen nicht möglich. Die Vergrößerung der Ableitungsverluste ist unzweckmäßig, weil die Dämpfung dann ansteigt. Sinnvoll ist dagegen die Vergrößerung des Induktivitätsbelags durch konzentrierte Induktivitäten, die in gewissen Abständen der Leitung in Reihe geschaltet werden.

Aufgaben zur Vertiefung 4

1 Realisierung einer Leitungsentzerrung
a) Der gewünschte Induktivitätsbelag, der sich aus der Leitungsinduktivität und aus konzentrierten Induktivitäten L_s im Abstand s zusammensetzt, ergibt sich aus Gl. (3.15) zu

$$L' + \frac{L_s}{s} = R' \cdot \frac{C'}{G'} = 0,639\ H/km.$$

Mit $s = 1\ km$ erhält man $L_s = 0,638\ H$.

b) Faßt man ein Stück Leitung der Länge s als Π-Glied auf, dann sind dessen Elemente

$$Z_\pi = R's + j\omega(L's + L_s) \quad und$$

$$Y_\pi = G's + j\omega C's$$

Die Grenzfrequenz ergibt sich unter Vernachlässigung der Verluste aus der Beziehung

$$\omega_g = \frac{2}{\sqrt{LC}}$$

$$f_g = \frac{2}{2 \cdot \pi \cdot \sqrt{(L's + L_s) \cdot C' \cdot s}} = 2{,}04 \text{ kHz} \,.$$

Die Grenzfrequenz ist so niedrig, daß die Frequenz $f_2 = 2{,}2$ kHz schon außerhalb des Durchlaßbereichs liegt. Der Abstand zwischen den konzentrierten Induktivitäten muß kleiner als 1 km gewählt werden, damit L_s kleiner und die Grenzfrequenz größer wird. Nur wenn die Grenzfrequenz $f_g > f_2$ wird, kann ein Signal mit Komponenten bei f_1 und f_2 verzerrungsfrei übertragen werden.

2 Leitungsnachbildung

a) Die als Leitungsnachbildung verwendete Kettenschaltung ist in den Bildern 4.5 und 4.6 dargestellt. Die Elemente der Vierpole sind

$$Z_\pi = j\omega L \qquad \text{und} \qquad Y_\pi = j\omega C \,.$$

Die Größen L und C können mit Hilfe der Angaben über den Wellenwiderstand bestimmt werden. Nach Gl. (4.10) ist der Wellenwiderstand einer zum Vierpol äquivalenten Leitung

$$Z_\ddot{a} = \sqrt{\frac{Z_\pi}{Y_\pi} \cdot \frac{1}{1 + \dfrac{Z_\pi \cdot Y_\pi}{4}}} \,.$$

Hier ist mit

$$\frac{Z_\pi}{Y_\pi} = \frac{L}{C} \qquad \text{und} \qquad Z_\pi \cdot Y_\pi = -\omega^2 \cdot LC$$

$$Z_\ddot{a} = \sqrt{\frac{L}{C} \cdot \frac{1}{1 - \dfrac{\omega^2 \cdot LC}{4}}} \,.$$

Aus dieser Beziehung ergeben sich mit den Frequenzen 0 und 10 MHz zwei Bestimmungsgleichungen für L und C:

$$f = 0:$$

$$Z_\ddot{a} = \sqrt{\frac{L}{C}} = Z$$

$$f = 10 \text{ MHz} \, (\omega_{10} = 2 \cdot \pi \cdot 10^7 \, \text{s}^{-1}):$$

$$Z_\ddot{a} = \sqrt{\frac{L}{C} \cdot \frac{1}{1 - \dfrac{\omega_{10}^2 \cdot LC}{4}}} = 1{,}1 \cdot Z \,.$$

Daraus ergibt sich

$$L = \frac{2 \cdot \sqrt{0,21} \cdot Z}{1,1 \cdot \omega_{10}} = 796\,\text{nH}\,,$$

$$C = \frac{2 \cdot \sqrt{0,21}}{1,1 \cdot \omega_{10} Z} = 221\,\text{pF}\,.$$

Der Wellenwiderstand hängt hier bei der Leitung nicht von der Anzahl der Glieder bzw. von der Leitungslänge ab.

b) Aus der Bedingung, daß auch die Phasenmaße zwischen Leitung und Nachbildung bei niedrigen Frequenzen übereinstimmen sollen, kann die erforderliche Anzahl von Π-Gliedern bestimmt werden. Dazu wird zunächst die Leitungslänge $l_\text{ä}$ gesucht, die die gleiche Phasendrehung wie ein Π-Glied bewirkt. Die Leitung der Länge $l_\text{ä}$ dreht die Phase um den Winkel

$$\beta\, l_\text{ä} = \frac{\omega}{v}\, l_\text{ä}\,. \tag{A1}$$

Für die Nachbildung ergibt sich zunächst aus Gl. (4.10)

$$\cosh g = 1 - \frac{\omega^2 \cdot LC}{2}\,. \tag{A2}$$

Bei niedrigen Frequenzen ist $\cosh g$ offensichtlich kleiner als 1. Daraus ist zu schließen, daß g rein imaginär, also $g = \text{j}b$ ist. Damit ergibt sich aus Gl. (A2)

$$\cos b = 1 - \frac{\omega^2 LC}{2}\,. \tag{A3}$$

Der Phasenwinkel $\beta\, l_\text{ä}$ ist nach Gl. (A1) bei niedrigen Frequenzen klein gegen 1. Da $\beta\, l_\text{ä}$ und b gleichgesetzt werden sollen, ist auch b sehr klein und $\cos b$ kann durch die ersten Glieder der zugehörigen Potenzreihe ersetzt werden:

$$\cos b \approx 1 - \frac{b^2}{2} = 1 - \frac{\omega^2 LC}{2}\,.$$

Daraus folgt

$$b = \omega\sqrt{LC}\,. \tag{A4}$$

Setzt man b und $\beta l_\text{ä}$ gleich, so erhält man aus den Gln. (A1) und (A4) die äquivalente Leitungslänge

$$l_\text{ä} = v\sqrt{LC} = 2,65\,\text{m}\,.$$

Die 100 m lange Leitung wird durch

$$m = \frac{100 \, m}{l_ä} = 38$$

Π-Glieder nachgebildet.

c) Bei 10 MHz ist das Phasenmaß der Leitung

$$\beta l = \frac{\omega_{10} l}{v} = 10 \, \pi \, .$$

Das Phasenmaß des einzelnen Π-Gliedes ergibt sich aus Gl. (A4):

$$\cos b = 0{,}652 \, ; \qquad b = 0{,}859 \, .$$

Das Phasenmaß der gesamten Nachbildung ist

$$b_{ges} = mb = 10{,}39 \cdot \pi \, .$$

Es weicht um 3,9 % von dem Phasenmaß der Leitung ab.

d) Die Grenzfrequenz des Tiefpasses ist nach Bild 4.7

$$\omega_g = \frac{2}{\sqrt{LC}} \, ;$$

daraus ergibt sich

$$f_g = 24 \, MHz \, .$$

e) Die Dämpfung bei $f = 1{,}2 \cdot f_g = 28{,}8 \, MHz$ ergibt sich aus Gl. (4.16) mit $n = 1$:

$$\cosh a = \frac{\omega^2 \cdot LC}{2} - 1 = 1{,}88 \, ,$$

$$a = 1{,}24 \, Np \, .$$

Dies ist die Dämpfung eines Gliedes. Für die gesamte Kette ergibt sich

$$a_{ges} = ma = 47{,}2 \, Np \, .$$

In den folgenden Bildern sind die Eigenschaften der Leitung und der Vierpolkette   *Ergänzender Hinweis*
skizziert.

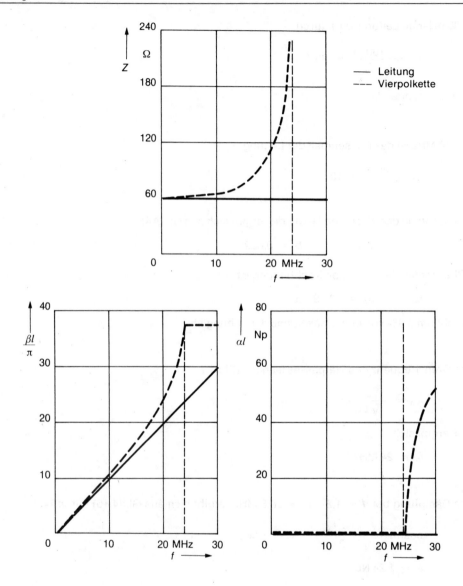

1 Aufgeladenes Kabel:

a)

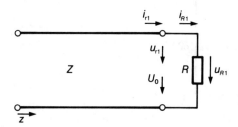

Aus folgenden Gleichungen sind die entstehende Welle und Spannung und Strom am Widerstand R zu berechnen:

$$i_{r1} = i_{R1},$$

$$u_{r1} = -Z\,i_{r1},$$

$$u_{R1} = i_{R1}R.$$

Daraus ergibt sich

$$u_{r1} = \frac{-U_0}{1 + \dfrac{R}{Z}} = -40\,\text{V},$$

$$i_{r1} = i_{R1} = 0{,}667\,\text{A},$$

$$u_{R1} = 60\,\text{V}.$$

Nach der Zeit $t = \tau = 2\,\mu\text{s}$ erreicht die Welle den Anfang der Leitung. Durch Reflexion am Leerlauf, $r_a = 1$, entsteht die Welle

$$u_{h1} = r_a\,u_{r1} = -40\,\text{V},$$

$$i_{h1} = -r_a\,i_{r1} = -0{,}667\,\text{A}.$$

Nach $t = 2\tau = 4\,\mu\text{s}$ bildet sich durch Reflexion am Ende mit dem Reflexionsfaktor $r_e = 0{,}2$ die Welle

$$u_{r2} = r_e\,u_{h1} = -8\,\text{V},$$

$$i_{r2} = -r_e\,i_{h1} = 0{,}1333\,\text{A}.$$

333

$t = 1{,}3\ \mu s$:

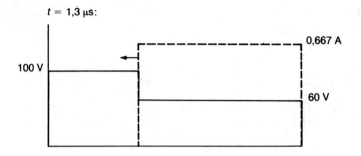

$t = 5\ \mu s$:

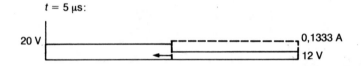

b) Zur Zeit $t = 0$ entsteht am Widerstand die Spannung

$$u_{R1} = U_0 + u_{r1} = 60\,\text{V}\,.$$

Nach der Zeit $t = 2\tau$ ist sie

$$u_{R2} = U_0 + u_{r1} + u_{h1} + u_{r2} = u_{R1} + (1 + 0{,}2)\,u_{r1} = 12\,\text{V}\,.$$

Zur Zeit $t = 4\tau$ ergibt sich

$$u_{R3} = u_{R2} + 1{,}2 \cdot u_{r2} = 2{,}4\,\text{V}\,.$$

In gleicher Weise können die weiteren Spannungen am Widerstand berechnet werden. Der Verlauf ist im folgenden Bild skizziert.

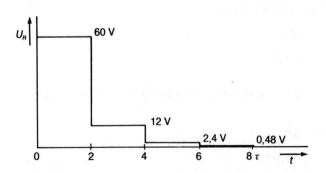

c) Es tritt eine Reflexion nur am Leitungsanfang auf, wenn $R = Z$ gewählt wird. Dann ergibt sich

$$u_{r1} = -50\,\text{V}\,,$$

$$u_{R1} = 50\,\text{V}\,.$$

Zur Zeit $t = \tau$ entsteht die Spannungswelle

$$u_{h1} = -50\,\text{V}\,,$$

die bei $t = 2\tau$ den Widerstand R erreicht. Damit ist dann der Vorgang beendet.

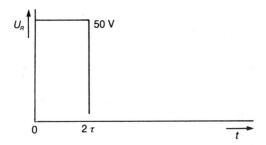

2 Verzerrung eines Rechteckimpulses

a) Im Lehrtext wurde unter entsprechenden Voraussetzungen die Sprungantwort der Leitung, also die Verzerrung einer Sprungfunktion berechnet. Es wurde aber auch gesagt, daß man durch Addition zweier Sprungfunktionen $s(t)$ einen Rechteckimpuls $y_r(t)$ erhalten kann

$$y_r(t) = s(t) - s(t - T)\,. \tag{A1}$$

Dann läßt sich auch der Rechteckimpuls am Ende der Übertragung $x_r(l, t)$ einfach aus der Summe beider Sprungantworten gewinnen.

Gl. (5.23) gilt nur für Zeiten $t > l/v$. Um diese Sprungantwort mit anderen Sprungantworten kombinieren zu können, soll ihr Gültigkeitsbereich auf alle Zeiten t erweitert werden. Das geschieht einfach durch Multiplizieren mit der Sprungfunktion $s(t - l/v)$, so daß die Sprungantwort des ersten Summanden in Gl. (A1) lautet

$$x_{r1}\,(l,\,t) = \frac{1}{2}\,\text{erfc}\!\left(\frac{l\,r\,\sqrt{C'/L'}}{4\,\sqrt{t - \dfrac{l}{v}}}\right) \cdot s\!\left(t - \frac{l}{v}\right).$$

Entsprechend lautet die Sprungantwort des zweiten Summanden bei Berücksichtigung des Minuszeichens und der Zeitverschiebung um T

$$x_{r2}(l, t) = \frac{-1}{2} \, \text{erfc} \left(\frac{l \, r \sqrt{C'/L'}}{4 \sqrt{t - T - \frac{l}{v}}} \right) \cdot s \left(t - T - \frac{l}{v} \right).$$

Die Überlagerung (Addition) ergibt

$$x_r(l, t) = \frac{1}{2} \left[\text{erfc} \left(\frac{l \, r \sqrt{C'/L'}}{4 \sqrt{t - \frac{l}{v}}} \right) s \left(t - \frac{l}{v} \right) - \text{erfc} \left(\frac{l \, r \sqrt{C'/L'}}{4 \sqrt{t - T - \frac{l}{v}}} \right) s \left(t - T - \frac{l}{v} \right) \right].$$

b)

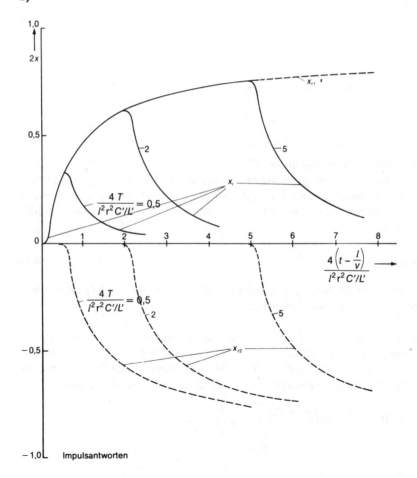

Impulsantworten

1 Symmetrische Komponenten im Drehstromkabel

Nach den Gln. (6.5) und (6.32) hängen die drei Spannungen zwischen den Drähten und dem Mantel mit den symmetrischen Komponenten über

$$\begin{bmatrix} \underline{U}_1 \\ \underline{U}_2 \\ \underline{U}_3 \end{bmatrix} = \frac{1}{\sqrt{3}} \begin{bmatrix} 1 & 1 & 1 \\ 1 & a^2 & a \\ 1 & a & a^2 \end{bmatrix} \cdot \begin{bmatrix} \underline{w}_1 \\ \underline{w}_2 \\ \underline{w}_3 \end{bmatrix}, \qquad a = e^{j\,120°}$$

zusammen.

Nullsystem:

Wenn wir die Leiterspannungen des Nullsystems erhalten wollen, setzen wir $\underline{w}_2 = \underline{w}_3 = 0$ und erhalten für die Spannungsphasoren

$$\underline{U}_1 = \underline{U}_2 = \underline{U}_3 = \frac{1}{\sqrt{3}} \underline{w}_1 .$$

Den Momentanwert erhalten wir aus dieser Größe, wenn wir mit $\sqrt{2}\exp(j\omega t)$ multiplizieren und davon den Realteil nehmen:

$$u_1 = u_2 = u_3 = \frac{1}{\sqrt{3}} \sqrt{2}\,\mathrm{Re}(\underline{w}_1\,e^{j\omega t}) .$$

Es ist am übersichtlichsten, wenn jetzt $\underline{w}_1$ als reell und von der Größe $\sqrt{3/2}$ angenommen wird. Dann ergibt sich

$$u_1 = u_2 = u_3 = \cos\omega t . \tag{A1}$$

Bei $\underline{\omega t = 0}$ ist $u_1 = u_2 = u_3 = 1$. Die Äquipotentiallinien $u = $ const. und die elektrischen Feldlinien im Querschnitt lassen sich dann etwa so abschätzen, wie es in der Skizze auf Seite 315 gezeigt ist.

Bei $\underline{\omega t = 120°}$ und $\underline{\omega t = 240°}$ sind die Leiterspannungen gleich und

$$u_1 = u_2 = u_3 = -\frac{1}{2} .$$

Der Feldverlauf ist qualitativ wie bei $\omega t = 0$, nur von anderer Richtung und Größe.

Mitsystem:

Die Leiterspannungen für eine Welle im Mitsystem erhält man für $\underline{w}_1 = \underline{w}_3 = 0$. Ihre Phasoren ergeben sich dann zu

$$\underline{U}_1 = \frac{1}{\sqrt{3}} \underline{w}_2, \qquad \underline{U}_2 = \frac{1}{\sqrt{3}} e^{j\,240°} \underline{w}_2, \qquad \underline{U}_3 = \frac{1}{\sqrt{3}} e^{j\,120°} \underline{w}_2$$

Wenn $\underline{w}_2$ wieder als reell und gleich $\sqrt{3/2}$ angenommen wird, erhält man für die Momentanwerte

$$u_1 = \mathrm{Re}(e^{j\omega t}) = \cos\omega t$$

$$u_2 = \mathrm{Re}(e^{j\omega t}e^{j240°}) = \cos(\omega t + 240°)$$

$$u_3 = \mathrm{Re}(e^{j\omega t}e^{j120°}) = \cos(\omega t + 120°).$$

Bei $\underline{\omega t = 0}$ ergibt sich dann

$$u_1 = 1, \quad \acute{u}_2 = -\frac{1}{2}, \quad u_3 = -\frac{1}{2},$$

und die Äquipotentiallinien und die elektrischen Feldlinien können wie in der Skizze abgeschätzt werden.
Bei $\underline{\omega t = 120°}$ gilt

$$u_1 = -\frac{1}{2}, \quad u_2 = 1, \quad u_3 = -\frac{1}{2}$$

und für $\underline{\omega t = 240°}$

$$u_1 = -\frac{1}{2}, \quad u_2 = -\frac{1}{2}, \quad u_3 = 1.$$

Die Spannungs- und die Feldverteilungen drehen sich also **mit** dem Drehsinn der Leiterbezeichnungen um den Winkel ωt. Daher die Bezeichnung *Mitsystem*!

Gegensystem:

Die Leiterspannungen einer Welle des Gegensystems erhält man aus $\underline{w}_1 = \underline{w}_2 = 0$. Die Spannungsphasoren sind dann

$$\underline{U}_1 = \frac{1}{\sqrt{3}}\underline{w}_3, \quad \underline{U}_2 = \frac{1}{\sqrt{3}}e^{j120°}\underline{w}_3, \quad \underline{U}_3 = \frac{1}{\sqrt{3}}e^{j240°}\underline{w}_3.$$

Wenn man jetzt wieder $\underline{w}_3 = \sqrt{3/2}$ annimmt, ergibt sich

$$u_1 = \cos\omega t,$$

$$u_2 = \cos(\omega t + 120°),$$

$$u_3 = \cos(\omega t + 240°).$$

Bei $\underline{\omega t = 0}$ gilt

$$u_1 = 1, \quad u_2 = -\frac{1}{2}, \quad u_3 = -\frac{1}{2}.$$

Die Spannungs- und Feldverteilung ist wie im Mitsystem bei $\underline{\omega t = 0}$. Bei $\underline{\omega t = 120°}$ jedoch erhalten wir

$$u_1 = -\frac{1}{2}, \quad u_2 = -\frac{1}{2}, \quad u_3 = 1$$

Nullsystem   Mitsystem   Gegensystem

$\omega t = 0$:

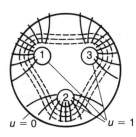
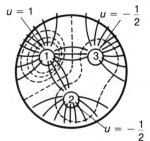
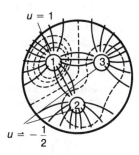

$\omega t = 120°$:

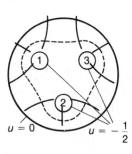
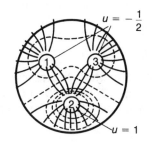
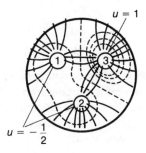

$\omega t = 240°$:

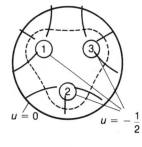
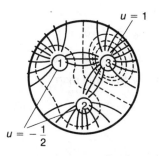
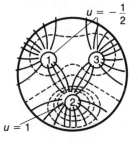

Elektrische Feldlinien ─────
und Äquipotentiallinien ─ ─ ─ ─
der symmetrischen Komponenten im Drehstromkabel

und bei $\omega t = 240°$

$$u_1 = -\frac{1}{2}, \quad u_2 = 1, \quad u_3 = -\frac{1}{2}.$$

Die Spannungs- und damit auch die Feldverteilung drehen sich jetzt also **gegen** den Drehsinn der Leiterbezeichnungen um den Winkel ωt. Daher die Bezeichnung **Gegensystem**!

2 Vergleich zweier Eigenwellensysteme

Gemäß Gl. (6.39) hängen die Leiterspannungen und die Leitströme vorlaufender Wellen über

$$\begin{bmatrix} \underline{U}_1 \\ \underline{U}_2 \end{bmatrix} = \begin{bmatrix} Z_{11} & Z_{12} \\ Z_{12} & Z_{22} \end{bmatrix} \begin{bmatrix} \underline{I}_1 \\ \underline{I}_2 \end{bmatrix} \tag{A1}$$

mit $Z_{ik} = Z'_{ik}/\gamma$ zusammen. Ausgeschrieben heißt das:

$$\begin{aligned} \underline{U}_1 &= Z_{11}\underline{I}_1 + Z_{12}\underline{I}_2 \\ \underline{U}_2 &= Z_{12}\underline{I}_1 + Z_{22}\underline{I}_2 . \end{aligned} \tag{A2}$$

Jede Leiterspannung hängt also vom Strom in diesem Leiter, aber auch vom Strom in dem anderen Leiter ab; z.B. hängt $\underline{U}_1$ über Z_{11} von $\underline{I}_1$, aber auch über Z_{12} von $\underline{I}_2$ ab. Die Gleich- und Gegentaktgrößen sind jedoch voneinander entkoppelt. Das läßt sich folgendermaßen zeigen.

Mit dem Ansatz

$$\begin{aligned} \underline{U}_1 &= \underline{U}_S + \underline{U}_G , & \underline{U}_2 &= \underline{U}_S - \underline{U}_G \\ \underline{I}_1 &= \underline{I}_S + \underline{I}_G , & \underline{I}_2 &= \underline{I}_S - \underline{I}_G \end{aligned} \tag{A3}$$

ergibt sich aus Gl. (A2)

$$\underline{U}_S + \underline{U}_G = Z_{11}(\underline{I}_S + \underline{I}_G) + Z_{12}(\underline{I}_S - \underline{I}_G) \tag{A4}$$

$$\underline{U}_S - \underline{U}_G = Z_{12}(\underline{I}_S + \underline{I}_G) + Z_{22}(\underline{I}_S - \underline{I}_G) . \tag{A5}$$

Durch Addieren der Gln. (A4) und (A5) erhält man

$$2\underline{U}_S = \underline{I}_S(Z_{11} + Z_{22} + 2Z_{12}) + \underline{I}_G(Z_{11} - Z_{22}) , \tag{A6}$$

und durch Subtrahieren

$$2\underline{U}_G = \underline{I}_S(Z_{11} - Z_{22}) + \underline{I}_G(Z_{11} - 2Z_{12} + Z_{22}) . \tag{A7}$$

Für die *symmetrische* Dreifachleitung gilt

$$Z_{11} = Z_{22} .$$

Dann folgt aus den Gln. (A6) und (A7)

$$\underline{U}_S = \underline{I}_S (Z_{11} + Z_{12}) \tag{A8}$$

$$\underline{U}_G = \underline{I}_G (Z_{11} - Z_{12}) \, . \tag{A9}$$

Es hängen also $\underline{U}_S$ nur von $\underline{I}_S$ und $\underline{U}_G$ nur von $\underline{I}_G$ ab. Gleichtakt- und Gegentaktwelle sind also in diesem Sinne entkoppelt, was oft die Schaltungsberechnung erleichtert.

Die Klammern in den Gln. (A8) und (A9) sind der Gleichtaktwellenwiderstand $Z_S = Z_{11} + Z_{12}$ und der Gegentaktwellenwiderstand $Z_G = Z_{11} - Z_{12}$. Diese Behauptung läßt sich durch Berechnen von Y'_{11} und Y'_{12} aus Gl. (6.35) und Einsetzen in Gl. (6.18) bzw. (6.19) bestätigen.

1 Hohlleiter als $\lambda/4$-Transformator

Aufgaben zur Vertiefung 7

Leitung 1	Leitung 2	Leitung 3
$\varepsilon_{r1} = 1$	ε_{r2}	$\varepsilon_{r3} = 3$

$\longleftarrow\ l\ \longrightarrow$

Die Leitung 2 paßt als $\lambda/4$-Transformator die Leitung 3 mit dem Wellenwiderstand Z_3 an die Leitung 1 mit dem Wellenwiderstand Z_1 an, wenn gemäß Gl. (2.12)

$$Z_2^2 = Z_1 Z_3 \tag{A1}$$

erfüllt ist. Die Länge l der Leitung 2 ist dabei aber nicht ein viertel der freien Wellenlänge

$$\lambda_2 = \frac{c_2}{f} = \frac{1}{f \sqrt{\mu_0 \varepsilon_0 \varepsilon_{r2}}}, \tag{A2}$$

sondern ein viertel der Hohlleiterwellenlänge λ_{H2} der H_{10}-Welle auf der Leitung 2, die sich aus Gl. (7.33) ergibt,

$$\lambda_{H2} = \frac{2\pi}{\beta} = \frac{2\pi}{\dfrac{\gamma}{j}} = \frac{\dfrac{c_2}{f}}{\sqrt{1 - \left(\dfrac{f_{c1}}{f}\right)^2}} \, . \tag{A3}$$

Mit den Gln. (A2) und (7.9), in der $m = 1$ zu setzen ist, weil, wie in dieser gesamten Aufgabe, nur H_{10}-Wellen betrachtet werden, folgt weiter

$$\lambda_{H2} = \frac{\lambda_2}{\sqrt{1 - \left(\dfrac{\lambda_2}{2a}\right)^2}} \, . \tag{A4}$$

Um λ_2 in Gl. (A4) einsetzen zu können, muß zunächst ε_{r2} aus der Bedingung (A1) berechnet werden. Der Wellenwiderstand Z_i der Leitung i ($= 1, 2, 3$) ergibt sich aus den Gln. (7.36) und (7.9) zu

$$Z_i = \frac{\sqrt{\dfrac{\mu_0}{\varepsilon_0 \varepsilon_{ri}}}}{\sqrt{1 - \left(\dfrac{c_0}{2af}\right)^2 \dfrac{1}{\varepsilon_{ri}}}}$$

mit $c_0 = 1/\sqrt{\mu_0 \varepsilon_0}$. Aus Gl. (A1) wird damit

$$\frac{1}{\varepsilon_{r2} \left[1 - \left(\dfrac{c_0}{2af}\right)^2 \dfrac{1}{\varepsilon_{r2}}\right]} = \frac{1}{\sqrt{\varepsilon_{r1} \varepsilon_{r3}} \sqrt{1 - \left(\dfrac{c_0}{2af}\right)^2 \dfrac{1}{\varepsilon_{r1}}} \sqrt{1 - \left(\dfrac{c_0}{2af}\right)^2 \dfrac{1}{\varepsilon_{r3}}}} .$$

Daraus folgt

$$\varepsilon_{r2} = \sqrt{\varepsilon_{r1} \varepsilon_{r3}} \sqrt{1 - \left(\frac{c_0}{2af}\right)^2 \frac{1}{\varepsilon_{r1}}} \sqrt{1 - \left(\frac{c_0}{2af}\right)^2 \frac{1}{\varepsilon_{r3}}} + \left(\frac{c_0}{2af}\right)^2 .$$

Mit $c_0 = 3 \cdot 10^{11}$ mm/s sowie den Zahlenwerten aus der Aufgabenstellung, wobei die Angabe für die Höhe b gar nicht benötigt wird, ergibt sich

$$\varepsilon_{r2} = 1{,}62 .$$

Aus Gl. (A2) folgt nun für die freie Wellenlänge im Stoff mit ε_{r2}

$$\lambda_2 = \frac{c}{\sqrt{\varepsilon_{r2}} f} = 7{,}856 \text{ mm} ;$$

und mit Gl. (A4) ergibt sich für die Länge des Zwischenstückes

$$l = \frac{\lambda_{H2}}{4} = \frac{\dfrac{\lambda_2}{4}}{\sqrt{1 - \left(\dfrac{\lambda_2}{2a}\right)^2}} = 2{,}356 \text{ mm} .$$

2 Phasenbedingung für Filmwellen

Der Weg, entlang dem sich die homogene, ebene Welle im Film mit der Phasenkonstanten $n_f k$ ausbreitet, soll mit s bezeichnet werden. Am Punkt A ist $s = s_A$ und bei C ist $s = s_C = \overline{AB} + \overline{BC} + s_A$. Wenn ohne Einschränkung der Allgemeinheit der Zeitpunkt $t = 0$ so gewählt wird, daß die Welle am Punkt A bei $t = 0$ die Phase Null hat, wird zu späteren Zeiten ihre Phase dort durch den komplexen Zeiger exp$(j\omega t)$ beschrieben. Für einen Punkt etwas weiter vorn in Ausbreitungsrichtung ist der Zeiger

$$\exp\big(j(\omega t - n_f k(s - s_A))\big),$$

mit einer entsprechend kleineren Phase.

Die Reflexionen bei B und unmittelbar vor C vergrößern die Phasen der Wellen um φ_0 und φ_s, so daß die resultierende Phase bei C

$$\varphi_C = \omega t - n_f k\,(\overline{AB} + \overline{BC}) + \varphi_0 + \varphi_s$$

ist. Wenn nun die Phase $\varphi_A = \omega t$ bei A subtrahiert wird, ergibt sich

$$\varphi_C - \varphi_A = -n_f k\,(\overline{AB} + \overline{BC}) + \varphi_0 + \varphi_s. \tag{A1}$$

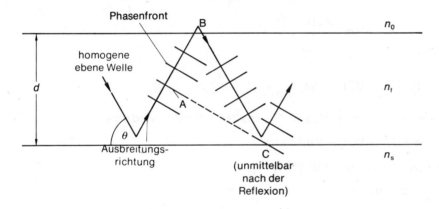

Die homogene, ebene Welle ist als Strahl in der Skizze oben eingezeichnet. Nun ist aber eine homogene, ebene Welle unendlich ausgedehnt, und ihre Phasenfronten sind nicht, wie in der Skizze, auf einen schmalen Bereich transversal zur Ausbreitungsrichtung begrenzt. Eine Feldverteilung, die im Bereich gegenseitiger Überlappung, zwischen A und C, sich nicht gegenseitig auslöscht, ergibt sich nur dann, wenn die Phasenfronten der Wellen bei A und C ohne Versatz ineinander übergehen; d.h., die Phasendifferenz in Gl. (A1) muß null oder ein ganzzahliges Vielfaches von -2π sein:

$$-n_f k\,(\overline{AB} + \overline{BC}) + \varphi_0 + \varphi_s = -2m\pi. \tag{A2}$$

Aus untenstehender Skizze ergibt sich die Strecke $\overline{BC}$ als Hypotenuse im rechtwinkligen Dreieck BCD zu

$$\overline{BC} = \frac{d}{\sin\Theta}.$$

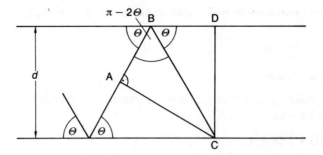

Sie ist aber auch die Hypotenuse in dem rechtwinkligen Dreieck ABC, dessen Winkel bei B sich aus der Winkelsumme an der Geraden zu $\pi - 2\Theta$ ergibt. Die Kathete $\overline{AB}$ dieses Dreiecks ist damit

$$\overline{AB} = \frac{d}{\sin\Theta}\cos(\pi - 2\Theta)\,;$$

so ergibt sich

$$n_f k\,(\overline{AB} + \overline{BC}) = n_f k\,\frac{d}{\sin\Theta}\,(1 + \cos(\pi - 2\Theta))\,.$$

Mit $\cos(\pi - 2\Theta) = -\cos 2\Theta$ und $1 - \cos 2\Theta = 2\sin^2\Theta$ wird daraus

$$n_f k\,(\overline{AB} + \overline{BC}) = 2n_f k d \sin\Theta\,,$$

und aus Gl. (A2) ergibt sich so Gl. (7.64)

$$-2n_f k d \sin\Theta + \varphi_s + \varphi_0 = -2m\pi\,,$$

was zu zeigen war.

Glossar

Allgemeine Lösung der Wellengleichung   EML 5/135

Die allgemeine Lösung der Wellengleichung, also die Lösung im nicht-eingeschwungenen Zustand, ist die Summe zweier beliebiger Funktionen, die nur über ihre Argumente $(t - z/v)$ bzw. $(t + z/v)$ von der Zeit t und der Koordinate z in Ausbreitungsrichtung abhängen. v ist dabei die Ausbreitungsgeschwindigkeit.

Anpassung   EML 1/23

Bei Anpassung ist eine Leitung mit einem Widerstand abgeschlossen, der den gleichen Wert hat, wie der ↑ Wellenwiderstand der Leitung. Es existiert dann auf der Leitung nur eine in Richtung des Abschlußwiderstandes laufende Welle. Der ↑ Reflexionsfaktor ist dann Null.

Ausbreitungskonstante γ   EML 1/12

Strom und Spannung auf einer Leitung bestehen jeweils aus Summanden, deren Phasoren von der Längskoordinate z gemäß $\exp(-\gamma z)$ und $\exp(\gamma z)$ abhängen und dadurch Wellenausbreitung in $(+z)$- und $(-z)$-Richtung beschreiben. Die Ausbreitungskonstante ist eine ↑ Leitungskonstante. Ihr Realteil heißt ↑ Dämpfungskonstante, ihr Imaginärteil ↑ Phasenkonstante.

Bandsperre   EML 4/126

Eine Bandsperre ist ein Vierpol, der Wellen mit Frequenzen in einem gewissen Frequenzbereich (Sperrbereich) stark dämpft, aber Wellen mit Frequenzen oberhalb und unterhalb dieses Bereichs (Durchlaßbereiche) mit nur geringer Dämpfung überträgt.

Dämpfungskonstante α   EML 1/14

Die Dämpfungskonstante ist der Realteil der ↑ Ausbreitungskonstanten. Spannung und Stromstärke einer Welle sind in ihrer Amplitude proportional zu $\exp(-\alpha z)$ und $\exp(\alpha z)$ für in $(+z)$- und $(-z)$-Richtung laufende Wellen und werden dadurch gedämpft.

Optische Wellenleiter   EML 1/4

Optische Wellenleiter bestehen aus Streifen oder Fasern eines verlustarmen Materials, dessen Dielektrizitätskonstante höher ist als die der umgebenden Stoffe. O. W. dienen zur Übertragung elektromagnetischer Wellen, meist bei optischen Frequenzen.

Dispersion   EML 3/96

Wenn die ↑ Phasengeschwindigkeit auf einer Leitung frequenzabhängig ist, so hat die Leitung Dispersion. Dies ist gleichwertig mit der Aussage, daß ↑ Gruppengeschwindigkeit und Phasengeschwindigkeit voneinander verschieden sind. Dann ist i. a. auch die Gruppengeschwindigkeit frequenzabhängig, und dadurch erleiden modulierte Signale Laufzeitverzerrungen.

Doppelleitung   EML 1/2

Die Doppelleitung ist die gebräuchlichste Form der elektrischen Leitung. Sie besteht aus zwei voneinander isolierten Einzelleitern. Beispiele:
zweiadriges Netzkabel im Haushalt; Antennenzuleitung zu Rundfunk- oder Fernsehgerät.

Effektive Dielektrizitätskonstante ε_{eff} EML 3/80

Die effektive Dielektrizitätskonstante von Leitungen mit einem Dielektrikum, das in Querschnittsebenen inhomogen ist, gibt an, mit welcher Dielektrizitätskonstante der Raum des Dielektrikums gefüllt werden müßte, um den gleichen Kapazitätsbelag wie mit inhomogener Füllung zu erhalten.

Eingangswiderstand   EML 2/42

Der Eingangswiderstand einer Leitung ist das Verhältnis von Spannungs- zu Stromphasor am Anfang der Leitung. Er hängt von den ↑ Leitungskonstanten, der Leitungslänge und dem Abschlußwiderstand ab.

Fehlanpassung
EML 2/44

Wenn der Abschlußwiderstand einer Leitung nicht gleich dem ↑ Wellenwiderstand ist, spricht man von Fehlanpassung. Sie ist meist unerwünscht. Innerhalb gewisser Toleranzbereiche können kleine Fehlanpassungen jedoch geduldet werden. Ursache für Fehlanpassungen können sein:
- Fertigungsungenauigkeit,
- unzulässige Frequenzabhängigkeit des Abschlußwiderstands.

Feldwellenwiderstand
EML 7/234

Unter dem Feldwellenwiderstand eines elektrischen Feldes versteht man das Verhältnis $\underline{E}/\underline{H}$ einer elektrischen zu einer auf ihr senkrechten magnetischen Feldkomponente. Der Feldwellenwiderstand gilt dann für die Richtung, die sich aus der Rechtsschraube von $\underline{E}$ in $\underline{H}$ ergibt. Für jede Richtung im Raum läßt sich so ein Feldwellenwiderstand definieren.

Floquetsches Theorem
EML 4/114

Das Floquetsche Theorem, angewandt auf Leitungen, die sich in ihren Eigenschaften periodisch in Ausbreitungsrichtung z mit der Periodenlänge p ändern, sagt aus, daß Feldgrößen und aus ihnen abgeleitete Größen sich bis auf einen Faktor $\exp(-\gamma p)$ nach der Periodenlänge p wiederholen, wobei γ nicht von z abhängt.

Grenzfrequenz
EML 7/223

Die Grenzfrequenz einer Eigenwelle im ↑ Hohlleiter teilt das gesamte Frequenzspektrum in zwei Bereiche: Bei Frequenzen, die höher sind als die Grenzfrequenz, *wandert* die Welle in axialer Richtung, bei tieferen Frequenzen stellt sie in dieser Richtung ein aperiodisch gedämpftes Feld dar.

Grundwelle
EML 7/224

Als Grundwelle eines Wellenleiters bezeichnet man die Eigenwelle, die die niedrigste Grenzfrequenz besitzt, bzw. bei den niedrigsten Frequenzen Wellen führen kann.

Gruppengeschwindigkeit v_g
EML 3/96

Bei der Kreisfrequenz ω ist die Gruppengeschwindigkeit v_g einer Welle mit der ↑ Phasenkonstanten β definiert als $v_g = d\omega/d\beta$. Die Gruppengeschwindigkeit ist die Ausbreitungsgeschwindigkeit vor Energie und Signalen, die durch eine Gruppe von Wellen, deren Frequenzen um ω herum liegen, übertragen werden.

Hohlleiter
EML 1/4

sind Hohlrohre mit elektrisch leitenden Wänden. Elektromagnetische Wellen können sich innerhalb der Rohre in Achsrichtung ausbreiten. Die gebräuchlichsten Hohlleiterquerschnitte sind rechteckförmig (Seitenverhältnis 1 : 2) und rund.

Impulsverbreiterung
EML 5/176

Bei der Übertragung von Impulsen auf dispersionsbehafteten Leitungen tritt Impulsverbreiterung auf. Bei der Signalübertragung in Form von schnell aufeinander folgenden Impulsen kann die Impulsverbreiterung zu Störungen führen.

Kettenleiter
EML 4/106

Ein Kettenleiter entsteht durch die Hintereinanderschaltung mehrerer Vierpole. Besondere Bedeutung hat der Fall, daß alle Vierpole gleich sind. Dann wird der Kettenleiter *homogen* genannt. Sein Übertragungsverhalten wird durch die ↑ Kettenleitergleichungen beschrieben.

Kettenleitergleichungen
EML 4/108

Die Kettenleitergleichungen geben Strom und Spannung am Anfang eines homogenen ↑ Kettenleiters an, so wie sie sich aus Strom- und Spannungswerten am Ende, der Anzahl der hintereinandergeschalteten Vierpole und aus dem Übertragungsmaß eines der Vierpole ergeben.

Kurzschlußwiderstand
EML 2/46

Der Kurzschlußwiderstand einer Leitung ist ihr ↑ Eingangswiderstand bei kurzgeschlossenem Leitungsende.

Laufzeitverzerrungen
EML 3/97

Eine frequenzabhängige Gruppenlaufzeit kann bei der Übertragung modulierter Wellen zu Verzerrungen, den Laufzeitverzerrungen, führen. Z. B. erhalten dann Rechteckimpulse während der Übertragung Einschwing- und Ausschwingvorgänge.

Leerlaufwiderstand
EML 2/47

Der Leerlaufwiderstand einer Leitung ist ihr ↑ Eingangswiderstand bei offenem (leerlaufendem) Leitungsende.

Leitungsbeläge
EML 1/8

Die Leitungsbeläge sind auf die Leitungslänge bezogene Werte der Schaltelemente im ↑ Leitungsersatzbild eines kurzen Leitungsstücks. Die L. einer verlustlosen Leitung sind Induktivitätsbelag und Kapazitätsbelag. Im allgemeinen kommen Widerstandsbelag und Leitwertsbelag hinzu.

Leitungsersatzbild
EML 1/6

Das Leitungsersatzbild besteht aus örtlich konzentrierten Elementen, berechnet aus ↑ Leitungsbelag und Länge des Leitungselements. Das Einsetzen des L. anstelle der örtlich verteilten Leitung gestattet eine Beschreibung mit den Kirchhoffschen Regeln.

Leitungsgleichungen
EML 1/13

Die Leitungsgleichungen sind die Lösungen der Differentialgleichungen der elektrischen Leitung und der ↑ Wellengleichung der Leitung. Sie geben Strom- und Spannungsverlauf entlang der Leitung an. Je nach Zweckmäßigkeit wird die *physikalische* oder *mathematische* Form der L. verwendet.

Leitungskonstanten
EML 3/77,85

Die Leitungskonstanten sind charakteristische Kenngrößen einer Leitung. Die *primären* Leitungskonstanten sind Kapazitätsbelag C', Induktivitätsbelag L', Widerstandsbelag R' und Leitwertsbelag G'. Sie bestimmen die *sekundären* Leitungskonstanten, ↑ Ausbreitungskonstante γ und ↑ Wellenwiderstand Z.

Leitungsresonator
EML 2/52

Leerlaufende und kurzgeschlossene Leitungen zeigen ähnliche Resonanzeigenschaften wie Schwingkreise aus Spule, Kondensator und Widerstand. Werden diese Resonanzeigenschaften untersucht oder verwendet, bezeichnet man diese Leitungsstücke als Leitungsresonator.

Leitungstransformator
EML 2/45

Der ↑ Eingangswiderstand einer Leitung ist im allgemeinen anders als ihr Abschlußwiderstand. Es findet also eine Widerstandstransformation statt. Besondere Bedeutung haben der λ/4- und der λ/2-Transformator.

Mehrfachleitung
EML 1/2

Die Mehrfachleitung hat eine größere Anzahl von Einzelleitern, die einander beeinflussen, als die ↑ Doppelleitung, also mehr als zwei. Beispiele:
abgeschirmte, mehradrige Kabel für Phonogeräte; Hochspannungsüberlandleitungen.

Mehrphasensystem
EML 6/191

Als Mehrphasensystem bezeichnet man Wechselstromschaltungen, in denen der Generator nicht nur *eine* Spannung an *einem* Klemmenpaar erzeugt, sondern an *mehr als zwei* Klemmen mehrere *frequenzsynchrone*, aber möglicherweise in der *Phase* gegeneinander *verschobene Wechselspannungen* bereitstellt.
Beispiel:
Drehstrom (Dreiphasensystem)

Meßleitung
EML 2/63

Meßleitungen sind starre Leitungen, auf denen die Feldverteilung entlang der Leitung mit einer Sonde abgetastet werden kann. Dadurch läßt sich die ↑ Welligkeit auf der Meßleitung und den angeschlossenen Leitungen bestimmen.

Phasengeschwindigkeit v
EML 3/94

Die Phasengeschwindigkeit einer Welle ist definiert durch

$$v = \frac{\text{Kreisfrequenz}}{\text{Phasenkonstante}} .$$

Die Momentanwerte von Spannung oder Strom einer Welle hängen derart sinusförmig von Zeit und Ort ab, daß die Orte konstanter Sinus-Phase mit der Phasengeschwindigkeit v wandern.

Phasenkonstante β
EML 1/14

Die Phasenkonstante ist der Imaginärteil der ↑ Ausbreitungskonstanten. An einem festen Ort einer Leitung sind Spannung und Stromstärke einer Welle proportional zu Sinusfunktionen mit dem Argument (Kreisfrequenz x Zeit). Entlang der Leitung sind diese Oszillationen um ($\mp \beta z$) bei Ausbreitung in ($\pm z$)-Richtung phasenverschoben.

Rechteckhohlleiter
EML 7/220

Ein Rechteckhohlleiter ist ein in Achsrichtung homogenes Metallrohr von rechteckigem Querschnitt, das im Inneren elektromagnetische Wellen führt.

Reflexionsfaktor r   EML 1/26

Der Reflexionsfaktor ist das Verhältnis der Spannungen U_r/U_h oder der Ströme $-I_r/I_h$ von rücklaufender zu hinlaufender Welle am Leitungsabschluß. Der R. ist durch Leitungswellenwiderstand Z und Abschlußwiderstand Z_e bestimmt:

$$r = \frac{Z_e - Z}{Z_e + Z}.$$

Reflexionsfaktor auf einer Leitung r_z EML 2/60

Als Verallgemeinerung des Begriffs ↑ Reflexionsfaktor r eines Leitungsabschlusses versteht man unter dem Reflexionsfaktor auf einer Leitung das Verhältnis von rücklaufender zu vorlaufender Spannungswelle an irgendeiner Stelle z der Leitung.

Richtungskoppler   EML 6/212

Der Richtungskoppler, kurz: Richtkoppler, ist ein Viertor, das die am Eingangstor einfallende Leistung nur auf zwei Tore aufteilt, während zum letzten Tor keine Leistung übertragen wird. Jedes der Tore kann als Eingangstor verwendet werden.

Richtungssymmetrisch   EML 4/102

Wenn Vierpole sich durch symmetrische Π-Ersatzschaltungen oder symmetrische T-Ersatzschaltungen beschreiben lassen, nennt man sie r. In der Π-Schaltung sind dann die beiden Querleitwerte und in der T-Schaltung die beiden Längswiderstände gleich groß.

Smith-Diagramm   EML 2/58

Das Smith-Diagramm ist die komplexe Ebene des ↑ Reflexionsfaktors auf einer Leitung mit Linien konstanten Realteils und konstanten Imaginärteils des auf den ↑ Wellenwiderstand bezogenen Spannung-Stromverhältnisses. Das Smith-Diagramm dient der Berechnung von Widerstandstransformationen auf Leitungen.

Sprungantwortfunktion   EML 5/171

Die Sprungantwortfunktion, oder kurz: Sprungantwort, ist die Ausgangsgröße (z. B. Spannung) einer Schaltung in Abhängigkeit von der Zeit, wenn die Eingangsgröße (z. B. Spannung) sich gemäß einer ↑ Sprungfunktion ändert. Die Sprungantwortfunktion charakterisiert die Schaltung.

Sprungfunktion $s(t)$ EML 5/169

Die Sprungfunktion $s(t)$ ist null für $t < 0$ und eins für $t > 0$. Mit ihr läßt sich z. B. das Einschalten einer Spannungsquelle beschreiben. Durch Kombination mit weiteren Sprungfunktionen oder anderen Funktionen oder durch mathematische Operationen lassen sich aus ihr eine Menge anderer Signalformen erhalten.

Störwelle   EML 1/2

Neben der Wellenform, die auf Leitungen zur Übertragung verwendet wird, kann sich Energie i. a. noch in anderen Wellenformen ausbreiten.
Diese Störwellen können die Übertragung beeinträchtigen.

Stoffwellenzahl k EML 7/222

Die Stoffwellenzahl $k = \omega\sqrt{\mu\varepsilon}$ ist die Ausbreitungskonstante einer homogenen, ebenen Welle der Kreisfrequenz ω in einem Raum mit den Stoffkonstanten μ und ε.
Gelegentlich wird mit k jedoch auch die Stoffwellenzahl des Vakuums $k = \omega\sqrt{\mu_0\varepsilon_0}$ bezeichnet.

Symmetrische Komponenten   EML 6/191

Symmetrische Netzwerke aus konzentrierten Elementen können in ihre symmetrischen Teile aufgespalten werden. Die vollständige Berechnung dieser Teile durch Überlagerung gewisser charakteristischer Anregungsfälle, den symmetrischen Komponenten, ist genauso vollständig wie, aber oft einfacher als die unmittelbare Berechnung des gesamten Netzwerkes.

TEM-Welle   EML 3/79

TEM-Wellen sind **T**ransversal-**E**lektro-**M**agnetische Wellen. Ihre elektrischen und magnetischen Feldvektoren liegen nur in der Ebene, die transversal (senkrecht) zur Ausbreitungsrichtung liegt. TEM-Wellen besitzen daher weder elektrische noch magnetische Feldkomponenten in Ausbreitungsrichtung. Die einfachen Leitungswellen von ↑ Doppelleitungen sind TEM-Wellen.

Tiefpaß   EML 4/108

Ein Tiefpaß ist ein Vierpol, der Wellen mit Frequenzen unterhalb einer gewissen Grenzfrequenz (Durchlaßbereich) mit nur geringer Dämpfung überträgt, aber Wellen mit Frequenzen oberhalb dieser Grenzfrequenz (Sperrbereich) stark dämpft.

Übertragungsfaktor g EML 5/146

Der Übertragungsfaktor an einem Wellenwiderstandssprung ist das Verhältnis der Spannungsamplituden von der gebrochenen (durchgehenden, übertragenen) Welle zur einfallenden Welle. Zum ↑ Reflexionsfaktor r gilt die Beziehung

$$g = 1 + r.$$

Übertragungsfunktion   EML 5/167

Eine Vierpol-Übertragungsfunktion ist das Verhältnis einer Ausgangsgröße (z. B. Ausgangsspannung) zu einer Eingangsgröße (z. B. Eingangsstrom) als Funktion der komplexen Frequenz $p = j\omega$ (ω = Kreisfrequenz). Die Übertragungsfunktion wird bei der Schaltungsanalyse mit der Laplace-Transformation verwendet.

Verzerrungsfreie Leitung   EML 3/89

Die primären ↑ Leitungskonstanten der verzerrungsfreien Leitung genügen der Bedingung

$$\frac{\text{Widerstandsbelag}}{\text{Induktivitätsbelag}} = \frac{\text{Leitwertsbelag}}{\text{Kapazitätsbelag}}.$$

Dann sind die ↑ Dämpfungskonstante und die ↑ Phasengeschwindigkeit der Leitung frequenzunabhängig, so daß Signale bei der Übertragung nicht verzerrt werden.

Vielfachreflexionen   EML 5/155

Im allgemeinen sind bei Leitungen weder Anfang noch Abschluß genau angepaßt. Die Wanderwellen, die beim Ein- und Umschalten entstehen, werden dann reflektiert, diese reflektierten Wellen dann auch wieder reflektiert, usw. Dieser Vorgang wird mit Vielfachreflexionen bezeichnet.

Wellenersatzbild   EML 5/152

Im Wellenersatzbild eines Leitungsabschlusses wird eine von der Leitung her einfallende Wanderwelle durch eine Zweipolquelle mit Innenwiderstand ersetzt. Die reflektierte Welle läßt sich dann für beliebige, nicht nur ohmsche Abschlüsse mit Verfahren bestimmen, wie sie auch bei der Berechnung von Schaltungen mit konzentrierten Elementen verwendet werden.

Wellengleichung der Leitung   EML 1/11

Die Wellengleichung der Leitung

$$\frac{d^2\underline{U}}{dz^2} = \gamma^2\underline{U}$$

beschreibt die eindimensionale Wellenausbreitung. Sie ist die Grundgleichung von Wellenausbreitung aller Art.

Wellengleichung der Mehrfachleitung   EML 6/184

Die Wellengleichung der Mehrfachleitung lautet

$$\frac{d^2[\underline{U}]}{dz^2} = [A] \cdot [\underline{U}]$$

Darin sind $[\underline{U}]$ der Spaltenvektor der Leiterspannungen und z die Koordinate in Längsrichtung der Leitung. Über die Matrix $[A]$ ist i. a. jede Leiterspannung mit allen anderen Leiterspannungen verkoppelt.

Wellenlänge λ EML 1/16

Die Wellenlänge ist die örtliche Periodenlänge einer Schwingung. Der Zusammenhang mit der ↑ Phasenkonstanten β einer Welle ist ganz allgemein

$$\lambda = \frac{2\pi}{\beta}.$$

Wellenwiderstand   EML 1/12

Der Wellenwiderstand ist eine ↑ Leitungskonstante. Er ist für eine Welle das auf der Leitung ortsunabhängige Verhältnis von Spannung zur in Ausbreitungsrichtung gemessenen Stromstärke.

Welligkeit s EML 2/65

Unter der Welligkeit s mit $1 \leq s \leq \infty$ versteht man das Verhältnis von betragsmäßig größter zu kleinster Spannung auf einer verlustlosen Leitung. Der Betrag des ↑ Reflexionsfaktors $|r|$ hängt mit s über

$$s = \frac{1 + |r|}{1 - |r|}$$

zusammen.

Zylindrisch   EML 1/5

Zylindrische Leitungen und Wellenleiter haben in Längsrichtung konstante Querschnittsabmessungen und konstante elektrische Eigenschaften.

Sachwörterverzeichnis

Die mit einem * gekennzeichneten Stichwörter sind auch im entsprechenden Glossar behandelt.